农村房屋抗震设防与性能提升

姜 慧 李小华 等 著

科 学 出 版 社

北 京

内 容 简 介

本书首先介绍了我国农村房屋的发展历程与抗震设防现状，在实地调查农村房屋现状和震害的基础上，总结了砌体结构、砖混结构、框架结构房屋的主要问题，通过参考抗震相关的设计规范或指南，介绍了不同结构类型房屋的抗震设防措施。本书结合安居工程案例对设防和未设防农村房屋的相关情况进行了对比分析，最后从隔震装置、隔震方案、隔震技术的推广与应用方面对农村房屋隔震技术进行了介绍。本书也给出了广东省农村房屋地基、基础加固参考指南，以及安居房建筑与结构设计图，对农村房屋的抗震设防具有重要的参考价值。

本书适合建筑学相关专业的高校师生、科研人员,以及负责地震工作管理的政府部门人员阅读，也可供农村房屋的建设者参考。

图书在版编目（CIP）数据

农村房屋抗震设防与性能提升 / 姜慧等著. —北京：科学出版社，2023.5

ISBN 978-7-03-075436-3

Ⅰ. ①农…　Ⅱ. ①姜…　Ⅲ. ①农村住宅－抗震　Ⅳ. ①TU241.4

中国版本图书馆 CIP 数据核字（2023）第 071238 号

责任编辑：郭勇斌　邓新平 / 责任校对：王萌萌
责任印制：张　伟 / 封面设计：众轩企划

科 学 出 版 社 出版
北京东黄城根北街 16 号
邮政编码：100717
http://www.sciencep.com
北京中石油彩色印刷有限责任公司 印刷
科学出版社发行　各地新华书店经销
*
2023 年 5 月第　一　版　开本：720 × 1000　1/16
2023 年 5 月第一次印刷　印张：13 1/4
字数：252 000

定价：98.00 元

（如有印装质量问题，我社负责调换）

《农村房屋抗震设防与性能提升》编委会

主　编: 姜　慧　李小华

副主编: 徐　军　卢帮华　王林建　孙　海　余演波　刘　智

编　委: 张　专　吴　彬　李　晋　杜　鹏　黄定华　张　移

孙吉泽　何长军　丁世倩　付　娆　谢海珠

前　言

我国历次地震中破坏最严重的房屋主要有两类：一类是抗震设计不达标的城镇老旧房屋，另一类是农村自建房。地震伤亡也主要由于这两类房屋的破坏或倒塌造成，所以减轻未来地震伤亡的关键，就是提高这两类房屋的抗震能力。城镇老旧房屋通常可以按照抗震设计规范改造或加固，使其抗震性能达到设防要求。而农村房屋由于建造时没有专门的抗震设计规范，自己的材料自己的地，想怎样盖就怎样盖。另外，农村房屋普遍重外观，轻结构，所以在地震时一旦破坏就很难修复。近十年的经验和教训表明，解决农村房屋地震安全问题的最好办法是：统一规划、统一设计、统一施工。在汶川地震灾区，按“三统”要求建设的地震安全农居普遍完好，做到了“人房俱安”，而一些没有按照抗震设防要求建设的房屋，往往是“房毁人亡”。2009 年我们在四川省绵竹市清平镇盐井村调查时，就目睹了这样一个实例。在村西头见到的两栋相邻房屋，一栋倒塌了，一栋基本完好。据村民介绍，这两栋房屋户型几乎完全相同，其中一栋只是省了一根构造柱，结果在汶川 8.0 级地震时垮塌了，房内一家三代四口人的生命被夺走。而与之相邻那栋房屋，完全按村统一的抗震要求建造，结果不仅全家人在大震中幸免于难，震后还把部分房间出租创收。这说明，抗震性能不达标的农村房屋，会给居民带来潜在的生命危险和不可挽回的经济损失。

我国农村发生中强地震，常常会造成严重的人员伤亡和经济损失。2003 年 2 月 24 日新疆巴楚-伽师 6.8 级地震死亡 268 人，伤 4853 人，684 万 m^2 房屋破坏，直接经济损失近 14 亿元；2003 年 7 月 21 日云南大姚 6.2 级地震死亡 5 人，伤 57 人，133 万 m^2 房屋破坏，直接经济损失 4 亿多元；2003 年 10 月 25 日甘肃民乐-山丹 6.1 级地震死亡 10 人，伤 46 人，261 万 m^2 房屋破坏，直接经济损失 5 亿多元。针对我国农村民居防震能力薄弱的现状，2004 年 18 位院士向国务院提出启动“地震安全农居工程”的建议。国务院同年下发《关于加强防震减灾工作的通知》，第一次对农村民居地震安全工程提出了明确要求，农村民居地震安全工程开始启动。

农村民居地震安全工程的实施一定程度上改善了农村民居不设防的现状。据统计，新疆自 2004 年率先实施农村民居地震安全工程以来，共发生 59 次 5 级以上地震（其中 6.0～6.9 级 6 次、7 级以上 1 次），仅造成了 87 人受伤，实现了零死亡。而在 2004 年之前的 8 年里，新疆共发生 24 次 5 级以上地震，造成了 318 人死亡，5199 人受伤，前后形成了鲜明的对比。农村民居地震安全工程的实施有效改善了农村“小震致灾”“大震巨灾”的状况，在一定程度上提高了农村防震减灾意识和部分灾区房屋的抗震能力。但由于地震安居房受众面窄，当 2008 年“5 • 12”汶川地震发生在基本没有考虑抗震设计的汶川和北川一带时，仍然造成了大量人员伤亡和经济损失。

2008 年“5 • 12”汶川地震后，全国人民的抗震意识有了普遍的提高，2010 年“4 • 14”玉树地震后，国家部委有关院所和一些地震多发省份的相关部门，发布或出版了一些农村房屋抗震设计规范和技术指导书，但由于地域性强且没有配套图纸，应用率较低。2013 年“4 • 20”芦山 7.0 级强烈地震造成 196 人死亡、11 470 人受伤、218.4 万人受灾。芦山地震死亡人数虽然明显减少，但受灾、受伤人数仍然较多。究其原因，是汶川地震后，相隔不远的芦山县农民在建房时采取了抗震措施，大多数砖混结构都有设置圈梁和构造柱，框架结构也做了抗震考虑，但由于没有正规的抗震设计指导书和图纸做参考，房屋抗震设计普遍不合理，尽管灾区大多数房屋没有倒塌，但主体结构已严重破坏，被专业人士称之为“站立的废墟”。除个别实施了农村居民地震安全工程的地区，我国大多数地区农村房屋的抗震能力，普遍还赶不上芦山的水平，如云南省昭通市鲁甸县，在 2014 年 8 月 3 日发生 6.5 级地震时，8 万多间房屋倒塌，617 人死亡，1801 人受伤。农村房屋抗震性能普遍不达标的主要原因为：

（1）多数农民抗震意识不强，自建房一般都是按照传统的方法由农村工匠建造，缺少专业的技术指导，没经过具有设计资质的设计院设计，抗震能力得不到保证。虽然农村民居地震安全工程教会了农民或工匠一些抗震知识和做法，但没有系统教会他们如何建造有减灾实效的地震安居房。

（2）市县负责地震工作的部门缺少一套能适用于本地区的建筑与结构设计图纸，农民选用或采纳了不合适的图纸。如在抗震设防烈度为 6 度的韶关地区，普遍选用了本地区的框架结构设计图纸，造成不必要的浪费。又由于框架结构建设费用高，很多农民收入较低，被迫放弃地震安居房的建设。

发生在农村的地震，在产生严重人员伤亡和经济损失的同时，还会造成成千上万甚至数十万人无家可归，影响社会稳定。汶川和玉树地震后，全国都在宣传和推广地震安居房。在广东，“广东省农村民居地震安全示范工程”被列入了广东省防震减灾“十一五”规划重点项目，“编制广东省抗震设计规范农村抗震设计相关内容”和“农居抗震技术规程、图集编制及印刷”是其中的重要内容。在广东省地震局原局长黄剑涛布置下，以及原副局长梁干、吕金水的支持下，“广东省农村民居房屋抗震设计指南”和“广东省农村地震安居房抗震技术图册”的编制工作得到立项。作者负责了该项目，李小华、王立新、卢帮华、余演波、张专、杜鹏和黄定华等为项目组成员。考虑农民的经济收入水平普遍较低，“让农民兄弟花最少的钱住进地震安居房”被确定为地震安全农居的设计原则。根据该原则，指南和图册的目标锁定为：编制出适用于广东省农村房屋的抗震设计指南和适合不同地区风格特点的抗震设计图册，使市县负责管理地震工作的部门和农民在建设地震安居房时“有书可查，有图可依”，让农民都能住上“地震安全经济适用农居房”。

为了编好指南和图册，首先，我们对粤东、粤西和粤北地区的农村房屋进行了全面调查，发现各地农村房屋建设随意，砖混结构承重墙厚度不够、无构造柱和圈梁、圈梁不封闭、构造柱的做法不规范、墙体砌筑方法不正确、门窗洞口过梁支承长度不够等；框架结构柱截面尺寸大但配筋率小，梁柱布局不合理，房屋整体性差且浪费材料。其次，对照汶川地震的震害，分析了这些农村房屋的抗震缺陷可能引起的震害后果，并结合国内成功抗震设计的实例，给出了砌体结构和框架结构抗震设计的一般规定和抗震构造措施，提供了场地、地基和基础处理技术。最后，完成了《广东省农村民居房屋抗震实用技术指南》编制，并根据指南要求，在充分考虑不同设防水平、不同建筑类型、不同设计风格的基础上，完成了适合广东地区的农村房屋抗震设计图册编制，由广东省地震局地震信息中心负责，通过网站向全省进行宣传和推广。

之后作者在考察地震高烈度区汕头时发现，当地的农村房屋抗震设计仍然不到位，由于缺少专业指导，指南和图册几乎没有得到应用。当地的农村房屋主要是采用框架结构，为了节省空间，弱柱强梁情况普遍存在。在汕头市地震局徐相忠局长和吴华强副局长的支持下，在震防科原科长吴逸涛的安排下，2019 年前后，作者在汕头市龙湖区、金平区、澄海区、潮阳区、潮南市、南澳县 6 个区县大讲堂上，做了农村房屋地震安全知识宣讲，参加听课的相关领导和村民代表过千，取得了一定的宣传效果。为了普及农村房屋地震抗震知识，作者联系了过去的合作伙伴——重庆大学土木工程学院李小华副教授，商定在《广东省农村民居房屋抗震实用技术指南》和《农村民居房屋抗震设计图册》基础上，编写一本公开发行的农村房屋抗震设计图书（包含图册），让农民能够真正“有书可查，有图可依”。我们扩展图书内容，把书名定为《农村房屋抗震设防与性能提升》。在编写过程中，重庆大学土木工程学院的余希洋、李欢、桑硕、易宏和刘宇航等研究生，深圳防灾减灾技术研究院的杨晨璐、张楚玥、李雪琴和邓洁仪等助理工程师，参与了部分编稿或校稿工作，作者对他们的工作深表谢意。

本书的编写、成稿和出版，得到了作者在广东省地震局负责的国家自然科学基金-广东联合基金项目“粤港澳大湾区地震灾害主动防御关键技术研究”（编号：U1901602-05）、作者与广东省地震局原科技处余演波处长联合负责的减震控制与工程防灾协同创新中心经费、副主编刘智在广东省地震局负责的中国地震局工程力学研究所所长基金项目“广东广州市地震灾害情景构建及示范”（编号：2017QJGJ01）、作者在深圳防灾减灾技术研究院负责的国家重点研发计划子课题

“地震社会服务及行为指导系统集成与示范应用”（编号：2019YFC1509405）、第二主编李小华副教授在重庆大学负责的国家自然科学基金面上项目“基于鱼骨模型的钢框架结构地震后残余能力评价方法研究”（编号：52178454）联合资助。作者对出版资助单位广东省地震局、深圳防灾减灾技术研究院、重庆大学的支持表示特别的感谢。

本书的出版得到了广东省地震局孙佩卿局长、钟贻军副局长、何晓灵副局长、施伟强副局长的支持和鼓励，得到了广州大学土木工程学院原院长崔杰教授、广东省地震局震防处廖和处长、监测处（科技处）李宏志处长、发展财务处徐锦春处长及张小妮副处长、广东省城市安全研究所叶秀薇所长、深圳防灾减灾技术研究院吴梅部长的协助，在此表示衷心的感谢！

本书完稿之际恰逢作者敬爱的老师、地震工程学奠基人胡聿贤院士百岁华诞，本书的出版，也是作者献给老师胡先生的一份薄礼。本书中的抗震设防措施和隔震技术如能得到应用，为我国的防震减灾事业做出一点贡献，本人将深感荣幸。

姜　慧

2022年9月5日

深圳

目　录

第1章　概　　述

1.1　我国农村房屋发展历程与抗震设防

随着我国经济的高速发展和城镇化的不断推进，农村的生活水平得到了显著提升，但受发展水平限制，与城市相比在很多方面仍存在明显差距。以房屋抗震设防为例，城市多采用高层或超高层建筑，结构抗震设防体系较为完善，建造技术成熟，结构抗震性能可以得到充分保证；而在广大的农村，由于缺乏明确的抗震设防体系，加之建造技术水平落后，结构抗震能力存在较大的缺陷，房屋在历次大震中均遭到严重破坏，需引起相当的重视。

1.1.1　农村房屋发展历程

我国农村房屋发展历程大致可分为以下几个阶段。

（1）土坯结构阶段。改革开放以前，农村房屋的墙体多采用土坯材料砌筑而成。土坯材料以普通泥土为原料，经手工制成土砖（图 1.1），土砖大多数都未曾经过专业烧制，强度低、耐久性差。这类房屋一般在土坯墙下设置有条形基础，在横墙上架檩条进而铺椽建顶。由于采用未经烧制的土坯材料，再加上墙体长期处于自然风化和雨水侵蚀的交替环境中，墙体易出现脱落、风化和泥浆分化等现象，使砌块的接缝处、墙身的连接位置和放置处出现大量裂缝（图 1.2）。此外，屋架多采用木结构，其自身缺陷及长期受自然侵蚀会引起木材变形，继而引发屋顶局部塌落，屋脊和檩条断裂，最终整体坍塌。

图 1.1　土砖

图 1.2　土坯房

（2）砖木结构阶段。土坯材料耐久性差，导致建成房屋的安全稳定性通常较差。为了改善居住环境，人们改用更为坚固的砖木结构。砖木结构的竖向承重构件是由烧制砖砌筑的横墙，并通过在房屋的横墙上架设檩条来形成具有顶盖的水平轴承构件，提高房屋结构的整体稳定性。荷载作用在檩条上，向下传递到横墙上，然后从横墙传递到地基和基础上。在砖木结构的使用过程中，由于场地选择不当所引起的基础不均匀沉降及屋面变形，都容易造成墙体偏心受压，使墙体在底部出现弯曲。当檩条下的墙体局部受压时，易产生大量裂缝，同时在交接薄弱位置出现墙体开裂等。此外，若檩条和墙身之间的连接薄弱，或木屋架节点之间的连接过于简单，都将导致屋架在抵抗变形和侧向力的能力方面严重不足。在北方地区的典型砖木结构（内部为木结构支撑、木屋盖，如图 1.3 所示；外部为砖墙，如图 1.4 所示），有独特的抗震性能特点，在遭遇地震时，即使房屋破坏（一般墙体外闪），也不会造成室内人员伤亡。

图 1.3　砖木结构房屋（内部）

图1.4 砖木结构房屋（外部）（大陆新村）

（3）砌体结构阶段。为了解决上述砖木结构存在的问题，人们采用砌体结构来建造房屋。砌体结构保温性能好，建造工艺简单，一般不需要特殊的技术设备，且造价低廉，在现留存的农村民居中占有较大比例。砌体结构的力学性能取决于其组成材料和连接方式。由于砌体及其与砂浆之间的黏结强度都较低，导致砌体结构的整体力学性能相对较差。相对于钢筋混凝土框架结构，砌体结构延性也较差，在地震中易发生严重破坏。

此外，在砌体结构房屋的施工过程中，大多数农户不设置圈梁和构造柱，或者设置不规范，存在较大抗震安全隐患。

经过正规设计的地震安全农居砌体结构房屋，都需要设置圈梁和构造柱，且要求圈梁封闭（图1.5、图1.6），按先承重墙后构造柱的顺序施工，在墙体砌成后再浇筑留有马牙槽的芯柱形成构造柱。

图1.5 砌体结构房屋

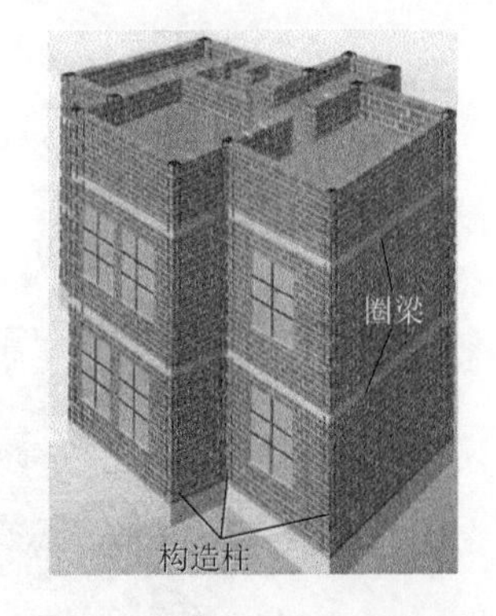

图1.6 圈梁与构造柱示意图

（4）砖混结构阶段。2008年汶川地震以后，地方政府加大了对农村自建房屋的监管力度，建议使用少量钢筋混凝土和大部分砖墙的砖混结构。这种结构的强度、整体性和稳定性都明显优于以往的砌体结构，与砌体结构相比具有更好的抗震性能。

然而，在设计环节，农村砖混结构普遍存在构造柱布置不全面、圈梁配筋不规范等问题，导致结构的延性差，难以完全满足抗震设防要求。在施工过程中，也存在构造柱的施工顺序错误、圈梁设置不当和钢筋混凝土过梁的搭接长度不足等问题，导致最终建成的砖混结构的抗震性能与设计预期相比大幅度折减。

（5）钢筋混凝土框架结构阶段。改革开放后，随着人民生活水平的逐步提高，农村出现了一股新建房屋的热潮，这期间的房屋建筑多以钢筋混凝土框架结构为主。钢筋混凝土框架结构具有自重轻和节省材料的优点，广泛适用于需要大空间的各类建筑。对于现浇钢筋混凝土框架结构，其整体性和抗侧刚度都比较好，通过施工也能达到良好的抗震效果。但在强震作用下，结构所产生的侧向位移依然较大，将导致不同程度的非结构性破坏。

1.1.2 农村房屋抗震设防

国内历次地震中破坏最严重的房屋主要有两种类型：一类是未经严格抗震设计的城镇老旧房屋（图 1.7）；另一类则是农村自建房（图 1.8）。众所周知，房倒屋塌是造成严重人员伤亡和财产损失的直接原因。因此，通过加强抗震设防或按照抗震设计规范对既有存在安全隐患的农村房屋进行加固是减轻未来地震损失的关键。然而，由于现留存的大量农村房屋在建造时尚没有专门的抗震设计规范，所采用的建筑材料质量也参差不齐，在设计建造时普遍注重外观而忽视结构，导致农村房屋在地震时一旦破坏就难以有效修复。

图 1.7 城镇老旧房屋地震破坏

图1.8 农村房屋地震破坏

王坚[1]对我国农村房屋抗震的状况进行了研究，结合农村房屋的特殊性，分析了抗震设计规范中存在的诸多问题，从我国新农村建设中政府管理、设计和建设多个方面，探讨了解决这些问题的建议和方法。

刘杰等[2]在调研过程中发现，农村房屋建造随意性大，农户对房屋抗震重要性方面的认知不足，对建房过程中所需的抗震设防知识缺乏了解，虽然相关部门定期宣传农村房屋抗震设防的重要性，但实际上实施起来很困难。

任志林等[3]通过对汶川地震灾区部分农村房屋震害的调查，指出了低设防区房屋存在的缺陷，提出一系列针对农村房屋薄弱环节的抗震设防措施。

从震害调查来看，无论是王成[4]对于玉树地震的调查研究，还是清华大学土木工程结构专家组等[5]对于汶川地震的调查，都反映出：农村住房的抗震能力普遍较低，一半以上的人员伤亡都发生在农村区域。农村自建房，以及城镇老旧建筑群和未进行抗震设防的城镇房屋，是地震破坏的主体结构，即使在一些中低烈度地震作用下，房屋破坏和人员伤亡的情况也时有发生。然而，农村自建房随意性大、建筑材料质量不达标、建筑工艺粗糙，现行的建筑抗震设计规范对农村自建民房缺乏足够的约束力，导致农村房屋存在巨大的地震安全隐患。

在现存农村房屋遭受震害的原因中，以下问题最为突出。

第一，房屋选址问题。农村房屋建设过程中，房屋选址极为分散。大多数农民依据自家宅基地位置来选址，较少考虑不良地质条件对房屋产生的影响，甚至将房屋建在山坡和山顶上。从调查结果来看，这些选址不当的房屋已经出现不同程度的裂缝和倾斜，少数甚至已经发生严重损坏或局部坍塌。相比之下，同样作为地震多发国家，日本对于房屋选址问题就格外重视。王继泽[6]与朱世杰[7]关于日本抗震设计及选址中的活断层评价问题的研究，所获的经验值得我们借鉴学习。

第二，房屋基础问题。在房屋设计建造过程中，农民对建造场地构造、地质水文等并不了解，大多依照已有的经验来建造，将房屋建在地基基础条件差的不利场地上，造成地基和基础的稳定性无法满足安全使用的要求，严重影响房屋的整体稳定性。

第三，房屋设计问题。农村房屋大多是根据风水、风俗和习惯仿照已有同类建筑物来设计的。设计过程中，往往忽略了场地的实际情况，盲目地追求使用面积和采光通风，随意增加墙体的开洞面积，导致墙体承重能力被严重削弱，难以有效抵抗罕见的自然灾害。很多房屋在设计过程中未设置构造柱和圈梁，有些虽然设置了构造柱和圈梁，但布置方法或位置不正确。

第四，房屋施工问题。农村缺乏专业的施工队伍，施工人员技术水平普遍较低。自建房施工队伍大部分由农户的亲朋好友组成，队伍成员平时要参与农业劳动，施工时间不固定，简单房屋的建设间隔通常超过半年。同时这些人员一般没有掌握专业的建造工艺技术，仅靠已有的落后技术经验来建造房屋。在施工过程中，随意改变甚至省略施工工序，导致最终建成房屋的整体质量得不到应有的保障。

1.2　农村房屋抗震技术措施

第 14 届世界地震工程大会，国内外学者交流了农村房屋抗震设防相关研究取得的进展，诸多学者根据国内外不同农村房屋结构特征和震害特点，提出了农村房屋的抗震设防和加固技术；在第 15 届世界地震工程大会上，国内外学者探讨了数字模拟技术在农村房屋抗震性能评价中的应用。之后，农村房屋抗震能力评价、加固和分析技术得到了不断发展，农村房屋结构的地震响应，特别是非线性响应行为，已纳入抗震能力评价体系中，甚至部分学者开始研究土与农村房屋结构之间的相互作用、结构的整体失稳和局部屈曲、损伤演化过程、结构破坏机理等科学问题。总之，近十多年农村房屋的抗震研究得到了长足发展。

近几十年来工程界发展起用于建筑结构的减震和隔震技术。杨光[8]和曹万林等[9]指出减隔震技术不仅可以有效地降低地震对建筑结构造成的影响和破坏，还能有效降低或隔断源于建筑物周围的重工业设施和交通设施所引起的振动。采用黏滞阻尼器（图 1.9）作为消能构件能显著降低结构弹塑性地震反应，具有较强的减震效果，该技术已逐步在农村房屋中开展了应用。采用隔震技术也可有效解决过去抗震设计中难以解决的问题，是减轻地震灾害的一个新的发展方向。对于低矮的农村房屋，采用砂垫层隔震、隔震支座（图 1.10）、钢筋沥青复合隔震层等形式，就基本可以满足抗震设防需求。

图 1.9 黏滞阻尼器

图 1.10 隔震支座

随着近些年社会的发展，房屋建筑标准和安全等级的相关内容也在不断更新，尽管住房成本发生了显著变化，但农村住房抗震成本的投入仍然严重不足，与城市还存在显著差距。如果严格按照《建筑抗震加固建设标准》（建标 158—2011）进行施工和加固，还需要投入更多的资金。

根据王哲等[10]的研究，和城市相比农村房屋建设通常缺乏统一的抗震规划，尤其是地震安全设计和防灾措施方面，既没有强制性的抗震设防要求，也缺乏切实有效的质量监管系统。因此，调查和研究农村房屋的抗震现状，尽快采取合适的抗震措施，减少未来地震可能造成的灾害和损失，是非常必要的，也是十分紧迫的。未经抗震设防或虽进行抗震设防但不符合现行规范要求的农村房屋，应评估其抗震能力，并根据安全和经济效益原则提出适当的整改方案或加固措施；新建农村房屋应严格按照现行抗震设防要求进行设计建造。通过采取这些措施最大限度地降低未来地震对农村房屋造成的破坏，尽可能减少地震人员伤亡和经济损失。

1.3 农村房屋抗震设防现状

20 世纪 90 年代末，我国农村房屋迎来了建设的全盛时期。2008 年汶川地震后，地震多发区的农村房屋也开始注重抗震设计，建成了大量地震安居房。但目前农村房屋抗震设防水平仍然很低，结构形式单一，主要以砖木结构和砖混结构为主。多位学者通过对广东、湖南、江西、黑龙江、甘肃、新疆等地区农村房屋地震破坏的实地调查和研究发现，我国农村房屋还普遍存在以下抗震设防问题。

1.3.1 南方地区农村房屋抗震设防现状

目前，我国南方地区农村房屋普遍采用自建的形式，存在较大抗震安全隐患。

第一，房屋建筑场地选择不合理，地基基础薄弱。在软土和液化土上建造房屋，或者在不利地段建造房屋。如将房屋建在半山、河岸、河道、河谷的陡坡上；或建在溶洞发育、地基破碎的地段；或建在随时可能发生滑坡、崩塌、沉降、地裂缝等次生灾害发育的危险区域。

第二，房屋的整体结构设计不合理。杨忠等[11]调查了 2005 年 11 月 26 日江西九江 5.7 级地震的房屋破坏情况。虽然此次地震震级较低，但造成了 17 人死亡，8 000 多人不同程度受伤，18 000 栋房屋倒塌，150 000 多栋房屋受损。通过对地震影响区进行考察，发现地震造成破坏的主要原因之一是：灾区砌体结构数量较多，且这些结构的抗震性能普遍较差。进一步分析发现，震中地区的房屋大多是老旧建筑，这些传统民居房屋为空斗墙，墙体难以承受水平地震作用，普遍缺乏抗震能力。另外，自建房基本没有设置构造柱和圈梁，不能很好地抵抗地震作用，且普遍存在不合理的立面布置，以及门窗尺寸或深度尺寸太大等问题。

第三，建筑材料存在质量问题。郭容等[12]调查了湖南省常德市太阳山东西两侧农村和集镇累计 515 栋房屋的抗震性能，发现该地区大部分房屋为砖木结构，且多已运营 20 多年，存在许多安全隐患，如房屋结构设计不合理、建筑材料质量和施工质量差、房屋缺少基本维护等。由于农村地区的大部分居民经济状况较差，在选择建筑材料时，大多数人首选价格较低、质量较差的材料。房屋地震损坏的主要原因是居民抗震意识淡薄、施工队伍素质低，使用了非标准建筑和非标准建筑材料，如砌筑砂浆强度低和水泥含量低等，使得房屋施工建造质量不达标。

第四，农村房屋建设管理不到位，缺乏专业技术指导，施工人员没有经过专业培训，施工质量缺乏有效的控制和管理，没有标准化的工作方法和施工程序。王挺等[13]和周少渊[14]对广东农村的研究表明，农村房屋总量大、房屋内居住人口总数多，房屋抗震能力差、地震安全隐患大。从管理角度来看，农村房屋抗震性能不达标的原因主要是，房屋建设过程中缺乏统一的抗震设计规划，宅基地审批工作与建设管理工作脱节，房屋设计和施工质量难以得到有效保证。

由此可见，要使南方农村房屋的抗震性能达到设防水平，使农村房屋能达到地震设防安全的基本要求，就必须从场地、地基、基础、选材、设计、施工等方面着手，提出行之有效的解决办法。

1.3.2 北方地区农村房屋抗震设防现状

目前，我国北方地区农村房屋也是普遍采用自建的形式，没有统一的规范要求，缺乏有效的监管，存在较大抗震安全隐患。

北方地区农村房屋建设也缺乏整体规划、正规设计和抗震措施。王波等[15]对河北省 49 个行政村的农村房屋进行了调研，分析了农村房屋的建筑年代、外部条件、内部质量和建筑材料等，指出了农村房屋结构抗震设防工作中存在的问题，建议提高农民抗震设防意识，采用政府统一规划下的抗震设计和构造措施，来提高农村房屋的抗震性能。

另外，农村民居的建设对当地气候环境的考虑不充分，经常沿用当地的传统建造习惯，房屋安全性难以得到保障。杨金山等[16]等对黑龙江省的农村泥草房抗震性能进行了抽样调查分析。结果表明，由于房屋结构连接性和整体性较差，积雪都可能导致屋盖负荷过重，更谈不上具备抗震能力了，从黑龙江省部分农民还在使用农村泥草房的情况来看，北方部分地区的农村房屋过渡到地震安居房的道路还很漫长。

郭文元[17]对于甘肃的农村房屋调查发现，农村房屋建设中存在房屋整体布局不合理、门窗洞口穿梁支撑长度过短、砖混结构承重墙厚度不足、无构造柱、圈梁未封闭、构造柱施工方法不规范、墙体施工方法不准确等问题。葛学礼[18]对新疆农村房屋的震害进行调研发现，新疆农村房屋多为单层砖房，少数为双层砖房。由于房屋整体性较差，地震作用下房屋损坏类型通常为外墙倒塌、屋顶或墙壁坍塌、倾斜断裂或倾倒。尽管近些年在新疆的地震重建区已建成大量地震安居房，但很多地区仍然存在大量不达标的农村房屋。

总之，北方地区农村房屋结构形式单一，建筑风格相似，存在许多安全问题，如房屋强度低、整体性差、抗震能力弱、无施工管理等。传统的施工方法中也存在许多不科学、不合理的工艺，导致现阶段北方地区农村房屋抗震能力总体较低。

针对北方地区自建房屋存在的安全隐患，应加强设计、施工和质量管理。对于新建房屋，应严格按照《中国地震烈度区划图》或《中国地震动参数区划图》（GB 18306—2015）规定的抗震设防要求进行抗震设计；对于老旧房屋，要结合农村房屋建设的实际情况，采取有效的措施，分批拆除或加固，最大限度地减少未来地震可能造成的经济损失和人员伤亡。

总体而言，我国未来农村房屋的抗震设计，无论南方还是北方，都要重视主体建筑的抗震设计、施工监理和质量管理；对现存的未采取抗震措施的农村民居，应当开展抗震性能评估鉴定，并根据评估结果进行改造或抗震加固。无论是从工程防震减灾还是人文关怀的角度来看，提高农村房屋的抗震性能都是功在当代、利在千秋的好事，从长远来看震害预防的成本可能比震后救灾的损失还小，其做法也更人道。随着各级政府陆续出台的抗震管理政策和办法不断落地，农村房屋建设技术将不断得到完善，大部分农村房屋实现“小震不坏、中震可修、大震不倒”的目标，指日可待。

1.4　农村房屋抗震的工作方向

2008 年汶川地震后，我国人民的抗震意识得到了普遍的提高，“十一五”期间全国都在推广地震安居房，如广东省启动了地震安全农居示范工程建设项目，通过建设示范，发放相关宣传资料，使农民在一定程度上了解了一些农村房屋抗震措施，也在一定程度上起到了增强农民地震安全意识的作用，但由于缺乏系统专业指导和合适的设计图纸，问题仍然很多。汶川震区农村房屋特点与我国其他地区相类似，汶川震区房屋结构的破坏情况值得我们进行深入反思总结，并引以为鉴，防止悲剧再次发生。

2010 年玉树地震后，国家部委及有关院所和一些地震多发省份的相关部门，发布或出版了一些农村房屋抗震设计规范和技术指导书，对农村房屋结构抗震发展起到了较好的推动作用。

为了提高农村房屋的抗震能力，加强农村房屋的抗震管理，有效保护农民的生命财产安全，农村房屋抗震设防应重点考虑以下几个方面。

第一，农村房屋抗震设防管理，需要在各级政府领导下开展，需要应急（地震）、发展改革、财政、规划、住房城乡建设、国土资源等部门通力合作和协同配合，由应急（地震）部门牵头落实。农村房屋抗震设防工作，不是口号，而是各部门分工协作、推动农村房屋提升抗震能力的行动。抗震设防工作技术要求高，政策性强，需要制定相应的规章制度和技术标准，包括村镇规划标准、房屋规划标准、施工验收标准。因此，各有关部门要高度重视农村房屋抗震设防工作，站在保障人民生命财产安全和经济可持续发展的高度，以对人民极端负责的态度积极开展这项工作。同时，有关部门也要各司其职，团结协作，从选址、地基处理、抗震设防等方面，采取有效的结构抗震措施，完善农村新房抗震设防指南，逐步引导农民自发抗震设防。另外，农村房屋抗震加固工作也非常重要，与农村居民的生命安全息息相关，该项工作形式上是应急（地震）部门牵头，实际上，住房城乡建设部门及下属业务部门才是落实该项工作的主体。

第二，提高公共建筑和基础设施的抗震设防能力。如中小学、医院和政府单位等人员密集的新建和在建建筑物，必须由具有正规设计资质的单位为设计把关，并按照抗震设防标准进行抗震设计，确保公共建筑和基础设施的抗震设防能力。对已建成的公共建筑和基础设施，应该开展抗震性能鉴定和评估工作，并根据评估结果进行加固或改造。

第三，广泛开展抗震知识的宣传活动，积极动员农民学习地震安全民居的建设技术。农民不仅是农村房屋抗震工作的主体，也是农村抗震房屋的建设者和受益者。通过各种有效途径，积极开展防震知识宣传活动，使广大农民全面、充分地了解地震知识。积极宣传我国新疆、山西等农村房屋建设的成功经验。通过这些方式，提高农民的抗震意识，引导他们主动参与其中，从而促进农村房屋的抗震设防工作顺利开展，确保地震发生后能迅速恢复正常的生产生活。

在推动安全城镇建设的过程中，首先要深入了解农村房屋的结构特点，结合当地地质水文情况，提出切实可行的抗震设计、建造和加固措施，以及地震应急救援对策，增强农民的防震减灾意识，减少地震发生后人民生命财产和社会经济的损失。这不仅是抗震工作者的责任，也是目前减少地震灾害最直接、最有效的方法。

十多年的经验和教训表明，解决农村房屋地震安全问题的最好办法就是“三统”，即统一规划、统一设计、统一施工。在汶川地震灾区，按“三统”要求建设的地震安全农居普遍完好，做到了“人房俱安”，而一些没有按照抗震设防要求建设的房屋，却“房毁人亡”。2009 年调查人员在四川省德阳市绵竹市清平镇盐井村实地调研，就发现了这样的实例。在村西头见到的两栋相邻房屋，一栋倒塌了，一栋基本完好。据村民介绍，这两栋房屋户型几乎完全相同，其中一栋就因省了一根构造柱，结果汶川地震时房屋垮塌，房内一家三代四口人的生命被夺走。而与之相邻的那栋房屋，完全按村统一的抗震要求建造，结果不仅人员在大震中幸免于难，震后还把部分房屋拿出来出租创收。这说明，设计不合理或施工不合格的农村房屋，会给居住其中的村民带来潜在的生命危险和不可挽回的经济损失，在村镇建设中应该避免。

参考文献

[1] 王坚. 加强我国农村房屋抗震设计推进新农村建设[J]. 四川建筑，2010，30（5）：64-67.

[2] 刘杰，刘彩玲，赵强. 我国农村建筑抗震设防的研究[J]. 现代农村科技，2020（1）：73，120.

[3] 任志林，王飞，白立新，等. 从汶川地震重庆地区房屋受损看乡镇房屋抗震设防[J]. 高原地震，2016，28（1）：37-44，54.

[4] 王成. 玉树4·14地震建筑结构震害调查与分析[J]. 建筑结构，2010，40（8）：106-109.

[5] 清华大学土木工程结构专家组，西南交通大学土木工程结构专家组，北京交通大学土木工程结构专家组. 汶川地震建筑震害分析[J]. 建筑结构学报，2008（4）：1-9.

[6] 王继泽. 日本抗震技术对房屋结构设计的启示[J]. 建筑，2013（6）：63-64.

[7] 朱世杰. 日本房屋建筑抗震设计方法[J]. 工程抗震，1986（1）：42-45.

[8] 杨光，庞定慧. 隔振技术在建筑中的应用[J]. 华北水利水电学院学报，2001，22（2）：38-41.

[9] 曹万林，周中一，王卿，等. 农村房屋新型隔震与抗震砌体结构振动台试验研究[J]. 振动与冲击，2011，30（11）：209-213.

[10] 王哲，张艳. 陕西农村房屋抗震设防现状及对策[J]. 西北地震学报，2005（4）：354-356.

[11] 杨忠，张文旭. 从九江地震看农村房屋抗震现状[J]. 安徽农业科学，2010，38（9）：4600-4603.

[12] 郭容，杨正湘，汪成. 常德市太阳山周围村镇建筑抗震性能调查[J]. 华南地震，2001，21（4）：58-63.

[13] 王挺，叶佳宁，陈修吾. 粤东地区农村民居抗震能力初步分析[J]. 华南地震，2015，35（4）：43-51.

[14] 周少渊. 广州农村新建框架结构房屋质量问题分析及对策[J]. 中国新技术新产品，2015（14）：150-151.

[15] 王波，郭迅，宣越. 河北农村典型房屋抗震能力调查[J]. 华北地震科学，2016，34（3）：1-6.

[16] 杨金山，韦庆海，程宇，等. 黑龙江省农村泥草房抗震性能鉴定与加固措施研究[J]. 震灾防御技术，2010，5（3）：318-325.

[17] 郭文元. 甘肃农村房屋危险性调查分析及加固方法研究[D]. 兰州：兰州大学，2018.

[18] 葛学礼. 农村住宅结构质量现状调查之——新疆[J]. 工程质量，2005（8）：16-17.

第 2 章　农村房屋震害调查

2.1　引　　言

自 2008 年汶川地震以来农村房屋建筑的抗震能力有了一定提升，但仍然存在不少问题，农村房屋的抗震设计仍有较大的进步空间。近 10 年来，周铁钢等[1]、张令心等[2]、潘毅等[3]、李鑫等[4-5]依次对“4・20”芦山 7.0 级地震、九寨沟 7.0 级地震、长宁 6.0 级地震、青海玛多 7.4 级地震做了实地调查。结果表明：①2008 年前建造的危旧房屋在震后倒塌或发生严重破坏，2008 年后新建的部分农房由于采取了抗震措施，表现较好；②在强震中大部分土墙加木结构房屋严重毁坏，砖木结构中等破坏，砖混结构轻微破坏，框架结构（本书指钢筋混凝土框架结构）几乎无破坏；③农村现存的大部分老旧房屋仍然是未来地震破坏的主体。

综上所述，农村房屋仍是我国抗震设防最为薄弱的环节，不利的场地、缺乏抗震设计甚至没有进行设计等都是造成农村房屋严重地震损伤的主要因素。作为抵御地震灾害的主体，农村房屋在历次地震中的震害特点是研究合理有效改造措施的最直接依据。本章以汶川地震中农村房屋的实际震害为例，总结分析几类主要结构形式农村房屋的震害特点，对提升农村房屋抗震能力具有重要参考意义。

2.2　砖混结构房屋震害

在汶川地震中，未按规范进行合理抗震设计和施工的砖混结构房屋均遭到了不同程度的破坏。尤其是未设置构造柱和圈梁的房屋或未严格按照规范要求正确设置构造柱和圈梁的房屋，大地震时很容易出现局部或整体倒塌。

2.2.1　缺少构造柱和圈梁

2008 年汶川地震中大量砖混结构房屋倒塌均因未设置构造柱和圈梁。对于砖混结构房屋，构造柱和圈梁除了作为约束砌体构件外，还提高了结构的延性和整体性，因此其作用就是防止结构在地震下发生瞬间脆性垮塌，避免造成大量人员伤亡。

图 2.1 与图 2.2 中墙角由于没有构造柱的支撑和连接，发生了承重墙开裂破坏；

图 2.3 中楼层未设置圈梁来加强结构的整体性与抗弯能力，房屋发生了局部垮塌；图 2.4 中缺少构造柱导致房屋横纵墙垮塌，进而引起楼层塌落。上述破坏都具有非常明显的脆性破坏特征。

图 2.1　砖墙四角缺少构造柱震害

图 2.2　墙角未设置构造柱震害

图 2.3　楼层处缺少圈梁震害

图2.4　未设置构造柱震害

2.2.2　预制板震害

预制板号称“地震中的杀手”,当其未按规范使用时在地震中易造成严重灾害。当预制板与墙面、梁柱的连接施工不当时，房屋整体性弱。在地震荷载下，楼面受力复杂而本身连接强度不高，易发生局部坍落脆性破坏。在汶川地震中倒塌的房屋多为预制板房屋。

图2.5与图2.6中房屋均发生了楼板垮塌的破坏，其中预制板基本完整，破坏主要集中在连接部位。

2.2.3　墙体震害

墙体震害主要由墙体砂浆强度不足、砌筑方法不当或墙体过薄造成。一般墙体破坏后产生的裂缝有X形裂缝、单斜裂缝和水平裂缝等。

图2.5　预制板与楼面梁未连接震害

图 2.6　预制板房屋震害

图 2.7 与图 2.8 中震后房屋出现的 X 形裂缝、斜裂缝是典型的墙体受到最大主应力导致的破坏；图 2.9 中震后房屋出现的水平裂缝可能是砂浆强度不足，地震荷载引起的水平剪应力导致滑移剪切破坏；图 2.10 中震后房屋墙面倒塌是由于墙体本身强度太低、延性较差发生了面外坍塌。

图 2.7　墙体 X 形裂缝

图 2.8　墙体单斜裂缝

图 2.9　墙体水平裂缝

图 2.10　墙体强度不足

2.2.4　门窗洞口震害

门窗过多过大，窗间墙过窄，导致墙体抗震能力偏弱，地震时容易发生震害。尤其在南方地区，因过分追求采光效果，门窗洞口大、窗间墙窄的情况较为普遍。

图 2.11 中震后房屋窗间墙发生的破坏是由梁端支撑至窗口边缘距离不足造成，墙宽过窄导致过大的应力集中使面墙破坏；图 2.12 中震后房屋的承重墙垮塌是因为墙上开洞太大所引起的墙体整体强度下降达不到抗震要求所致。

2.2.5　阳台和女儿墙震害

阳台悬挑长度设计不当或阳台支承柱尺寸太小，地震时容易使阳台倾覆或出现支承柱断裂，造成房屋局部倒塌。女儿墙拉结措施不到位或高度不满足规范要求，地震时极易掉落。

图 2.11　窗间墙破坏

图 2.12　承重墙垮塌

图 2.13 中房屋阳台的支撑柱设计截面过小导致承载力不足，在地震荷载下发生了断裂破坏继而引起阳台垮塌下落；图 2.14 中在建房屋的女儿墙未做拉结处理，与楼顶面的连接强度较小，在地震荷载下发生强度破坏而导致墙体掉落。

图 2.13　阳台震害

图 2.14　女儿墙掉落

2.2.6　屋顶附属结构震害

屋顶附属结构设计不合理时，顶部细长突出部分在地震下容易产生鞭梢效应，进而造成屋顶破坏或自身掉落。在使用底部剪力法进行设计时，突出屋面的屋顶间、女儿墙、烟囱等建筑附属结构的地震作用效应，宜乘以增大系数 3[6]；当采用振型分解法计算时，突出屋面部分也可作为一个质点计算。

图 2.15 中屋顶的塔亭与图 2.16 中的屋顶装饰由于刚度与质量较小，当设计未考虑局部放大系数时易受高阶振型影响产生较大的振幅，从而导致结构损坏。

图 2.15　屋顶塔震害

图 2.16 屋顶装饰震害

2.3 钢筋混凝土框架结构房屋震害

近年来框架结构房屋在农村民居建筑中的应用越来越广泛，特别是采用底层框架上部砖混的结构形式（底框结构）的情况最为普遍。底框结构是指底部一层或两层为空间较大的框架结构，上部为多层砌体的房屋结构。这种混合承重建筑在实际生活中结合了底层作为商铺或者车库的空间需求及砖砌结构的性价比，故常用于临街建筑和住宅区带商店或车库的建筑。虽然这类建筑便利性好、性价比较高，但由于上部墙体较多且底层框架层刚度相对偏小，形成了“底柔上刚，头重脚轻”的结构体系，抗震性能不佳。2008 年汶川地震中，底框结构破坏比较严重，而框架结构则一般表现为框架柱、填充墙和楼梯间的破坏。

2.3.1 底框结构震害

由于底框结构的特殊性——“底柔上刚，头重脚轻”，导致底框结构房屋震害主要集中分布于底层梁、柱及节点。同时对于震害的严重性与破坏性而言底层柱远大于梁，柱顶震害严重于柱底，角柱震害严重于内柱和边柱。由于上部无筋砌体结构抗震性能较差，再加上越靠近底层框架墙体所承受的水平地震作用就越大，故底层框架上方的过渡层墙体容易在地震中发生剪切破坏，从而导致底层框架和砌体结构下部整层垮塌。

图 2.17 与图 2.18 中房屋在地震荷载下底层框架柱发生断裂破坏，承载力极大

降低，上部自重导致底层整体压溃垮塌；图2.19中房屋在地震荷载下底层框架部分虽未发生垮塌破坏，但上部自重使得二层整体压垮破坏；图2.20中房屋在地震荷载下底层框架梁柱节点处遭到破坏导致底层框架整体倾斜。

图2.17　底层整体垮塌

图2.18　底层框架倒塌

图2.19　二层整体压垮

图 2.20　底层框架倾斜

2.3.2　框架柱震害

框架结构地震时的破坏多发生于柱端和节点部位，梁端的破坏相对较少。框架柱震害主要为剪切破坏、弯曲塑性铰破坏、纵向钢筋处弯剪破坏、纵向钢筋搭接接头的破坏。这些震害的破坏机理[7]如下。

框架柱的剪切破坏，表现为混凝土出现斜裂缝，接着横向钢筋拉断或者张开，然后纵向钢筋屈曲，从而导致突然的脆性破坏。

框架柱弯曲塑性铰破坏，表现为发生在柱脚部一个较小的区域。特征是混凝土保护层剥落、箍筋拉断和纵向钢筋屈曲，这种破坏模式常常伴随有较大的塑性弯曲变形，与脆性的剪切破坏相比有一定的征兆。

框架柱纵向钢筋变化处弯剪破坏，表现为在钢筋混凝土柱纵向钢筋突变截面处发生弯剪破坏。

框架柱的纵向钢筋搭接接头的破坏，是地震中的另外一种弯曲破坏。当柱子的纵向钢筋搭接接头位于柱端附近的最大弯矩区域时，有可能发生这种破坏。在地震作用下，纵向钢筋的搭接接头有可能失效，从而无法承受较大的非弹性变形。

图 2.21 中梁柱节点处柱端混凝土在地震荷载下发生塑性铰破坏，一侧混凝土压溃崩落、受压侧钢筋屈服、箍筋屈服；图 2.22 中建筑下方支撑柱在地震荷载下发生柱身弯剪破坏，混凝土在弯剪共同作用下压碎剥落；图 2.23 中建筑开洞处支撑短柱在地震荷载下发生剪切破坏，纵向钢筋屈服、约束核心区混凝土压碎脱落；图 2.24 中建筑角柱在地震荷载下发生典型的剪切破坏，具有明显的斜裂缝。

图 2.21　柱端破坏

图 2.22　柱身破坏

图 2.23　短柱破坏

图 2.24　角柱破坏

2.3.3　框架梁和梁柱节点震害

框架结构易发生“强梁弱柱”破坏，通常梁的震害较轻，表现为梁端出现裂缝（图 2.25）。梁柱节点是框架结构的关键部位，地震时易发生钢筋压屈，混凝土剪碎（图 2.26）。

图 2.25　梁端裂缝

图 2.26　梁柱节点破坏

2.3.4　框架结构填充墙震害

框架结构填充墙地震时易产生墙面裂缝，尤其在门窗洞口边角部位。当墙面高大且无拉结措施，开窗面积大或采用弧形墙时，在地震下更易破坏垮塌。另外填充墙外有墙面的粉刷砌块也易剥落掉下。而往往这种非承重构件的震害容易被忽视，一旦发生地震将带来严重的经济损失。国内外专家在长期的实验与实地灾后调查中总结出了框架结构填充墙墙体在水平地震作用下的四种失效模式[8]。

（1）角部压碎：这种模式通常是由填充砌块强度低，角部连接节点处薄弱而框架主体较强造成。

（2）滑移剪切破坏：表现为出现水平裂缝，由填充墙砌筑砂浆强度低或接触面薄弱造成。

（3）对角区中部粉碎：表现为中部压碎，这种模式一般发生在细长的填充墙，由平面外屈曲失稳造成。

（4）斜向剪切破坏：表现为沿对角线开裂。这种模式通常是由墙体承受较大的剪力，从而产生主拉应力破坏导致。

图2.27中房屋是典型的角部压碎及填充墙破坏后在水平地震荷载下垮塌的情况，这类情况破坏最为严重，对生命安全威胁也最大；图2.28中大楼墙面分布着典型的水平地震荷载下受拉破坏的斜裂缝，该裂缝在灾区分布较广，属于墙体本身砌筑质量不过关的强度破坏；图2.29中墙面所出现的水平裂缝则是由于梁面与墙体连接强度不足而出现的滑移剪切破坏；图2.30中是较为典型的细长墙面的平面外屈曲失稳破坏，填充墙中部全部压碎；图2.31中房屋墙面则是典型的角部压碎加上斜裂缝导致墙体垮塌，墙体上部的墙面砌体出现掉落情况。

图2.27　填充墙角部压碎

图 2.28　填充墙斜裂缝

图 2.29　填充墙水平裂缝

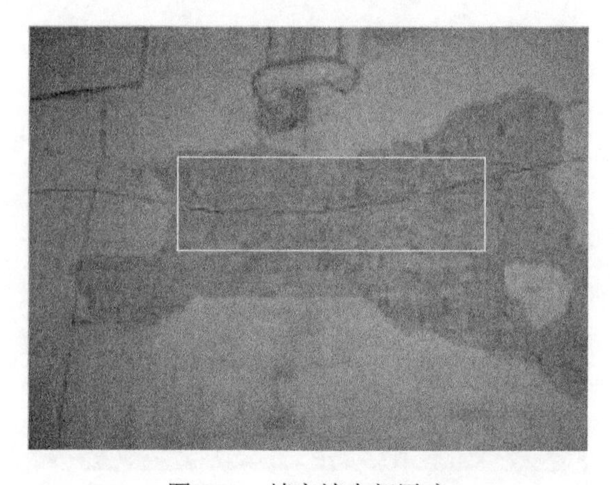

图 2.30　填充墙中部压碎

图 2.31　框架突出位置填充墙破坏

2.3.5　楼梯间震害

楼梯间震害主要表现为楼梯板在拉压作用下，出现水平裂缝，平台梁板出现剪切裂缝，震害严重者，往往出现楼梯板断裂、平台梁板混凝土崩落、钢筋外露等现象，如图 2.32～图 2.35 所示。

2.3.6　框架结构布置不规则震害

框架的局部设置不当易发生震害，同时框架的整体结构布置不当也会导致较大震害。框架结构平面布置不规则，造成刚度中心和质量中心偏心距，地震时结构容易产生过大的扭转反应而遭到严重破坏。框架结构沿竖向刚度有局部削弱或过大突变时，地震时刚度变化处会产生应力集中，造成结构发生剪切破坏和脆性压弯破坏，导致上部结构倒塌。

图 2.32　楼梯板水平剪断

图 2.33　楼梯平台板破坏

图 2.34　楼梯板损坏

图 2.35　楼梯平台梁断裂

图 2.36 中 L 形平面建筑在地震下产生过大的应力集中导致建筑一侧完全倒塌；图 2.37 中建筑结构在竖向上有过大的突变导致建筑墙面等受到严重破坏。

图 2.36 L 形平面建筑一侧完全倒塌

图 2.37 结构竖向布置不规则震害

2.4 地基基础震害和次生灾害

汶川地震发生在青藏高原东部边缘的龙门山断裂带上，是罕见的板内特大地震。汶川地震震中烈度高达 XI 度，加之震中辐散范围内多山、多雨、地形复杂，引起了大量不利场地震害、地基震害和基础震害，如山体崩塌、山体滑坡、泥石流和地面断裂、砂土液化、软土失陷及基础不均匀沉降、基础破坏等。其中，山体滑坡、泥石流、砂土液化是较为典型的地震灾害。

除此之外还有两种不可忽视的容易造成较大生命财产损失的地震灾害：室内落物及倾覆物伤人、次生火灾。

2.4.1　不利场地震害

不利场地震害多为山体崩塌、山体滑坡、泥石流等地质灾害，通常在强震下造成大量的基础设施及房屋破坏，如图 2.38～图 2.41 所示。

图 2.38　山体崩塌

图 2.39　山体滑坡

图 2.40　泥石流

图 2.41　高山落石阻塞公路

图 2.38 中山体崩塌后将原本位于山脚下的房屋区全部淹没；图 2.39 中山体滑坡将坡上房屋的底层框架挤压破坏；图 2.40 中泥石流将地势低洼处的房屋全部掩埋；图 2.41 中位于陡峭高山之间的公路被山上滚落的巨石完全阻断，同时路上的车辆也被损坏。

2.4.2　地基震害

强震作用下易引起地基的破坏，如断裂带、砂土液化和软土震陷等。地基失效后位于地基上的基础设施及房屋建筑自然就遭到了毁坏，如图 2.42～图 2.45 所示。

图 2.42　建筑破坏与断层距

图 2.43　断裂带处震害

图 2.44　公路地基不均匀沉降

图 2.45　砂土液化震害

图 2.42 中小鱼洞镇由于地面产生了断裂，房屋随着断层距减小破坏逐渐严重；图 2.43 中断裂一侧地基抬升，尽管断裂两侧的白鹿中学教学楼保持站立，但远端断裂通过的学生宿舍发生坍塌；图 2.44 中由于地基的不均匀沉降，导致上方的公

路也随之发生破坏；图 2.45 中砂土液化地基失去承载力引起房屋整体倒塌。

2.4.3　基础震害

基础作为上部结构与地基的传力部位在抗震设计中十分关键。由于地基基础设计施工未按规范操作，同一结构单元的基础设置在性质截然不同的地基上或同一结构单元采用两种不同的基础形式，易造成上部结构损坏。此外，未考虑或考虑不正确基础与土的相互作用也会造成基础本身破坏，从而引起上部结构整体倒塌或毁坏。

图 2.46 和图 2.47 为距北川极震区直线距离仅为 10km 的绵阳安州区某工厂，三个车间分别采用钻孔灌注桩和振动碎石地基两种性质不同的基础，所造成的结果是采用振动碎石地基的厂房（图 2.46 左侧）在地震前就已发生沉降，地震（达到大震作用）时沉降差达到 300mm，主体排架结构遭到严重破坏，局部倒塌。图 2.48 和图 2.49 为基础的连系梁及基础灌注桩顶部被剪断损坏。

图 2.46　不合理地基基础设计震害

图 2.47　地基基础不均匀沉降

图 2.48　基础连系梁破坏

图 2.49　基础灌注桩顶部破坏

2.4.4　室内落物及倾覆物伤人

室内家具、电器作为室内的主要布置物，在室内面积占比通常能达到 35%～40%，然而人们对这种潜在危险对象尚存在一定的认知障碍。这导致在地震发生时，家具、电器的翻倒、落下与移动是造成人员伤亡的重要因素，致伤率达 30%～50%[9]。

我国汶川地震、日本阪神地震和东日本大地震的震害研究表明，家具、电器类的主要震害形态大致可分为以下 8 个方面。

（1）落地高度较高的家具、电器等易发生翻倒、倾覆伤人的震害。

（2）摆放位置较高的家具、电器、其他物品易发生滑动落下砸伤人的震害，尤其是对人的头部存在较大的伤害可能性。

（3）落地家具、电器等物品如若存在与地面接触摩擦力不足的情形，地震时易发生滑动阻碍逃生通道（救援通道）或者直接伤人的情况。

（4）当家具、电器等本身强度不足的时候，容易发生自身变形挤占避难或者逃生通道（救援通道）面积的情况。

（5）组合式家具、电器等易发生组合部分分离伤人的情况，如带有抽屉的柜子在地震时候抽屉飞出伤人。

（6）储物性质的家具、电器等大概率发生储物散落伤人情形，如书柜上面书籍掉落、厨房里面碗柜的碗飞出伤人等。

（7）细长形式的家具、电器发生摇摆阻碍逃生路线、伤人。

（8）门窗不停开闭阻碍逃生路线、伤人。

图2.50中书架在地震作用下倾覆砸落在地上、书架上的书籍飞落分散各处、书架剪切变形等把室内的逃生路线完全堵死，若室内有人则可能对人的生命安全造成威胁；图2.51中地震时电视机从高处落下，有很大的重物伤人概率；图2.52中在地震作用下计算机等物品翻倒将出口堵塞；图2.53中地震时悬挂的相框掉落伴随玻璃镜面碎落，人若是经过下方易发生事故；图2.54中可移动的滑轮式家具发生碰撞，若在地震时不加以限制易发生撞人；图2.55中有重物掉落砸坏办公设施。

图2.50　书架倾覆、变形

图2.51　电视机掉落

图 2.52　计算机倾覆、掉落

图 2.53　悬挂相框掉落

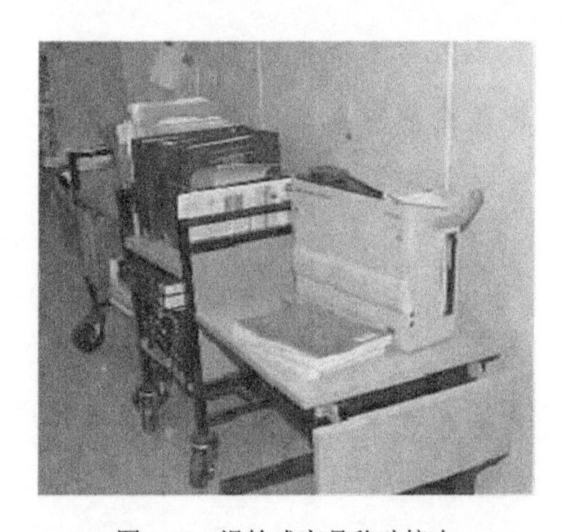

图 2.54　滑轮式家具移动撞击

图 2.55　办公设施被掉落重物砸坏

造成这些次生灾害的主要原因有两个方面：其一是客观原因，地震会引发家具、电器激烈晃动，在未采取抗震措施时，其致伤程度与建筑本身抗震隔震效果及楼层高度相关，一般来说抗震减震效果越差、楼层越高次生灾害就越严重。其二是主观原因，人们对这种次生灾害有认知障碍，一般可归纳为 3 个方面：①担心采取固定措施会损伤家具和墙壁；②认为家具、电器不会翻倒、落下和移动，即使采取抗震对策也不会有防灾效果；③觉得费时、费钱、麻烦，不知道该采用什么方法和到何处购买相关的抗震器件。

针对这些次生灾害的对策建议汇总如表 2.1 所示[9]。这些对策建议既考虑了各类家具的抗震能力及其对翻倒、落下、移动的影响，又对避难道路提出合理要求，具有普遍适用性。提高室内家具类抗震能力的措施主要是利用连接构件把家具固定在墙面、地面或使家具间相互连接，或者降低家具的重心，不单独放置较高且稳定性差的家具、电器，锁闭家具、电器的门、窗与抽屉，保持避难道路畅通等。

表 2.1　常用对策建议汇总表

序号	对策建议
1	不单独摆放比较高的家具
2	稳定性差的家具背靠背连接
3	靠墙壁的家具固定在壁面、地面上
4	上下两层的家具上下连接固定
5	竖立的板材用不易翻倒的コ型、H 型构件等固定在地面上

续表

序号	对策建议
6	防止电脑等信息存取设施摔落
7	防抽屉脱落、橱窗甩开
8	挂钟、镜框、告示牌等悬挂物固定在墙面上
9	玻璃贴胶带防止破碎散落
10	室内地面没有绊脚的障碍物和凹凸
11	禁止在避难道路上堆放物品
12	避难道路上不放置容易翻倒的物品
13	容易看到避难出口
14	应急出入口不放置障碍物
15	桌面不放置容易翻倒的物品
16	家具内储物不宜过多且重心过高
17	家具内不储藏危险品（易燃易爆物品）
18	办公桌下不放置物品
19	关紧抽屉与家具的窗门
20	玻璃窗处不放置容易翻倒的物品
21	采用固定方法等防止打印机等办公设施翻倒

2.4.5　次生火灾

地震引发的次生火灾在历史上有着惨痛的教训。1906 年美国旧金山地震导致的火炉翻倒、烟囱倒塌等引起全市烧毁面积约 $10km^2$，次生火灾造成的损失为地震直接损失的 3 倍。1923 年日本关东大地震导致横滨市 80%房屋被烧毁，东京市 70%房屋被烧毁，5.6 万人死于火灾。1976 年唐山大地震，也有房屋破坏打翻炉火引发火灾的案例[10]。

地震引起的次生灾害，尤其是火灾严重威胁到了人民生命财产的安全，应予以高度重视。现行的《中华人民共和国防震减灾法》中反复强调地震次生灾害的问题，认为我国防震减灾的工作重心应该向地震次生灾害倾斜。历史地震的现场调查结果表明，地震次生火灾是极其危险、损失极为严重的次生灾害，而且地震次生灾害中火灾的成因多种多样，难以防范，需要针对每一个成因的特点采取相应的防范措施。

（1）建筑规划不当导致现存新旧房屋连成一片。

农村地区的建筑规划在 21 世纪之前都未得到重视，导致农村在建房时，老旧房屋连成一片，未空余防火间距（根据《村镇建筑设计防火规范》（GBJ 39-90）[11]的规定，耐火等级同为三级的建筑物应至少保留 8m 的防火间距），加上农村地区老旧房屋多为土墙加木结构，一旦地震引发火灾容易使火势蔓延，难以控制。

（2）房屋建筑抗震能力不强且耐火等级低。

历史震害表明，结构的抗震能力越差，地震造成的破坏就越严重，发生地震次生火灾的概率就越高。地震造成房屋倒塌的过程中容易发生碰撞产生火花，从而点燃房屋中的易燃物。同时农村房屋中，砖木结构仍占较大比例，部分地区存在使用纯木结构房屋或茅草类搭建的棚子。大部分农村房屋耐火等级一般为三四级，耐火等级较低，一旦发生火灾后果不堪设想。

（3）消防措施不足。

农村道路往往十分狭窄、覆盖面积较小且堆放的杂物、柴草及违章建筑占用消防通道现象普遍。火灾发生后消防车不能第一时间驶入村庄，容易错失扑灭火灾的最佳时机。农村多年来都是消防管理的薄弱地区，大多数村庄缺失消防队，也没有取水条件与设施（没有安装设置消防栓、固定消防水池等），一旦发生火灾，不能及时有效扑救。

（4）农村部分地区柴火等可燃物随意乱堆。

农村地区虽然用起了煤气灶，但大部分家庭仍然保留了使用柴火灶的习惯，这样一来就不可避免地要堆积柴火。为了便于取放并保持干燥，柴火一般堆积在屋檐下面墙角处。大量堆积在墙角的干燥柴火无疑为可能发生次生火灾提供了丰富的可燃物。

（5）屋内煤气罐、储油罐等易燃易爆物品未采取抗震措施。

农村地区使用的煤气灶一般需配备煤气罐。一旦地震发生，配备的煤气罐容易在房屋发生倒塌时损坏泄漏或者是煤气罐和炉灶的连接管道破裂断开发生泄漏。这样一遇到碰撞产生的火星或明火极易发生爆炸引发火灾。同时农村近些年来农用机械增加，家家户户几乎都有储油的习惯。这些柴油一旦起火，火势会更加严峻。

图 2.56 中农村的新旧房屋连成一片，一旦地震时发生次生火灾易造成火势蔓延，对人们的生命安全及财产构成巨大威胁；图 2.57 中柴火堆积在墙角为可能的地震次生火灾提供了可燃物；图 2.58 中的煤气灶毫无抗震措施，随机摆放在桌子上边，一旦发生地震极易发生煤气泄漏；图 2.59 中的嵌入式煤气灶固定较好则有一定的抗震能力。

图 2.56　新旧房屋连成一片

图 2.57　柴火堆积在墙角

图 2.58　煤气灶毫无抗震措施

图 2.59　嵌入式煤气灶

参 考 文 献

[1] 周铁钢，张浩. 鲁甸地震村镇建筑震害调查与分析[J]. 地震工程与工程振动，2014，34（5）：75-80.

[2] 张令心，朱柏洁，陶正如，等. 九寨沟 7.0 级地震房屋震害现场调查及其破坏特征[J]. 地震工程学报，2019，41（4）：1053-1059.

[3] 潘毅，陈建，包韵雷，等. 长宁 6.0 级地震村镇建筑震害调查与分析[J]. 建筑结构学报，2020，41（S1）：297-306.

[4] 李鑫，殷翔，姚生海，等. 青海玛多 7.4 级地震重灾区房屋震灾调查及分析[J]. 地震工程学报，2021，43（4）：896-902.

[5] 殷翔，李鑫，马震，等. 青海玛多 MS7.4 地震震害特点分析[J]. 地震工程学报，2021，43（4）：868-875.

[6] 中国建筑科学研究院. 建筑抗震设计规范：GB50011—2010[S]. 北京：中国建筑工业出版社，2010.

[7] 刘成清，涂志斌，施卫星，等. 汶川地震中混凝土框架柱破坏形式及快速加固[J]. 建筑结构，2011，41（S1）：1201-1204.

[8] 王娜. 基于汶川地震震害填充墙对框架结构抗震性能影响研究[D]. 广州：华南理工大学，2010.

[9] 陈建伟，杨珺珺，苏幼坡. 室内家具地震次生灾害及其防御对策[J]. 世界地震工程，2015，31（1）：144-149.

[10] 初建宇，程丽婷，陈灵利. 村镇地震次生火灾危险性评价的探讨[J]. 世界地震工程，2015，31（2）：70-75.

[11] 中华人民共和国公安部. 村镇建筑设计防火规范：GBJ 39-90[S]. 北京：中国建筑工业出版社，1990.

第3章　农村房屋抗震设防中的主要问题

3.1　引　　言

目前农村房屋建筑主要存在三种结构形式：砌体结构、砖混结构和框架结构。本章将着重叙述这三种农村房屋建筑结构形式在具体抗震措施方面存在的问题。

农村房屋建筑结构形式随着国民经济水平的提高而不断发展完善。改革开放以前，农村建房多以抗震性能较差的砌体结构为主。砌体结构自20世纪50年代兴起至70年代到达顶峰，在这一时期95%的新建民用房屋均采用了砖石结构[1]。1976年唐山大地震后，国家对于砌体结构的使用有了新的标准，新材料的研发也使砌体结构的占有率开始逐渐下降。改革开放以后，农村经济发展迅速，基础建设不断完善，农民生活水平不断提高，又出现了一波新建房屋的热潮，并普遍采用了抗震性能较好的砖混结构和钢筋混凝土框架结构，结构层数一般在2～6层。

农村住房的抗震设防标准与国家科学技术水平及经济条件密切相关。截至目前，我国已经颁布了五个版本的《建筑抗震设计规范》[2]，其中GBJ 11-89与GB 50011-2010是经历两次重大的地震灾害（唐山大地震与汶川地震）之后所发展、修改和完善的。改革开放前存留的砌体结构和砖混结构由于建造时抗震规范尚不完善，加上该类结构本身的质量参差不齐，导致其强度可能难以满足现行规范规定的性能，抗震能力较低。改革开放后的20世纪80年代初至90年代中期，虽然抗震规范有了较大的完善，但当时建筑业正处于快速发展阶段，相关管理制度不健全，这些农村新建房屋绝大多数是由当地建筑工匠根据房主的经济状况和要求，参照一些简单的施工图纸，按当地的传统习惯建造，大多不经设计单位设计，参与建造的技术人员知识不足、操作人员素质偏低。因此，这样建造的房屋存在很多不符合规范的地方，一旦遭受强震，后果不堪设想。

3.2　砌体结构房屋

砌体结构具有很好的耐久性、较好的稳定性及不错的保温隔热性能，同时可以就地取材，砌筑时不依赖模板及特殊技术设备，水泥、钢筋、木材用量少，造价便宜，在过去留存的农村房屋中占有很大一部分比例。由于砖、石、砌块等砌体材料与砂浆间黏结力不强，因此无筋砌体的抗拉、抗弯及抗剪强度都很低，受限于其组成的基本材料和连接方式，纯砌体结构具有明显的脆性性质，在地震时易遭受严重破坏。

历次地震震害表明，多层砌体结构房屋如果不设置构造柱和圈梁，则在大震时极容易发生脆性整体垮塌，造成大量人员伤亡。构造柱的作用是在墙体开裂后能够约束墙体，防止其发生脆性破坏倒塌；而圈梁的作用则是加强纵横墙的连接，箍住楼、屋盖，增强房屋整体性和稳定性，另外基础圈梁还可以减少地基不均匀沉降对房屋上部结构的损坏。因此，构造柱和圈梁的设置对房屋的抗震设防起着十分重要的作用。

以广东省农村房屋的调查为例，在粤西和粤北地区，由于抗震意识薄弱或者为了节约成本、方便建造，大量的农村砌体结构房屋都未设构造柱和圈梁，如图 3.1～图 3.4 所示。

图 3.1 茂名化州市六堆新村（示范村）

图 3.2 东莞同沙村

图 3.3　佛山小布村

图 3.4　韶关始兴县石俚坝村（示范村）

3.3　砖混结构房屋

与砌体结构相比，砖混结构的抗震性能得到了明显提升，但一些不符合规范的建造仍使得这种结构存在一些抗震问题。尤其是在构造柱、圈梁、墙体、楼梯间部分易出现问题，主要表现在布置位置、尺寸及配筋、连接、砌筑手法等方面。

3.3.1　砖混结构构造柱问题

1. 砖混结构构造柱布置不全面

砖混结构构造柱的布置对房屋的抗震起着关键作用，该布置构造柱的地方没布置将会大大降低房屋的抗震性能，地震时房屋容易发生局部倒塌。构造柱一般应设在横墙与纵墙交接处，外墙四角和对应的转角，错层部位，楼梯间四角及楼梯段上下端对应的墙体处，较大洞口两侧，结构突出部位阳角和大房间内外墙交接处，等等。此外突出屋顶的楼梯间构造柱应伸到楼梯间顶部，并与顶部圈梁连接。但调查发现，很多农村砖混结构房屋构造柱设置不到位，尤其是楼梯间和突出部位阳角，如图 3.5～图 3.8 所示，当构造柱设置不当时其抗震性能仅比砌体结构略强一些。

突出部位阳角应设置构造柱

图 3.5　阳江卸岗村（示范村）

洞口与突出部位阳角应设置构造柱

图 3.6　韶关始兴县石俚坝村（示范村）

突出楼梯间构造柱应延伸至顶部

图 3.7　茂名化州市六堆新村（示范村）

图 3.8　湛江廉江市仔唇村（示范村）

图 3.5 中房屋二层及三层的突出部位阳角应该设置构造柱，加强整体性。图 3.6 中房屋二层在较大的洞口两侧及突出部位阳角应设置构造柱，增加局部强度及整体性。图 3.7 中房屋突出屋顶的楼梯间构造柱应伸到楼梯间顶部构成一个整体。图 3.8 中楼梯间墙角及平台处应设置构造柱，以加强楼梯间的局部强度。

2. 砖混结构构造柱和圈梁配筋不规范

当构造柱与圈梁的配筋不规范时，易造成梁柱强度、延性、节点整体性等结构性能下降进而达不到抗震设防标准。

砖混结构构造柱和圈梁配筋不规范主要表现在箍筋间距过大和箍筋弯折不规范两方面。7 度和 8 度设防时，构造柱的箍筋间距不应大于 250mm，且上下两端各 500mm 范围内箍筋应加密为间距 100mm；圈梁的箍筋间距分别应小于 250mm 和 200mm。箍筋弯折时，应做成封闭式且末端应做成 135°弯钩，弯钩末端平直段长度不应小于箍筋直径的 10 倍。这个问题在很多农村砖混结构房屋中存在，如图 3.9 和图 3.10 所示。

图 3.9　湛江廉江市仔唇村（示范村）

图 3.10　茂名化州市六堆新村示范亭配筋

图 3.9 中新建房屋墙角的构造柱箍筋间距过大，且末端未做成 135°弯钩，造成构造柱抗剪能力、延性及混凝土约束能力不足，从而导致抗震能力不如设计预期。图 3.10 中箍筋末端未做成 135°弯钩会导致混凝土在地震作用下开裂脱落。

3. *砖混结构构造柱与砖墙的拉结不满足要求*

砖混结构构造柱的关键作用是约束砖墙，这主要通过水平拉结筋和墙柱结合面的马牙槎来实现。水平拉结筋的设置方法为：砌筑墙体沿墙高每隔 500mm 设两根直径为 6mm 的拉结筋与构造柱相连接，且每边伸入墙内不小于 1m，如图 3.11 所示。调查发现，农村砖混结构房屋很少将房屋构造柱与墙体结合面做成马牙槎，而且拉结钢筋一般只设一根，如图 3.12～图 3.15 所示，这将大大削弱构造柱的约束作用。

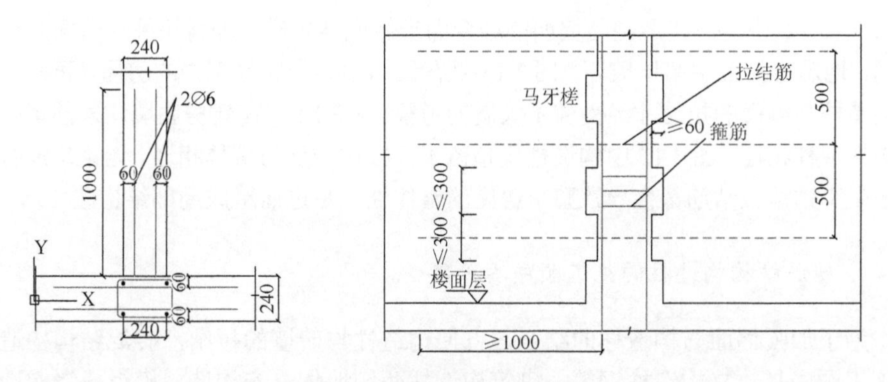

图 3.11　墙柱结合面拉结筋及马牙槎示意图（单位：mm）

构造柱与墙面未做成马牙槎

图 3.12　阳江海陵岛区北极村

构造柱做成
马牙槎
构造柱和圈梁正确做法

图 3.13　汶川地震中完好无损的房屋

墙面未预留马牙槎

图 3.14　湛江廉江市仔唇村（示范村）

构造柱拉结筋预留不足

图 3.15　湛江廉江市仔唇村（示范村）

图 3.12 中房屋构造柱与墙面的结合面未做成马牙槎，使得墙柱结合面整体性较弱，地震时易发生墙体破坏。图 3.13 是在汶川地震中完好无损的房屋，正是注意了构造柱与墙面的拉结才经受住了大震的考验。图 3.14 中在建房屋墙体未预留拉结筋与构造柱相连。图 3.15 中构造柱仅预留了一根拉结筋与墙体相连。无论是没有预留还是少预留拉结筋都会导致整个房屋的整体性不足进而造成局部结构破坏。

4. *砖混结构构造柱的施工顺序不正确*

为了加强墙面与构造柱的结合，方便构造柱与砖墙的拉结，砖混结构构造柱的施工顺序是：立构造柱钢筋→砌筑构造柱两侧墙体→安构造柱模板→浇构造柱混凝土，如图 3.16 所示。然而调查发现，为了施工方便，农村房屋构造柱的施工顺序普遍是：立构造柱钢筋→安构造柱模板→浇构造柱混凝土→砌筑构造柱两侧墙体。这样虽然方便了施工，但造成构造柱与墙体结合面无法做成马牙槎且拉结筋搭接不到位，如图 3.17 所示。

图 3.16　汶川地震后重建施工现场

图 3.17　阳江卸岗村（示范村）

图 3.16 中汶川地震后的重建施工现场展示了构造柱的正确施工顺序，这样能使墙柱结合面质量可靠，确保构造柱对墙体的约束作用。图 3.17 中在建房屋施工顺序错误，先浇筑构造柱后砌筑墙体，且未设置拉结筋与马牙槎，导致结构整体性较差、抗震能力下降。

3.3.2　砖混结构梁问题

1. 砖混结构圈梁遇洞口做法不正确

圈梁可以增强房屋横、纵墙的连接，从而提高房屋的整体稳定性，同时圈梁的承重性能和抗弯功能出色，当地基产生不均匀沉降时，圈梁就可以承受不均匀沉降带来的弯扭作用，防止地基沉降导致的房屋损坏。当地震发生时，圈梁可以防止或者削弱地震给房屋带来的不利影响（墙面开裂、地基不均匀沉降等），一旦圈梁设置出现了问题这个作用将会大大减弱。

砖混结构圈梁应连续设置在墙的同一水平面上，并尽可能形成封闭圈，当圈梁被门窗洞口截断时，应在洞口上部增设相同截面的附加圈梁，附加圈梁与截断圈梁的搭接长度一般不应小于其垂直间距的 2 倍，最短不应小于其垂直间距的 1.5 倍且不得小于 1m，如图 3.18 所示。调查表明，农村房屋圈梁遇到洞口时基本没有设置附加圈梁来增强房屋的整体性，如图 3.19 所示。

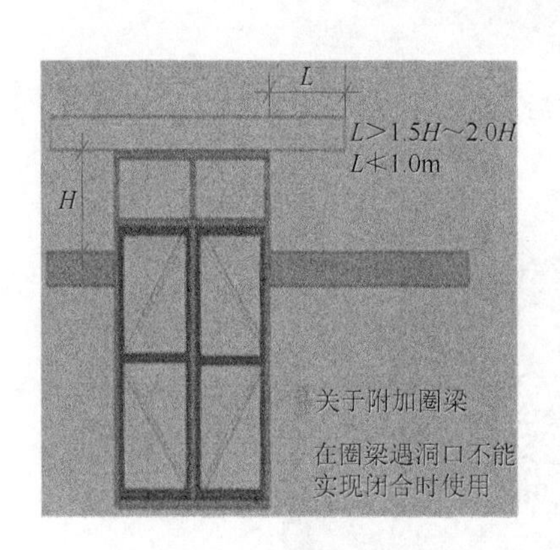

图 3.18　附加圈梁示意图

图 3.19　茂名化州市六堆新村（示范村）

2. 砖混结构钢筋混凝土过梁搭接长度不够

钢筋混凝土过梁作为砖混结构建筑墙体门窗洞上常用的构件，负责承受并分散传递上层楼盖梁板传来的荷载及洞口顶面以上砌体的自重，同时过梁的存在增加了局部开口处强度，增强了房屋的整体性，避免了不均匀沉降带来的影响。在地震荷载作用下，过梁的设置未按规范要求可能导致上方的墙体掉落，进而使结构遭到破坏。砖混结构钢筋混凝土过梁应有足够的搭接长度。一般情况下，门窗过梁在墙体一端的搭接长度在抗震设防烈度为 6～8 度时不小于 240mm，9 度时不小于 360mm，大跨度过梁伸进砌体内的长度则要更长。调查发现，农村砖混房屋过梁存在较多搭接长度不足的现象，如图 3.20 和图 3.21 所示。

图 3.20　阳江卸岗村（示范村）

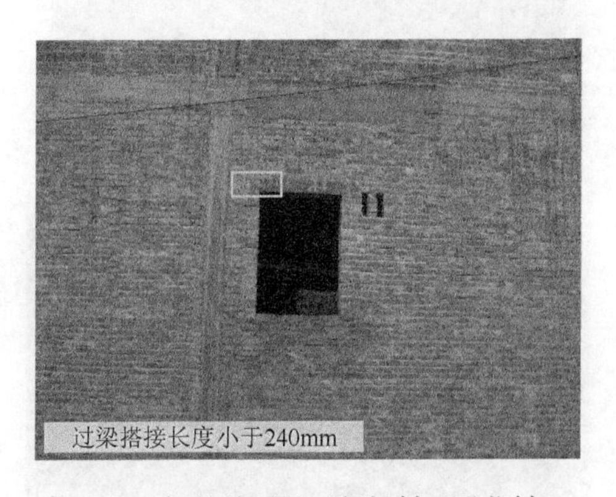

图 3.21　韶关始兴县石俚坝村（示范村）

图 3.20 和图 3.21 中房屋窗户上方过梁搭接长度过小，未达到规范要求，一旦发生地震窗户上方砖墙极易破坏掉落。

3. *砖混结构过分追求柱粗梁大，不满足最小配筋率要求*

砖混结构钢筋混凝土柱和梁是由钢筋和混凝土两种不同性质的材料组成的，即通过在混凝土中加入钢筋与之共同工作来改善混凝土力学性质中对于抗拉强度不足的一种组合材料。因此，只有这两种材料合理搭配共同作用才能发挥它们各自的优点。钢筋混凝土构件一般有三种常见的破坏形式：适筋破坏、超筋破坏和少筋破坏。适筋破坏属于延性破坏，而超筋破坏和少筋破坏属于脆性破坏，脆性破坏是工程结构应当避免发生的破坏，因此钢筋混凝土构件设计时应当避免超筋和少筋，即钢筋混凝土梁柱横截面的配筋率（所有纵筋面积与横截面面积的比值）应满足规范要求，不可横截面很大而纵筋面积相对很小，不满足最小配筋率要求，也不能横截面很小而纵筋面积相对很大。调查发现，农村有些房屋过分追求柱粗梁大，而截面配筋相对较少，配筋率通常不到 0.5%，不满足最小配筋率要求，地震时很容易发生少筋破坏且浪费材料提高建房成本，如图 3.22 和图 3.23 所示。

图 3.22　湛江廉江市仔厝村（示范村）

图 3.23　韶关始兴县石俚坝村（示范村）一

图 3.22 中柱的横截面过大，而里面配置的钢筋过少，显然不满足最小配筋率要求。图 3.23 中梁柱都过于粗大，配置钢筋较少，既浪费了混凝土材料又不满足最小配筋率要求。

3.3.3　砖混结构墙体问题

1. 砖混结构墙体局部尺寸设置不合理

地震作用下，砖混结构房屋的端部开间、端墙、转角处、门窗洞口边角和窗间墙等部位受力集中且复杂，是容易遭受地震破坏的部位。局部尺寸过小的墙体安全储备偏低，在地震作用下容易损伤破坏，导致房屋因局部失效而发生整体破坏，因此需要对墙体的局部尺寸加以限制。砖混结构房屋墙体的局部尺寸限值为：承重窗间墙最小宽度在抗震设防烈度 6～7 度时为 1.0m，8 度时为 1.2m；承重外墙尽端至门窗洞边的最小距离在 6～7 度时为 1.0m，8 度时为 1.2m；非承重外墙尽端至门窗洞边的最小距离在 6～7 度时为 1.0m，8 度时为 1.0m；内墙阳角至门窗洞边的最小距离在 6～7 度时为 1.0m，8 度时为 1.5m。调查发现，农村砖混结构房屋墙体局部尺寸普遍存在设置不合理之处，如图 3.24 和图 3.25 所示。

窗间墙体不满足最小宽度

图 3.24　韶关始兴县石俚坝村（示范村）二

窗间墙体不满足最小宽度

图 3.25　汕头濠江区珠浦居委

图 3.24 中的房屋二层的预留门窗洞口间隔、墙体与洞口间隔小于 1.0m。图 3.25 中房屋二、三层的预留门窗洞口间隔小于 1m，局部尺寸不符合规范要求，地震荷载作用下存在安全隐患。

2. 砖混结构门窗洞口布置不合理

震害表明，墙段布置均匀对称时，各墙段分担的地震作用较均匀，墙体抗震能力能够得到充分发挥，房屋的震害就相对较轻；而当各墙段宽度不均匀时，局部尺寸过小的门窗间墙在水平地震作用下会因局部失效而导致房屋整体破坏，有时宽度较大的墙段承担较多的地震作用，破坏反而比宽度小的墙段严重。前后纵墙开洞不一致还会造成地震作用下的房屋平面扭转，进一步加重震害。因此，在建造房屋时要注意墙段布置的均匀对称，同一片墙上窗洞标高和大小应尽可能一致，窗间墙宽度尽可能相等或相近，并均匀布置，不可随意开窗洞。但调查发现，农村房屋出于内部的布局设计满足采光要求而随意开设窗洞的现象普遍存在，如图 3.26 和图 3.27 所示。

图 3.26　阳江平冈镇黄村村

图 3.27　茂名化州市六堆新村（示范村）

图 3.26 中白色方框圈出部分的窗洞开设标高不一，排列犬牙交错十分随意。图 3.27 中整个墙面开设窗洞左右大小不一、未对称分布、右边窗洞过于密集同时间隔也不满足要求。上述做法不利于结构整体抗震性能的发挥。

3. 砖混结构墙体墙角交接处的加强措施不到位

有些房屋虽然设置了构造柱与圈梁，但是由于未按规范要求来设置导致结构整体性不强，砖混结构墙体墙角交接处的加强措施不到位，结构抗震性能远不如预期。

南方农村房屋习惯采用 180 墙（薄墙可节约墙砖用量及自重，在满足规范要求下减少墙厚，经济实惠），这种薄墙体一般未做加强措施，地震时很容易发生倒塌。因此，为提高砖混结构墙体的抗震能力，墙体必须按要求做加强措施。7～9 度设防时，外墙转角处、纵横墙交接处、长度大于 7.2m 的大房间墙角，从层高 0.5m 标高开始向上，应当沿墙高每隔 0.5m 设置 2 根直径 6mm 的拉结筋，拉结筋每边伸入墙内的长度不宜小于 1m 或伸至门窗洞边。后砌的非承重隔墙也应沿墙高每隔 0.5m 设置 2 根直径 6mm 的拉结筋与承重墙或构造柱拉结，每边伸入墙内不小于 0.5m。对农村房屋示范村的调查表明，能按要求在墙体墙角交接处设置加强拉结筋的房屋鲜有存在，绝大部分都不满足要求，如图 3.28 和图 3.29 所示。

图 3.28　湛江廉江市仔唇村（示范村）

图 3.29　湛江廉江市仔唇村（示范村）

图 3.28 与图 3.29 中在建房屋的墙角交接处未设置拉结筋与构造柱拉结，使得墙体与构造柱的整体性不足，未加强薄墙的抗震性能较弱，遭遇地震时易破坏开裂倒塌。

4. 砖混结构墙体砌筑质量未达标

砖混结构房屋砌筑墙体的常用方法是将丁砖和顺砖上下皮交错砌筑。120 墙砌式为全顺式；180 墙为两平一侧式；240 墙为一顺一丁式、三顺一丁式、多顺一丁式和十字式。砌筑时灰缝砂浆饱满，深浅一致，厚薄均匀。墙体转角处和交接处无可靠拉结措施时应咬槎砌筑，不得先砌内墙后砌外墙，或先砌外墙后砌内墙。调查发现，农村房屋砖墙砌筑时一般不注意砌筑质量导致灰缝不饱满。转角处和交接处未砌成咬槎，空斗墙，随意堆积成墙，承重墙为 120 墙，灰缝不饱满等不规范情况随处可见，如图 3.30～图 3.35 所示。

图 3.30　茂名化州市六堆新村（示范村）

图 3.31　韶关始兴县石俚坝村（示范村）

图 3.32　茂名茂南区公馆镇

图 3.33　韶关始兴县石俚坝村（示范村）

图 3.34　韶关始兴县石俚坝村（示范村）

图 3.35　湛江廉江市仔唇村（示范村）

图 3.30 与图 3.31 房屋中内外墙交接处既没有设置拉结筋又没有咬槎砌筑，减弱了结构的整体性。图 3.32 房屋中采用的是空斗墙形式，虽然自重轻且省材料，但是不利于抗震，一般 6 度以上不采取这种形式。图 3.33 房屋中砌墙十分随意地

直接采用了储放砖头的斜一字排开形式，墙本身强度不高，抗震性能更是较弱。图 3.34 房屋中承重墙仅为 120 墙过于节省材料导致强度不够、抗震性能较差，不适合作为抗震的选择。图 3.35 在建房屋中砌筑好的墙体中灰缝砂浆不饱满，墙体本身的强度下降。

3.3.4 砖混结构楼梯间问题

1. 砖混结构楼梯未设平台梁

农村住宅中常用楼梯为钢筋混凝土板式楼梯，由楼梯板、平台、平台梁和栏杆组成。楼梯平台梁作用是承受楼梯板、栏杆和楼梯平台传来的力，然后把力传到柱子上，最后传到地上，平台梁对整个楼梯的受力性能有加强作用。但调查发现，许多农村房屋钢筋混凝土板式楼梯为了便于施工未设置平台梁，如图 3.36 和图 3.37 所示。

图 3.36　汕头金平区莲塘村

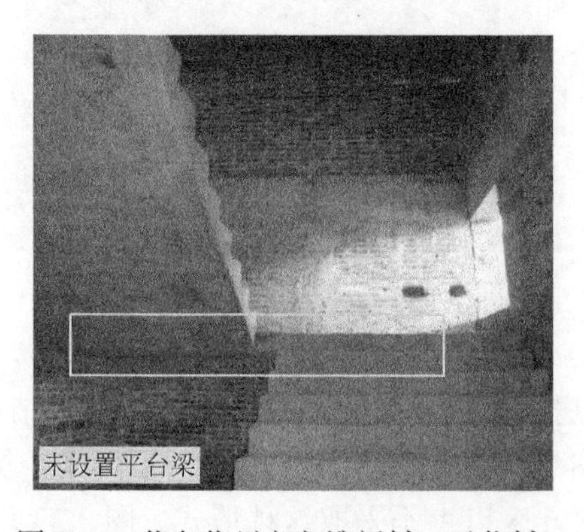

图 3.37　茂名化州市六堆新村（示范村）

2. 砖混结构楼梯间设置在房屋的尽端或转角处

由于唐山大地震期间的多层砌体结构楼梯间震害比较常见，之后出版的抗震设计规范，根据实际震害做出规定：楼梯间不宜设置在房屋的尽端和转角处。但大部分建筑发展落后区域（尤其农村地区）对此条规定落实还不到位；此后汶川地震中楼梯间震害悲剧又再次上演，有大量的楼梯间布置在砌体结构尽端和转角部位，且缺乏必要的抗震构造措施，导致结构尽端山墙倒塌，转角部位墙体剪切破坏。

当楼梯间设置在结构尽端，或者结构平面布置不规则时，结构将产生较大的扭转，不利于结构受力。与其他横墙、纵墙相比，位于尽端的楼梯间山墙及外纵墙因平面外约束较弱，无支承高度较大，楼板不连续，存在错层，在墙体相交部位面外剪应力较大。

此外，在地震作用下，楼梯斜撑所形成的力对结构也是不利的，易造成墙体局部受力较大的问题。因此，建筑布置时尽量不设在尽端。但调查发现，农村很多房屋建造时没有注意到这一限制，而把楼梯间设在房屋的尽端或转角处，如图 3.38 和图 3.39 所示。

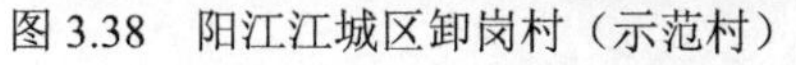
图 3.38　阳江江城区卸岗村（示范村）

图 3.39　茂名化州市六堆新村（示范村）

3.4　框架结构房屋

框架结构尤其是单跨框架，侧向刚度较弱，耗能能力弱，在强震作用下，其主体结构易产生破坏，同时所产生水平位移较大而易并发非结构性破坏。为保证框架结构发挥出一定的抗震能力，通常应在主体结构的立面平面布置、主体结构的设计、填充墙与附属设施的连接整体性等方面严格按照抗震标准执行。

3.4.1　框架结构房屋平面立面布置不规则

震害表明，框架结构房屋平面立面布置不规则，地震时结构容易产生过大的扭转反应和应力集中而遭受严重破坏。因此，框架结构平面布置应力求体型简单、均匀对称、规则整齐，尽量避免较大的凸出与凹进；立面布置应尽量沿竖向均匀，避免突然变化。但调查发现，农村框架结构房屋为了追求造型美观，平面立面一般不太规则，如图 3.40 和图 3.41 所示。

图 3.40　汕头濠江区珠浦居委

图 3.41　揭阳登岗镇孙畔村

图 3.40 中在建房屋框架结构呈 C 形，地震时会产生过大扭矩，易发生一侧框架破坏坍塌，进而引起整体破坏；图 3.41 中框架结构立面十分复杂，地震荷载下受力复杂易出现集中应力发生破坏。

3.4.2　框架结构主体的结构设计不满足“三强原则”

框架结构需要在结构设计上满足“强柱弱梁”“强剪弱弯”“强节点弱构件”原则，以牺牲局部构件来保证主要的柱不先发生脆性破坏，进而保证房屋建筑在地震作用下不发生整体性连续倒塌破坏，满足抗震等级下的“大震不倒”原则。然而由于设计的不规范性，农村框架结构建筑中有部分建筑并不满足这个原则，如图 3.42 中柱与梁相比尺寸上几乎相同，这样将导致强震作用下柱可能先于梁破坏，进而引起整体垮塌。而在图 3.41 中可以看到柱截面明显大于梁截面，是典型的“强柱弱梁”，将使得破坏先发生于梁从而有利于抗震。在梁柱的截面配筋设计时尤其要考虑箍筋主筋的设置，满足抗剪能力大于抗弯能力从而使其不发生脆性破坏。

图 3.42　典型强梁弱柱

3.4.3　框架结构填充墙与框架柱拉结不满足要求

框架结构中的填充墙，主要起着维护和隔热保温作用，多采用块材砌筑而成。砌体填充墙的存在对结构所受地震作用大小有着显著的影响。因此，应合理布置填充墙并采取合适的连接方式与框架相连。砌体填充墙宜与柱脱开或采用柔性连接，填充墙应沿框架柱全高每隔 500mm 设 2 根直径 6mm 的拉结筋。拉结筋伸入墙内长度：一、二级沿墙全长设置，三、四级不小于墙长的 1/5 且不小于 700mm，

8、9 度时宜沿墙全长贯通。调查发现，农村框架结构房屋一般未考虑填充墙的布置及其与框架的连接方式对结构的影响，如图 3.43 和图 3.44 所示。

填充墙与框架柱未设置拉结筋

图 3.43　潮州潮安县彩塘镇

填充墙未与框架柱脱开且未拉结

图 3.44　揭阳登岗镇孙畔村

3.4.4　附属构件存在问题

农村房屋都有一些附属构件，如栏板、女儿墙、小烟囱和大门等。这些附属构件如不采取适当的抗震措施，在地震中很容易倒塌，造成人员伤亡。栏板和屋顶女儿墙应每隔半开间设后浇钢筋混凝土构造柱。小烟囱不应设在屋檐部位，尽量远离门窗等出入口，且突出屋顶部分应设置竖向钢筋。大门雨篷应考虑地震时颠覆掉落的问题，做好拉结措施。调查表明，农村房屋附属构件几乎未采取适当的抗震措施，如图 3.45～图 3.48 所示。

栏板与女儿墙未设置拉结筋

图3.45　汕头濠江区西墩村（示范村）

女儿墙未设置拉结筋

图3.46　茂名化州市六堆新村（示范村）

烟囱靠近大门与马路且未采取抗震措施

图3.47　阳江平冈镇那棉村

图 3.48　韶关始兴县石俚坝村（示范村）

图 3.45 中在建房屋第二、三层的栏板及屋顶女儿墙，以及图 3.46 中在建房屋屋顶女儿墙均未设置构造柱加强连接；图 3.47 中房屋厨房上方的烟囱仅用砖砌成，未用钢筋加强连接，且设置位置在边缘处；图 3.48 中在建房屋一楼院墙大门的雨棚未作加强拉结措施。这些附属构件在地震中一旦破坏落下，易甩出伤到疏散人群。

参考文献

[1] 钱义良. 我国砖石结构发展的回顾与瞻望[J]. 建筑结构，1984（5）：4-6.

[2] 王晓刚，胡茂财，周鑫，等. 5·12 汶川地震房屋建筑震害分析与思考[J]. 建筑设计，2015，44（11）：62-64.

第 4 章　农村房屋抗震设防措施

4.1　引　　言

从近年来的几次地震震后调查结果来看，农村房屋没能完全经受住地震的考验，在结构构件（梁、柱等）、施工技术与流程、材料质量等方面都暴露出不少问题。为了解决这些问题，保障人民的生命财产安全，国家及各省区市相继出台了多部相关设计规范或指南，学者们也开展了大量的研究，成果丰硕。

本章内容参考了：《建筑抗震设计规范》（2016 年版）（GB 50011—2010）[1]、《混凝土结构设计规范》（2015 年版）（GB 50010—2010）[2]、《镇（乡）村建筑抗震技术规程》（JGJ 161—2008）[3]、《河南省农村住房抗震鉴定技术指南（试行）》（2020）[4]、山东省地震局和山东省建设厅编写的《农村民居建筑抗震施工指南》（2009）[5]、北京市建筑设计研究院编写的《农村民居建筑抗震设计施工规程》（DB11/T 536—2021）[6]，以及多位该领域专家学者的研究成果[7-17]。本章从一般规定（包括外观要求、尺寸材料等方面）、结构构件要求、抗震构造措施和施工要求等方面，详细介绍了砌体结构房屋、框架结构房屋、木结构房屋的抗震技术应对措施，为提高农村房屋的抗震安全性能提供技术指导。

4.2　砌体结构房屋

4.2.1　一般规定

本章砌体结构房屋主要指的是由普通砖（包括烧结、蒸压、混凝土普通砖）、多孔砖（包括烧结、混凝土多孔砖），以及砌体抗剪强度不低于黏土砖砌体抗剪强度的其他烧结砖、蒸压砖建造的房屋。

砖和砂浆是砌体结构房屋的主要组成材料，其质量是否达标在很大程度上就决定了房屋的安全程度。在建筑材料选择方面，给出如下建议：①烧结成型的普通黏土砖、多孔砖的强度等级应该高于 MU10，蒸压成型的灰砂砖和粉煤灰砖的强度等级应当高于 MU15。砖砌体的砂浆强度等级应当高于 M5。②混凝土结构构件的混凝土强度等级应当高于 C20。③纵向受力钢筋宜选用 HRB400 级及以上热轧钢筋，箍筋宜选用 HRB400 或 HPB300 级热轧钢筋。④砂浆的强度等级用 M 表示，后面的数字表示抗压强度的大小。砌砖用的砂浆有水泥石灰砂浆和水泥砂浆两种，其强度等级不应当低于 M5。水泥砂浆适用于对防水有较高要求的砌体（如埋在土中的砌体、砖基础)。水泥石灰砂浆又称混合砂浆，一般用于地面以上的砌体结构。

从整体尺寸上来看，对于 6 度区和 7 度区的砌体结构房屋，其高宽比应设置为 2.5；对于 8 度区的砌体结构房屋，其高宽比应设置为 2；当砌体结构房屋的平面近似于正方形时，高宽比宜适当减小。对于单层的砌体结构房屋，层高不应超过 4.0m；对于楼层数不少于两层的多层砌体结构房屋，各层层高应低于 3.6m。一般而言，砌体结构房屋的墙体厚度不应小于 180mm，且砌体结构房屋的总层数不应多于 5 层，总高度应低于 18m。

近年来，在农村地区，越来越多的多层砌体结构房屋建设落成，其抗震设防要求比单层砌体结构房屋更高，以下给出了关于多层砌体结构房屋的若干建议。

（1）对于建筑布置和结构体系［引自《建筑抗震设计规范》（2016 年版）（GB 50011—2010）之 7.1.7 条款］：应优先采用横墙承重或纵横墙共同承重的结构体系；纵横向砌体抗震墙宜均匀对称，沿平面内宜对齐，沿竖向应上下连续，且纵横向墙体的数量不宜相差过大；平面轮廓凹凸尺寸，不应超过典型尺寸的 50%，当超过典型尺寸的 25%时，房屋转角处应采取加强措施；同一轴线上的窗间墙宽度宜均匀，在满足多层砌体结构房屋中砌体墙段局部尺寸限值要求的前提下，墙面洞口的立面面积，在 6、7 度区不宜大于墙面总面积的 55%，在 8 度区不宜大于 50%；在房屋宽度方向的中部应设置内部纵墙，其累计长度不宜小于房屋总长度的 60%（宽高比大于 4 的墙段不计入）。

（2）房屋的抗震横墙间距在不同的烈度区有不同的要求［引自《建筑抗震设计规范》（2016 年版）（GB 50011—2010）之 7.1.5 条款］：现浇或装配整体式钢筋混凝土楼、屋盖从 6 度区到 8 度区的间距要求分别为 15m，15m，11m；装配式钢筋混凝土楼、屋盖从 6 度区到 8 度区的间距要求分别为 11m，11m，9m；木楼盖或木屋盖从 6 度区到 8 度区的间距要求分别为 9m，9m，4m。

（3）对结构局部尺寸需要一定的限制［引自《建筑抗震设计规范》（2016 年版）（GB 50011—2010）之 7.1.6 条款］：承重窗间墙最小宽度从 6 度区到 8 度区分别为 1m，1m，1.2m；承重外墙尽端至门窗洞边的最小距离从 6 度区到 8 度区分别为 1m，1m，1.2m；非承重外墙尽端至门窗洞边的最小距离从 6 度区到 8 度区分别为 1m，1m，1m；内墙阳角至门窗洞边的最小距离从 6 度区到 8 度区分别为 1m，1m，1.5m；无锚固女儿墙（非出入口处）的最大高度从 6 度区到 8 度区分别为 0.5m，0.5m，0.5m。出入口的女儿墙应该有锚固。

4.2.2 结构构件要求

1. *砖砌体*

1）抗震构造措施

当砖砌体结构房屋的设防烈度为 7 度时，对于外墙转角处、纵横墙交接处及长度大于 7.2m 的大房间，从层高 0.5m 标高开始向上，应当沿墙高每隔 0.5m 设置 2ϕ6 的拉结筋，并且每边拉结筋伸入墙内的长度不宜小于 1m。在突出屋顶的楼梯间的纵横墙交接处，沿墙高每隔 0.5m 设 2ϕ6 拉结筋，且每边伸入墙内的长度不宜小于 1m。对于后砌的非承重隔墙，应沿墙高每隔 0.5m 配置 2ϕ6 拉结筋与承重墙或柱拉结，每边伸入墙内不小于 0.5m。

2）施工要求

在砌筑砖砌体结构房屋，应符合以下要求：①标线的标高需准确；②施工前，应提前 1～2 天浇水润湿砖块，并确保施工时，砖块的表面风干，但是干砖不能上墙；③砂浆应尽量做到随拌随用，灰槽中经常应是新拌制的砂浆，但是不能使用落地灰；④砌体结构的灰缝应当错缝搭接，坚决不能有通缝。水平灰缝砂浆应饱满，深浅一致，厚薄均匀。竖向灰缝不应出现瞎缝或假缝。砌体的变形缝中不得夹有碎砖或木头等杂物；⑤砖砌墙体在转角和内外墙交接处应同时咬槎砌筑。有特殊情况时，比如，不能同时砌筑而又必须留置的临时间断处，应砌成斜槎，并且斜槎的水平长度不应小于高度的 2/3。对于墙上留置临时施工洞口，其侧边离交接处墙面不应小于 500mm，洞口净宽不应超过 1m。

2. 构造柱

1）抗震构造措施［引自《建筑抗震设计规范》(2016 年版)(GB 50011—2010)之 7.3.1 及 7.3.2 条款］

（1）在 6 度至 8 度区，对于多层砖砌体结构房屋（两层及以上），应在楼或电梯间四角、楼梯斜梯段上下端对应的墙体处、外墙四角和对应转角、错层部位横墙与外纵墙交接处、大房间内外墙交接处、较大洞口两侧等部位设置构造柱。6 度区内多层砖砌体结构房屋(四层至五层)，7 度区内多层砖砌体结构房屋(三层至四层)，8 度区内多层砖砌体结构房屋（二层至三层），还应考虑隔 12m 或在单元横墙与外纵墙交接处、楼梯间对应的另一侧内横墙与外纵墙交接处设置构造柱。对于 6 度区的六层房屋，7 度区的五层房屋，8 度区的四层房屋，还应考虑在隔开间横墙（轴线）与外墙交接处、山墙与内纵墙交接处设置构造柱。对于 6 度区的七层房屋，7 度区的六层及以上房屋，8 度区的五层及以上房屋，还应考虑在内墙（轴线）与外墙交接处、内横墙的局部较小墙垛处、内纵墙与横墙（轴线）交接处设置构造柱。

（2）对于多层砖砌体结构房屋的构造柱，最小截面可采用 180mm×240mm（墙厚 190mm 时为 180mm×190mm），纵向钢筋宜采用 4ϕ12，箍筋间距不宜大于 250mm，且在柱上下端应适当加密；6、7 度时超过六层以及 8 度时超过五层，构造柱纵向钢筋宜采用 4ϕ14，箍筋间距不应大于 200mm。

（3）构造柱与墙连接处应砌成马牙槎，沿高墙每隔 500mm 设 2ϕ6 水平钢筋和ϕ4 分布短筋平面内点焊组成的拉结网片或ϕ4 点焊钢筋网片，每边伸入墙内不宜小于1m。6、7度区时底部1/3楼层，8度时底部1/2楼层，拉结网片应沿墙体水平通长设置。构造柱与圈梁连接处，构造柱的纵筋应在圈梁纵筋内侧穿过，保证构造柱纵筋上下贯通。构造柱可不单独设置基础，但应伸入室外地面下500mm，或与埋深小于500mm的基础圈梁相连。

2）施工要求

构造柱的材料组成包括：钢筋和混凝土。钢筋可采用Ⅰ级光圆钢筋；构造柱的混凝土强度等级不应当低于C20，采用粗砂或中砂（含泥量不大于5%），粒径0.5～3.2cm卵石或碎石（含泥量不大于2%），用不含杂质的纯净水。

施工的详细工序如下：

（1）预制构造柱钢筋骨架。首先，将两根正向受力钢筋平放在绑扎架上，并在钢筋上画出箍筋间距；其次，根据画线位置，将箍筋套在受力筋上逐个绑扎，要预留出搭接部位的长度，同时箍筋应与受力钢筋保持垂直；然后，穿另外两根受力钢筋，并与箍筋绑扎牢固，其弯钩的弯曲直径应大于受力钢筋的直径，且不小于箍筋直径的2.5倍，箍筋平直段长度不应小于箍筋直径的10倍；最后，将柱顶、柱脚与圈梁钢筋交接部位的箍筋加密，加密范围在圈梁上、下均为500mm，箍筋间距为100mm。

（2）安装构造柱钢筋骨架。首先，在搭接处的钢筋套上箱筋，注意箍筋搭扣应交错布置；然后，再将预制构造柱钢筋骨架立起来，对正伸出的搭接筋，对好标高线，并初步绑扎固定。最后，骨架调整后，可按顺序从根部加密区箍筋开始往上绑扎。

（3）绑扎搭接部位钢筋。首先，构造柱钢筋须与各层纵横墙的圈梁钢筋绑扎连接，形成一个封闭框架；然后，在砌砖墙大马牙槎时，沿墙高每500mm埋设两根ϕ6.5水平拉结筋，与构造柱钢筋绑扎连接；最后，砌完砖墙后，应对构造柱钢筋进行修整，以保证钢筋位置及间距准确。

（4）砌筑构造柱两侧的墙体。对于嵌在墙体中的钢筋混凝土构造柱，一般是先砌纵横墙，在墙体砌完后形成“柱腔”，即预留构造柱的位置。构造柱随着墙体和圈梁的分层砌筑和浇注，进行分柱段施工，保证构造柱的中心线在同一条垂直线上。

（5）安装构造柱模板。在每层砖墙砌好后，立即支模，构造柱和圈梁的模板可用木模板或钢模板，模板必须与所在墙的两侧严密贴紧，支撑牢靠，防止板缝浆，将模板贴在外墙面上，并每隔1m设两根拉条，拉条与内墙拉结。

（6）浇灌构造柱混凝土。常温时，混凝土浇筑前，砖墙、木模应提前适量浇水湿润，但不得有积水。构造柱根部施工缝处，在浇筑前宜先铺50mm厚水泥砂浆或减石子混凝土，其配合比与混凝土的相同。浇筑混凝土构造柱时，先将振捣棒插入柱底根部，使其振动再灌入混凝土，应分层浇筑、振捣，每层厚度不超过600mm，边下料边振捣，一般浇筑高度不宜大于2m。

3. 圈梁

1）抗震构造措施［引自《建筑抗震设计规范》（2016年版）（2016年版）（GB 50011—2010）之7.3.3及7.3.4条款］

对于装配式钢筋混凝土楼、屋盖或木屋盖的砖房，现浇钢筋混凝土圈梁应按以下要求设置：6、7、8度区的多层砖砌体结构房屋在外墙和内纵墙的屋盖处和每层楼盖处均设置现浇钢筋混凝土圈梁。对于6、7度区的多层砖砌体结构房屋的内横墙，圈梁应设置在屋盖处和每层楼盖处，以及构造柱的对应部位，屋盖处的间距不应大于4.5m，楼盖处的间距不应大于7.2m；对于8度区的多层砖砌体结构房屋的内横墙，圈梁应设置在屋盖处和每层楼盖处，以及构造柱的对应部位，各层所有横墙处的圈梁间距均不应大于4.5m。圈梁应闭合，遇有洞口圈梁应上下搭接。圈梁宜与预制板设在同一标高处或紧靠板底；当在要求的间距内无横墙时，应利用梁或板缝中配筋替代圈梁；圈梁的截面高度不应小于120mm，6、7度区内，最小纵筋为4ϕ10，箍筋最大间距为250mm；8度区内，最小纵筋为4ϕ12，箍筋最大间距为200mm。基础圈梁的截面高度不应小于180mm，配筋不应少于4ϕ12。

2）施工要求

圈梁的材料包括：钢筋和混凝土。选用Ⅰ级光圆钢筋（HPB235）、Ⅱ级（HRB335）或Ⅱ级（HRB400）钢筋；圈梁的混凝土强度等级不应当低于C20，采用粗砂或中砂（含泥量不大于5%），粒径0.5～3.2cm卵石或碎石（含泥量不大于2%），用不含杂质的纯净水。

圈梁的施工工序为：

（1）支圈梁模板。圈梁模板可采用木模板或定型组合钢模板上口弹线找平。钢筋绑扎完以后，模板上口宽度进行校正，并用木撑进行定位，用铁钉临时固定。

（2）绑扎圈梁钢筋。支完圈梁模板后，即可在模内绑扎圈梁钢筋。按抗震要求间距，在模板侧绑画箍筋位置，放箍筋后，穿受力钢筋，绑扎接筋。注意箍筋必须垂直受力钢筋，箍筋搭接处应沿受力钢筋互相错开。圈梁钢筋绑完后应加水泥砂浆垫块。

（3）浇筑圈梁混凝土。方法同浇筑构造柱混凝土。

4. 钢筋混凝土楼板或屋面板

1）抗震构造措施［引自《建筑抗震设计规范》（2016年版）（GB 50011—2010）之7.3.5及7.3.6条款］

现浇钢筋混凝土楼板或屋面板伸进纵、横墙内的长度，均不应小于120mm。装配式钢筋混凝土楼板或屋面板，当圈梁未设在板的同一标高时，板端伸进外墙的长度不应小于 120mm，伸进内墙的长度不应小于 100mm 或采用硬架支模连接，在梁上不应小于 80mm 或采用硬架支模连接。当板的跨度大于 4.8m 并与外墙平行时，靠外墙的预制板侧边应与墙或圈梁拉结。房屋端部大房间的楼盖，6 度时房屋的屋盖和 7、8 度时房屋的楼、屋盖，当圈梁设在板底时，钢筋混凝土预制板应相互拉结，并应与梁、墙或圈梁拉结。

2）施工要求

混凝土楼（屋）盖的材料包括：钢筋和混凝土。选用Ⅱ级（HRB335）或Ⅱ级（HRB400）钢筋；圈梁的混凝土强度等级不应当低于 C20，采用粗砂或中砂（含泥量不大于 5%），粒径 0.5～3.2cm 卵石或碎石（含泥量不大于 2%），用不含杂质的纯净水。

现浇钢筋混凝土楼板或屋面板均应当压满墙。若用钢筋混凝土坡屋顶，必须先做屋盖。

楼、屋盖分为单向板和双向板。对于两边支承的单向板，受力钢筋垂直于支承边，对于四边支承的单向板，受力钢筋平行于短边方向。对于四边简支的双向板，板底两个方向均设受力钢筋，平行于长边的设置在外侧，平行于短边的设置在内侧。

楼、屋盖的钢筋混凝土梁应当与墙、柱、圈梁形成可靠连接，不得采用独立砖柱。梁和屋架伸入砌体或构件的长度不应小于 240mm。

5. 楼梯间［引自《建筑抗震设计规范》（2016 年版）（GB 50011—2010）之 7.3.8 条款］

楼梯间及门厅内墙阳角处的大梁支承长度不应小于 500mm，并应与圈梁连接。装配式楼梯段应与平台板的梁可靠连接。在 8 度区，不应采用装配式楼梯段；不应采用墙中悬挑式踏步或踏步竖肋插入墙体的楼梯，不应采用无筋砖砌栏板。

顶层楼梯间墙体应沿墙高每隔 500mm 设 2ϕ6 通长钢筋和ϕ4 分布短钢筋平面内点焊组成的拉结网片或ϕ4 点焊网片。7、8 度区内，除顶层外的各层楼梯间墙体应在休息平台或楼层半高处设置 60mm 厚、纵向钢筋不应少于 2ϕ10 的钢筋混凝土带或配筋砖带，配筋砖带不少于 3 皮，每皮的配筋不少于 2ϕ6，砂浆强度等级不应低于 M7.5 且不低于同层墙体的砂浆强度等级。

4.2.3 其他注意事项

1. 抗震构造措施

（1）门窗洞处不应采用砖过梁；过梁支承长度，在 6～8 度区内，不应小于 240mm。

（2）在6、7度区内，预制阳台应与圈梁和楼板的现浇板带可靠连接，8度时不应采用预制阳台。

（3）砌体女儿墙在人流出入口和通道处应与主体结构锚固，6～8度时不宜超过0.5m。防震缝处女儿墙应留有足够的宽度，缝两侧的自由端应予以加强。

（4）同一结构单元的基础（或桩承台），宜采用同一类型的基础，底面宜埋置在同一标高上，否则应增设基础圈梁并应按1∶2的台阶逐步放坡。

（5）烟道、风道、垃圾道等不应削弱墙体，不应采用无锚固的钢筋混凝土预制挑檐。

2. 施工要求

（1）浇捣构造柱混凝土时，宜用插入式振捣棒，分层捣实。振捣时，振捣棒应避免直接碰触砖墙，并严禁通过砖墙传振。

（2）钢筋应除锈、调直。对预留的伸出钢筋，不应在施工中任意弯折。如有歪斜，应在浇灌混凝土前校正到准确位置。箍筋应按要求位置与竖筋用金属丝绑扎牢固。

（3）施工时应有防雨措施，下雨时不宜露天浇灌混凝土。未下雨而露天浇灌的混凝土也要及时覆盖，以防雨水冲刷。要特别注意根据露天料场砂石含水量的变化，调整水灰比，确保混凝土的强度。

4.3　框架结构房屋

4.3.1　一般规定

本节内容引自《建筑抗震设计规范》（2016年版）（GB 50011—2010）之6.1部分。本部分所指框架结构房屋为现浇钢筋混凝土框架结构房屋。材料的选用上，框架结构构件的混凝土：强度等级一般情况下不应低于C20；一级框架的梁、柱，节点核心区混凝土强度等级应大于等于C30；混凝土构件中的纵向钢筋宜选用符合抗震性能指标的HRB400级热轧钢筋，也可采用符合抗震性能指标的HRB335级热轧钢筋，箍筋宜选用符合抗震性能指标的HRB335、HRB400级热轧钢筋。

在不同的抗震设防烈度下，钢筋混凝土框架结构房屋的最大高度（即室外地面到主要屋面板板顶的高度）应有如下的限制：6度设防时，最大高度为60m；7度设防时，最大高度为50m；8度（0.2g）设防时，最大高度为40m；8度（0.3g）设防时，最大高度为35m。

房屋抗震等级方面，农村地区的一般框架结构房屋在6度设防且高度大于24m时，抗震等级应为三级，否则抗震等级为四级，而大跨度框架（跨度不小于

18m 的框架）均设为三级抗震等级；7 度设防时，高度大于 24m 的一般框架房屋的抗震等级应为二级，否则抗震等级为三级，而大跨度框架均设为二级抗震等级；8 度设防时，高度大于 24m 的一般框架房屋的抗震等级应为一级，否则抗震等级为二级，而大跨度框架均设为一级抗震等级。

钢筋混凝土框架结构构件中受力钢筋的混凝土保护层厚度不应小于钢筋的直径 d。设计使用年限为 50 年的混凝土结构，最外层钢筋的保护层厚度应符合以下要求：一类环境中，板、墙、壳的保护层厚度不小于 15mm，梁、柱的保护层厚度不小于 20mm；二类 a 环境中，板、墙、壳的保护层厚度不小于 20mm，梁、柱的保护层厚度不小于 25mm；二类 b 环境中，板、墙、壳的保护层厚度不小于 25mm，梁、柱的保护层厚度不小于 35mm；三类 a 环境中，板、墙、壳的保护层厚度不小于 30mm，梁、柱的保护层厚度不小于 40mm；三类 b 环境中，板、墙、壳的保护层厚度不小于 40mm，梁、柱的保护层厚度不小于 50mm。另外，当混凝土强度等级不大于 C25 时，以上所有保护层厚度均应增加 5mm。

框架结构房屋防震缝宽度应分别符合下列要求：当高度不超过 15m 时不应小于 100mm；高度超过 15m 时，在 6 度、7 度和 8 度设防时，分别每增加高度 5m、4m 和 3m，宜加宽 20mm。8 度设防的框架结构房屋防震缝两侧结构层高相差较大时，防震缝两侧框架柱的箍筋应沿房屋全高加密，并可根据需要在防震缝两侧沿房屋全高各设置不少于两道垂直于防震缝的抗撞墙。

对于房屋中的楼梯结构，宜采用现浇钢筋混凝土楼梯，楼梯构件与主体结构整浇，宜采取构造措施，减小楼梯构件对主体结构刚度的影响，楼梯间两侧填充墙与柱之间应加强拉结。

钢筋混凝土框架结构中的砌体填充墙，应在平面和竖向地布置，宜均匀对称，宜避免形成薄弱层或短柱。墙长大于 5m 时，墙顶与梁宜有拉结；墙长超过 8m 或层高 2 倍时，宜设置钢筋混凝土构造柱；墙高超过 4m 时，墙体半高宜设置与柱连接且沿墙全长贯通的钢筋混凝土水平系梁。楼梯间和人流通道的填充墙，尚应采用钢丝网砂浆面层加强。

4.3.2　结构构件要求

1. 板

现浇混凝土板的跨厚比：钢筋混凝土单向板不大于 30，双向板不大于 40；无梁支承的有柱帽板不大于 35，无梁支承的无柱帽板不大于 30。预应力板可适当增加；当板的荷载、跨度较大时宜适当减小。

现浇钢筋混凝土单向板的最小厚度为 60mm，双向板的最小厚度为 80mm。

当悬臂长度小于 500mm 时，悬臂板的最小厚度为 60mm。无梁楼板的最小厚度为 150mm。板中受力钢筋之间的间距与板厚相关：当板厚不大于 150mm 时，受力钢筋的间距不宜大于 200mm；当板厚大于 150mm 时，受力钢筋的间距不宜大于板厚的 1.5 倍，且不宜大于 250mm。

按简支边或非受力边设计的现浇混凝土板，当与混凝土梁、墙整体浇筑或嵌固在砌体墙内，在设置垂直于板边的板面构造钢筋时，应注意：①钢筋直径不宜小于 8mm，间距不宜大于 200mm，且单位宽度内的配筋面积不宜小于跨中相应方向板底钢筋截面面积的 1/3。与混凝土梁、混凝土墙整体浇筑单向板的非受力方向，钢筋截面面积不宜小于受力方向跨中板底钢筋截面面积的 1/3。②如果是单向板，则该构造钢筋从混凝土梁边、混凝土墙边伸入板内的长度不宜小于受力方向长度的 1/4，砌体墙支座处钢筋伸入板边的长度不宜小于受力方向长度的 1/7；如果是双向板，则以双向板的短边方向为参考。③板角部分的钢筋应沿两个垂直方向布置，或按放射状、斜向平行布置，并将受拉钢筋在梁内、墙内或柱内锚固。

2. 梁

1）基本规定

梁的纵向受力的伸入梁支座范围内的钢筋不应少于两根，梁高不小于 300mm 时，钢筋直径不应小于 10mm，梁高小于 300mm 时钢筋直径不应小于 8mm。梁上部钢筋水平方向的净间距不应小于 30mm 和 1.5 倍钢筋的最大直径；梁下部钢筋水平方向的净间距不应小于 25mm 和 1 倍的钢筋最大直径。当下部钢筋多于两层时，两层以上钢筋水平方向的中距应比下面两层的中距增大 1 倍，各层钢筋之间的净间距不应小于 25mm 和 1 倍的钢筋最大直径。在梁的配筋密集区域可采用并筋的配筋形式。

混凝土梁宜采用箍筋作为承受剪力的钢筋。当采用弯起钢筋时，弯起角宜取 45°或 60°，在弯终点外应留有平行于梁轴线方向的锚固长度，梁底层钢筋中的角部钢筋不应弯起，顶层钢筋中的角部钢筋不应弯下。

当梁的截面高度小于 150mm 时，可以不设置箍筋；当梁的截面高度为 150～300mm 时，可仅在离构件端部 1/4 倍计算跨度的范围内设置构造箍筋；当梁的截面高度大于 300mm 或在构件中部 1/2 倍计算跨度的范围内有集中荷载作用时，则应沿梁全长设置箍筋。截面高度大于 800mm 的梁，箍筋直径不宜小于 8mm；对截面高度不大于 800mm 的梁，箍筋直径不宜小于 6mm。

梁中箍筋的最大间距宜根据梁高和 $0.7f_tbh_0 + 0.05N_{p0}$ 来分类。其中，f_t 为混凝土轴心抗拉强度设计值；b 为矩形截面宽度，或者 T 形、I 形截面的腹板宽度；h_0 为截面的有效高度；N_{p0} 为预应力构件混凝土法向预应力等于零时的预加力。

（1）设计剪力值大于 $0.7f_tbh_0+0.05N_{p0}$，梁高在 150～300mm 时，箍筋的最大间距为 150mm；梁高在 300～500mm 时，箍筋的最大间距为 200mm；梁高在 500～800mm 时，箍筋的最大间距为 250mm；梁高大于 800mm 时，箍筋的最大间距为 300mm。

（2）设计剪力值小于 $0.7f_tbh_0+0.05N_{p0}$。梁高在 150～300mm 时，箍筋的最大间距为 200mm；梁高在 300～500mm 时，箍筋的最大间距为 300mm；梁高在 500～800mm 时，箍筋的最大间距为 350mm；梁高大于 800mm 时，箍筋的最大间距为 400mm。

2）抗震构造措施

框架梁的截面宽度不宜小于 200mm，截面高宽比不宜大于 4，净跨与截面高度之比不宜小于 4。对于非一级框架结构，如果采用扁梁（即梁宽大于柱宽），则其楼盖和屋盖应现浇，梁中线和柱中线应重合，扁梁应双向布置。

对于不同抗震等级的框架房屋，梁端箍筋加密区的长度限值亦不同，一级应采用 500mm 和 2 倍梁截面高度的较大值；二、三、四级应采用 500mm 和 1.5 倍梁截面高度的较大值。

对于梁端加密区的箍筋肢距，一级不宜大于 200mm 和 20 倍箍筋直径的较大值，二、三级不宜大于 250mm 和 20 倍箍筋直径的较大值，四级不宜大于 300mm。而对于箍筋最大间距，一级不应大于 100mm、1/4 梁截面高度和 6 倍纵向钢筋直径的较小值；二级不应大于 100mm、1/4 梁截面高度和 8 倍纵向钢筋直径的较小值；三、四级不应大于 150mm、1/4 梁截面高度和 8 倍纵向钢筋直径的较小值。

在选择箍筋的直径时，一级不应小于 10mm，二、三级不应小于 8mm，四级不应小于 6mm。另外，应当注意的是：当梁端纵向受拉钢筋配筋率大于 2%时，以上箍筋最小直径数值应增大 2mm。

梁端纵向受拉钢筋的配筋率不宜大于 2.5%。沿梁全长顶面、底面的配筋，一、二级不应少于 $2\phi14$，且分别不应少于梁顶面、底面两端纵向配筋中较大截面面积的 1/4；三、四级不应少于 $2\phi12$。

一、二、三级框架梁内贯通中柱的每根纵向钢筋直径，对框架结构不应大于矩形截面柱在该方向截面尺寸的 1/20，或纵向钢筋所在位置圆形截面柱弦长的 1/20；对其他结构类型框架不宜大于矩形截面柱在该方向截面尺寸的 1/20，或纵向钢筋所在位置圆形截面柱弦长的 1/20。

3. 柱

1）基本规定

对于纵向受力钢筋，其直径不宜小于 12mm，全部纵向受力钢筋的配筋率不宜大于 5%，且净间距不应小于 50mm，也不宜大于 300mm。圆柱中纵向钢筋不宜少于 8 根，不应少于 6 根；且宜沿周边均匀布置；在偏心受压柱中，垂直于弯矩作用平面的侧面上的纵向受力钢筋以及轴心受压柱中各边的纵向受力钢筋，其中距不宜大于 300mm。偏心受压柱的截面高度不小于 600mm 时，在柱的侧面上应设置直径不小于 10mm 的纵向构造钢筋，并相应设置复合箍筋或拉筋。

对于箍筋，其直径不应小于纵向钢筋的最大直径的 1/4，且不应小于 6mm，箍筋间距不应大于 400mm 及构件截面的短边尺寸，且不应大于 15 倍纵向钢筋的最小直径，柱及其他受压构件中的周边箍筋应做成封闭式。柱中全部纵向受力钢筋的配筋率大于 3%时，箍筋直径不应小于 8mm，间距不应大于 10 倍纵向受力钢筋的最小直径，且不应大于 200mm。箍筋末端应做成 135°弯钩，且弯钩末端平直段长度不应小于 10 倍纵向受力钢筋的最小直径。

2）抗震构造措施

柱的截面的宽度和高度，四级抗震要求下或不超过 2 层时不宜小于 300mm，一、二、三级抗震要求下且超过 2 层时不宜小于 400mm；若是圆柱截面，则应把以上尺寸要求增大 50mm。柱截面的长边与短边的边长比不宜大于 3，且柱子的剪跨比宜大于 2。

柱箍筋在一定范围内应加密，加密范围应按下列规定采用：①柱端，取截面高度（圆柱直径）、柱净高的 1/6 和 500mm 三者的最大值；②底层柱的下端不小于柱净高的 1/3；③刚性地面上下各 500mm；④剪跨比不大于 2 的柱、因设置填充墙等形成的柱净高与柱截面高度之比不大于 4 的柱、框支柱、一级和二级框架的角柱，取全高。

对于加密区的箍筋间距和直径，一般应符合下列要求。箍筋的最大间距和最小直径，按照抗震等级的不同，划分为以下情况：一级抗震等级下，箍筋的最大间距为 6 倍柱纵筋最小直径和 100mm 的较小值，箍筋最小直径 10mm；二级抗震等级下，箍筋的最大间距为 8 倍柱纵筋最小直径和 100mm 的较小值，箍筋最小直径 8mm；三级抗震等级下，箍筋的最大间距为 8 倍柱纵筋最小直径和 150mm 的较小值，箍筋最小直径 8mm；四级抗震等级下，箍筋的最大间距为 8 倍柱纵筋最小直径和 150mm 的较小值，箍筋最小直径 6mm。

柱箍筋非加密区的箍筋配置，应符合下列两个要求：第一，柱箍筋非加密区的体积配箍率不宜小于加密区的 50%；第二，箍筋间距，一、二级框架柱不应大于 10 倍纵向钢筋直径，三、四级框架柱不应大于 15 倍纵向钢筋直径。

柱的纵向钢筋宜对称配置，对于截面边长大于 400mm 的柱，纵向钢筋间距不宜大于 200mm，柱总配筋率不应大于 5%，柱纵向钢筋的绑扎接头应避开柱端的箍筋加密区。

4. 框架节点

框架节点核心区箍筋的最大间距和最小直径要求与柱箍筋加密区的箍筋最大间距和最小直径一致；一、二、三级框架节点核心区配箍特征值分别不宜小于 0.12、0.10 和 0.08，且体积配箍率分别不宜小于 0.6%、0.5%和 0.4%。柱剪跨比不大于 2 的框架节点核心区，体积配箍率不宜小于核心区上、下柱端的较大体积配箍率。

4.4 木结构房屋

4.4.1 一般规定

木结构房屋的材料应符合下列要求：木构件应选用干燥、纹理直、节疤少、无腐朽、无扭纹的木材，木材宜涂刷防腐、防虫、防火药剂；同一构件上的木节最大尺寸不得大于周长的 1/6，裂缝不得大于直径的 1/3，并不得有死节；木材之间的钢夹板连接应采用螺栓连接。

为增强木楼、屋盖房屋的整体性，一般在以下部位采取拉结措施：①两端开间屋架和中间隔开间屋架应设置竖向剪刀撑；②在屋檐高度处应设置纵向通长水平系杆，系杆应采用墙揽与各道横墙连接或与木梁、屋架下弦连接牢固；③内隔墙墙顶应与梁或屋架下弦拉结。

在施工时，应注意以下事项：①木构架梁柱连接处，宜优先选用木或钢斜撑，斜撑的斜角不宜大于 45°，一般宜用螺栓连接；②木柱与屋架连接处，当屋架下弦为木杆件时，斜撑一端必须与屋架下弦节点处相连；若下弦为钢拉杆时，斜撑应与屋架上弦杆相接；③木或钢斜撑均宜选用夹板方式，通过螺栓将柱与梁或屋架连接；④木柱底部与基础或圈梁相接处应作防腐处理，木材不宜与土层直接接触。

4.4.2 抗震构造措施

本部分内容引自《建筑抗震设计规范》（2016 年版）（GB 50011—2010）之 11.3 部分。下面的抗震构造措施适合于 6～9 度设防的穿斗木构架、木柱木屋架和木柱木梁等房屋。木柱木屋架和穿斗木构架房屋，6～8 度设防时不宜超过二层，总高度不宜超过 6m；9 度设防时宜建单层，高度不应超过 3.3m；木柱木梁房屋宜建单层，高度不宜超过 3m。

木结构房屋不应采用木柱与砖柱或砖墙等混合承重，山墙应设置端屋架（木梁），不得采用硬山搁檩。横墙的最大间距不宜超过6m。山墙处应设置木构架，且房屋两端的屋架支撑，应设置在端开间。窗间墙最小宽度、外墙尽端至门窗洞边的最小距离、内墙阳角至门窗洞边的最小距离等局部尺寸均不宜小于1.0m。

木结构房屋的构件连接，应符合下列要求：①柱顶应有暗榫插入屋架下弦，并用U形铁件连接；8、9度设防时，柱脚应采用铁件或其他措施与基础锚固。柱础埋入地面以下的深度不应小于200mm。②斜撑和屋盖支撑结构，均应采用螺栓与主体构件相连接；除穿斗木构件外，其他木构件宜采用螺栓连接。③椽与檩的搭接处应满钉，以增强屋盖的整体性。

参考文献

[1] 中国建筑科学研究院. 建筑抗震设计规范（2016年版）：GB 50011—2010[S]. 北京：中国建筑工业出版社，2016.

[2] 中国建筑科学研究院. 混凝土结构设计规范2015版：GB 50010—2010[S]. 北京：中国建筑工业出版社，2015.

[3] 中国建筑科学研究院. 镇（乡）村建筑抗震技术规程：JG J161—2008[S]. 北京：中国建筑工业出版社，2008.

[4] 河南省住房和城乡建设厅. 河南省农村住房抗震鉴定技术指南（试行）[Z]. 郑州，2020.

[5] 山东省地震局，山东省建设厅. 农村民居建筑抗震施工指南[M]. 北京：地震出版社，2009.

[6] 北京市建筑设计研究院. 农村民居建筑抗震设计施工规程：DB11/T 536—2021[S]. 北京，2021.

[7] 中国建筑科学研究院. 建筑抗震设计规范：GB 50011—2010[S]. 北京：中国建筑工业出版社，2010.

[8] 中国建筑科学研究院. 建筑工程抗震设防分类标准：GB 50223—2004[S]. 北京：中国建筑工业出版社，2004.

[9] 程健，滕家禄，刘文华. 村镇建筑手册（中册）[M]. 北京：中国建筑工业出版社，1993.

[10] 赵学仪，张方. 村镇建筑结构设计[M]. 天津：天津科学技术出版社，1989.

[11] 甘肃省建设厅，甘肃省质量技术监督局. 甘肃省陇南、甘南灾区震后恢复重建建筑抗震技术规程：DB62/T25-3039—2008[S]. 兰州，2008.

[12] 陆鸣. 农村民居抗震指南[M]. 北京：地震出版社，2006.

[13] 清华大学，西南交通大学，重庆大学，等. 汶川地震建筑震害分析及设计对策[M]. 北京：中国建筑工业出版社，2009.

[14] 《地震工程与工程振动》杂志社. 汶川8.0级地震工程震害概览[J]. 地震工程与工程振动，2008（28）：27-58.

[15] 张红梅，向东，胡云长. 德阳市农居地震安全工程在汶川大地震中经住考验[J]. 城市与减灾，2009（3）：25-28.

[16] 中国地震局. 中国地震动参数区划图：GB 18306—2015[S]. 北京：中国标准出版社，2001.

[17] 中国建筑科学研究院. 建筑地基基础设计规范：GB 50007—2002[S]. 北京：中国建筑工业出版社，2002.

第5章　农村房屋抗震设防案例

5.1　引　　言

近年来，我国乡镇建设速度随着经济发展逐渐加快，农村人民生活质量得到显著提高。农村房屋已从早前的单层毛坯房逐渐过渡到砌体结构、砖混结构、钢筋混凝土框架结构，建造工艺和总体建设质量都得到了很大提升，楼层数也随之大幅增加，为农村房屋结构抗震带来了新的挑战。

我国东部毗邻环太平洋地震带，西南紧邻欧亚地震带，这样的地理位置导致我国发生震级较大的地震频繁，约1/3的里氏7级以上地震发生在我国，且多为震源深度在20km以内的浅源地震[1]，时刻处于潜在的强震威胁之中。

除台湾地区外，我国地震带主要集中于中西部经济欠发达地区，从历次强震统计数据来看，农村遭受的冲击更为严重，主要原因就在于经济欠发达地区农村房屋的抗震设防水平低下，大部分自建房甚至无任何专业设计，存在严重的抗震安全隐患。

2004年国务院召开全国防震减灾工作会议，会后下发《关于加强防震减灾工作的通知》（国发〔2004〕25号）明确提出逐步实施农村民居地震安全工程，农村抗震设防工作得到进一步的重视。2011～2020年地震灾害人员伤亡统计如表5.1所示，从表中可以看出近年震害伤亡明显减少，但仍然未达到预期设定的减少人员伤亡及财产损失目的。尤其在西南地区，由于经济水平发展较落后，农村房屋人口基数大，而农村中多为自建房，抗震水平达标率低。

表5.1　2011～2020年地震灾害人员伤亡统计表[2]

年份	人员伤亡地震频次/次	人员伤亡数量/人		最大一次地震人员伤亡数量/人	
		死亡	受伤	死亡	受伤
2011	6	25	358	25	314
2012	4	86	1 331	81	834
2013	10	294	15 671	196	13 019
2014	8	736（含失踪112人）	3 688	729	3 143
2015	8	6	357	3	260
2016	9	2	103	1	70
2017	10	38（含失踪1人）	638	30（含失踪1人）	543

续表

年份	人员伤亡地震频次/次	人员伤亡数量/人		最大一次地震人员伤亡数量/人	
		死亡	受伤	死亡	受伤
2018	7	0	85	0	31
2019	7	17	425	13	299
2020	2	5	30	4	28

我国农村建筑抗震设防情况总体并不理想，以国务院首批确定的地震重点监视防御区之一的成都为例，其境内有四大活动断裂带穿过，据统计，每隔数年就有 4 级以上地震发生。由于农村是防震减灾工作的薄弱地区，地震产生的人员经济损失主要来源于农村。潘子全[3]调查了成都市周边农村房屋抗震设防情况，根据地区的经济发展水平及所处的地质情况，将调查范围确定在龙门山、龙泉山断裂带附近经济欠发达的地区，包括彭州、都江堰、大邑、邛崃及蒲江、双流、金堂几个县市。调查结果显示，这些农村房屋抗震能力十分脆弱，多数农村房屋抗震构造措施不达标，不符合抗震设防要求。具备抗震能力的仅占 0.28%，基本抗震的占 2.64%，一般抗震的占 16.26%，不抗震的占 80.82%，其调查情况如表 5.2 所示。

表 5.2　成都农村抗震设防调查表[3]　（单位：%）

抗震情况		抗震	基本抗震	一般抗震	不抗震	小计
		占总调查户数比例	占总调查户数比例	占总调查户数比例	占总调查户数比例	占总调查户数比例
结构	A：框架或网架结构	—	—	—	—	0.29
	B：有圈梁或构造柱砖混结构	—	2.15	9.60	17.91	29.75
	C：无圈梁或构造柱砖混结构	—	—	0.49	10.18	10.73
	D：砖木结构	—	—	2.02	35.36	37.65
	E：木结构	—	—	3.70	6.83	10.75
	F：土木结构	—	—	0.30	9.25	9.55
	G：土坯结构	—	—	—	1.28	1.28
	小计	0.28	2.64	16.26	80.82	100
建筑年代	1980 年以前	—	—	2.48	22.21	24.70
	1980 年至 1989 年	—	—	2.52	24.39	26.95
	1990 年至 1999 年	—	1.19	7.65	26.49	35.40
	2000 年以来	—	1.40	3.61	7.74	12.95
	小计	0.28	2.64	16.26	80.62	100

地震带来的惨痛后果使农村低层砌体结构建筑的抗震安全问题成为社会关注的热点。由于目前无法对地震进行有效的预测，只能通过现有的工程技术，在设计及施工中对构件采取构造措施，使建筑结构在地震中具有一定的延性，在中小地震中尽量减小房屋的震害，以及在强震中不发生倒塌。此外，我国量大面广、人口众多的农村房屋事实上没有抗震设防的强制要求，除少数特例外基本处于无设防状态。在近年发生的几次地震中，有抗震设防和无抗震设防的农村房屋的抗震表现差异极大，虽然在一定程度上展示了抗震设防的成效，但其中的经验教训更是值得总结提炼。

5.2　经过抗震设防与未经过抗震设防农村房屋对比

经过抗震设防和未经过抗震设防的农村房屋在历次强震中的表现差异显著。以农村最为常见的民居建筑结构形式为例，在近年来几次强震震后调查中发现，灾区中砌体结构多数建于 20 世纪 90 年代以前，大量采用预制板，砌筑材料多采用烧制黏土砖，普遍未设置圈梁和构造柱，门洞未设置过梁，整体建筑完全没有考虑抗震设防，整体性差。该类建筑在地震中破坏十分严重，几乎全部倒塌，造成严重的人员伤亡，其破坏特征表现于：墙体坍塌或出现严重开裂，形状呈贯通 X 形，砖柱两端剪断并移位，门窗洞口裂缝密集，如图 5.1 所示；结构凸出部分如外挑走廊、女儿墙等大量坍塌，预制板发生严重偏移，大量脱落，楼梯间损坏严重。21 世纪初按照规范要求设置了圈梁和构造柱的新建建筑的震害则普遍较轻，施工质量较好的建筑，哪怕是在震害最严重的汉旺、遵道、九龙等地，也基本达成了三水准要求（“小震不坏，中震可修，大震不倒”）。这一结果印证了规范中按抗震构造设置圈梁、构造柱的正确性。

图 5.1　门窗间砌体墙被剪坏

在大震之后，调查评估发现：尽管大多数的房屋建筑发生倒塌，但按照规范要求采取抗震构造措施的民房仍能“立而不倒”，达到了“大震不倒”减少人员伤亡的减灾要求。以下根据灾区震害情况，通过对经过抗震设防与未经过抗震设防的农村建筑的受损情况进行对比，以说明抗震设防的重要性。

5.2.1　经过抗震设防农村房屋案例

1. 绵竹市清平镇和孝德镇地震安全示范房

盐井村是四川省德阳市绵竹市清平镇下辖行政村，该村位于绵竹银杏沟风景区，于 2004 年被确立为农村民居地震安全工程示范点，该示范点中房屋的设计、施工均根据绵竹市对农房抗震设防标准的规定实施，抗震设防烈度为 7 度。规划建房 65 套，每套均按二层楼设计，建筑面积 150m^2，造价约 11.5 万元。

图 5.2 为建造中的地震安全示范房，可见房屋平立面布置规则对称，各层设有圈梁，构造柱设置规范合理，砌筑时先砌砖墙后浇筑构造柱、圈梁，构造柱与砖墙连接处砌成马牙槎，门洞处采用钢筋混凝土过梁，这些措施保证了构造柱、圈梁能对墙体起到较好的约束作用。图 5.3 为绵竹市孝德镇震前农村住宅建设过程中基础及构造柱配筋情况，可见基础整体性较好，构造柱配筋合理，柱脚配筋间距有加密，箍筋末端采取了 135°弯钩，满足规范构造措施规定要求。

图 5.2　清平镇盐井村地震安全示范房构造柱、圈梁设置情况

图 5.3　绵竹市孝德镇震前农村住宅建设照片

清平镇盐井村示范点在“5·12”汶川地震中地震烈度达到 X 度以上。在如此大烈度下，村里修建的数十套示范房仅被轻微破坏，没有出现房屋倒塌情况（图 5.4）。图 5.5 所示为盐井村五组 15 号地震安全示范房，据户主介绍，地震时震感强烈，二楼客厅摆放的背投电视机被震倒，机箱外壳出现裂纹，但房屋主体基本完好，仅抹灰层出现微小裂缝，经简单处理后可继续使用。

图 5.4　清平镇盐井村地震安全示范房基本完好

图 5.5　清平镇盐井村五组 15 号地震安全示范房外观及内部情况

2. 盈江县平原镇拉勐寨抗震设防房屋

云南省德宏傣族景颇族自治州盈江县于2011年3月10日发生5.8级地震，震源深度约10km，属于浅源地震。随后当地又连续发生多次余震。由于震中位置位于平原镇，距离县城较近，仅有2km，因此造成惨重的人员伤亡和财产损失。截至2011年3月12日，当地约35万人受到震害影响，直接导致25人死亡，314人受伤；房屋直接倒塌近2万间，约15万间房屋受到不同程度的损毁，直接损失约1.6亿元。

在此次地震中，拉勐寨个别采取了部分抗震构造措施的房屋均表现较好。图5.6所示的一户单层砖混结构，房屋四角及横墙处均设置了构造柱，设置有圈梁

图5.6　盈江县平原镇拉勐寨抗震设防房屋破坏轻微

及地圈梁，地震中破坏轻微，仅一侧山墙墙角抹灰层出现裂缝，其余墙体及楼梯间均完好。图 5.7 为另一户采取了抗震措施的局部二层房屋，构造柱、圈梁设置齐全，地震中房屋主体基本完好，未发现裂缝。

图 5.7　盈江县平原镇拉勐寨抗震设防房屋基本完好

5.2.2　未经过抗震设防农村房屋案例

1. 绵竹市未经过抗震设防农村房屋

与经过抗震设防的农村民房形成鲜明对比的是，清平镇盐井村其他未进行抗震设防的房屋破坏严重，甚至倒塌。图 5.8 为一户建于 20 世纪 90 年代的二层房屋，四角未设置构造柱，地震中底层墙体破坏严重。图 5.9 为 2000 年以后农户自行建造的二层砖混房屋，与图 5.5 右下角房屋直线距离仅约 100m，但地震时严重损毁。

据现场调查，该房屋虽然设置有构造柱、圈梁，墙体设置有水平拉结钢筋，但由于未经正规抗震设计、施工，存在诸多抗震缺陷，如多数构造柱截面过小，构造柱纵向钢筋直径偏小，箍筋应加密处未加密，构造柱与砌体间未设置马牙槎等。该房屋造价与地震安居房相差无几，但抗震效果却远差于图 5.6 中的示范房屋，再一次说明了科学合理抗震设防的重要性。

图 5.8　清平镇盐井村非抗震设防房屋损毁严重

图 5.9　清平镇盐井村非抗震设防新建房屋损毁严重

2. 盈江县未经过抗震设防房屋

位于震中区平原镇的户回村，实际遭遇地震烈度达到Ⅷ度。据现场考察，该村新建房屋多为单层砖房，老旧房屋多为两层砖木结构，木框架承重，围护墙为土砖墙。房屋均基本未考虑抗震设防，无构造柱、圈梁，在盈江 5.8 级地震中破坏严重，围护墙多数倒塌，砖房普遍开裂，最常见的是门窗洞口斜裂缝（图 5.10）。村中一户经济条件较好的居民，在新建的单层砖房中设置了圈梁、构造柱（图 5.11），地震中周围房屋均有破坏，唯独此房屋未出现可见裂缝，基本完好无损，可以正常使用，大大降低了损失。

图 5.10　盈江县平原镇户回村房屋损毁严重

图 5.11　盈江县平原镇户回村抗震设防房屋完好无损

此次地震中拉勐寨的震害则更为严重，全寨有九成的房屋倒塌，基本都为未经过抗震设防的房屋。如图5.12所示，寨中土砖房、空心砖房及没有圈梁和构造柱的青砖房基本全部倒塌，图5.13中的二层青砖房，木屋顶，没有构造柱，地震中二层横墙严重破坏。此次地震中木结构表现较好，木框架一般均完好，如图5.13左下角所示的二层木结构；仅有个别房屋由于基础不牢导致木框架发生歪斜，但未发生倒塌，如图5.13右下角所示。

图5.12 盈江县平原镇拉勐寨民房损毁严重（一）

图 5.13　盈江县平原镇拉勐寨民房损毁严重（二）

5.3　抗震设防推广策略

汶川地震造成的惨痛后果凸显了开展村镇房屋抗震设防的重要性。血的事实教育了灾区乃至全国人民，只有加强抗震设防意识，采取切实有效的抗震设防措施，才能最大限度地减轻人员伤亡和财产损失。农村民居地震安全示范工程是成功的典范，但要推广普及，还有一定的困难。其中除了缺乏科学抗震设防技术指导外，一个重要原因是抗震设防会增加房屋建造成本，使得该项技术在经济欠发达地区推广难度较大。

我国高烈度地区经济都普遍欠发达，居民抗震设防意识淡薄且收入有限，应根据这些地区的实际情况制定策略，主要可以从以下几个方面入手。

1. 建立健全抗震设防管理体系

针对目前农村房屋建设、管理中存在的问题，应进一步加强部门间的协调配合，国土资源规划应结合本部门职能，在规划乡村小镇和新村建设时，对新建农村房屋的场地选址、布局规划做出要求。负责地震管理工作的部门应配合住房城乡建设部门对农民在农村房屋抗震性能方面加强技术指导和服务，组织科研人员试点，开发和推广一些既科学合理、经济实用且满足农户需求又能达到抗震设防要求的农村房屋建设图集和施工技术，并向农村建房人员免费提供。为减小设防推广工作的阻力，政府可组织农村房屋抗震设防知识的宣传，在农村房屋施工过程中进行监管，确保房屋的建造符合抗震设防规定。乡镇政府要落实人员，明确职责，切实加强对农村房屋建设抗震设防的指导和督促，把提高农村房屋抗震设防能力的工作落到实处。

2. 加强抗震设防意识

目前农村房屋大多数由本地工匠修建，因此，可以通过对工匠进行规范化培训和管理，提升房屋的建设质量和抗震能力。首先是住房城乡建设部门和各乡镇应采取定期或不定期的方式，免费对农村房屋建设工匠进行技能培训，尽可能提高他们的从业能力和水平，包括基本识图和建造技能，确保房屋能够按照图纸规范建造。其次应当建立工匠资质管理制度，凡从事农村房屋建设的工匠应当经过相关考核，并达到规定的条件才能取得农村工匠的资质。与此同时实施工匠持证上岗制度，这也是农村房屋建设规范化的关键一环。农村房屋建设也应当设有现场负责人，且现场负责人应当具有执业资格证书，否则不得准予开工。最后是建立工匠继续教育制度，应定期对工匠资质进行考核复审，对无法达到要求的人员，应对其实施继续教育；在施工过程中发生严重质量或安全责任事故的人员，应吊销其职业资格证。通过这些措施，不断提高工匠队伍的整体素质。

除此之外，还需帮助农民树立防震减灾观念和抗震设防意识。一些农村居民认为抗震设防不能改善个人居住品质，还会徒增成本，也不能理解抗震设防的重要性和必要性。因此，政府部门需要加大对当地抗震规定的宣传，增强民众对地震危害、房屋减灾、地震应急等的认识。一是在乡镇普法教育中包含抗震设防的相关规定。二是要通过防震减灾宣传活动，在农村宣传和普及地震知识、抗震设防、防震减灾、地震应急等常识。三是要进一步加强防震减灾助理员制度建设，建立健全市、县、乡三级宣传教育网络，充分发挥村镇防震减灾助理员的作用，注重宣传教育实效。

3. 设立抗震设防专项补贴经费

建造成本方面，其实抗震设计花费并不高。如取得良好减灾效果的什邡市宏达新村，按照当地的消费水平与材料价格，不考虑地价，2008 年的直接建设成本在 500 元/m^2 以内，房屋建造总费用在 8 万元左右；红白镇（现为蓥华镇）新农村自建房为 3 层框架结构，在汶川地震前建成，造价也仅为 500 元/m^2，地震时仅墙体轻微开裂；绵竹市清平镇盐井村每套房屋按二层楼设计，面积 150m^2，造价为 11.5 万元，单价约为 767 元/m^2。

对在加固改造现有危房中经济有困难的贫困户，政府可以给予一定补助。由政府划拨专项资金对农村抗震设防建造进行补贴，所需经费可以采用政府补贴、企业赞助，农民再自身筹资一部分，目的在于维护农民的生命财产安全，逐步推广抗震设防工作。如德阳市旌阳区八角井镇照桥村村委按每人 1000 元的标准给每户示范房进行补助；罗江区金山镇千鱼欢村给示范户补助3000～4000元；什邡市宏达新村的地震安全农居示范工程最具特色，由大型企业宏达集团赞助，对农户小户型（142.19m^2）捐资8.3万元，农户出资1.5万元，对大户型（165m^2）捐资9.6万元，农户出资2万元，即农户个人承担造价不到1/5。绵竹市清平镇盐井村地震安居房每套造价约11.5万元，村财政每户补贴6万元。抗震设防在以上提供建造补贴的地方推广效果较好，因此有必要对农村抗震设防设立专项补贴经费。

5.4　适用于广东地区的农村房屋抗震设防

广东省作为我国经济发展较好的沿海省份之一，其农村房屋抗震设防发展情况具有一定的代表性，暴露出的问题可为其他地区农村房屋抗震设防提供参考。

5.4.1　农居抗震设防问题

农村居民生活随着国家乡村振兴战略日渐改善，收入也随之增长，很多农民选择在自己的宅基地新修或翻修房屋，但因修建过程中缺乏专业知识，导致房屋自身有诸多问题，使建筑结构抗震能力不足，存在安全隐患。

根据广东省的实地调研来看，该省农村居民收入较高，近年来采用砖木、土木结构的农居日益减少，逐渐向砖混结构过渡，砖混结构的农居比例不断增大，宜居性和承载能力都有较大的提高。然而农村居民抗震意识并未显著提高，从当前情况来看，房屋建设由于不像城市高层建筑有完备的设计规范和施工图集，没有正规的图纸参考，设计缺乏合理性和规范性，施工作业人员大多是当地工匠甚至是非农忙期的农民，没有经过规范培训，施工过程也缺乏有效监管。此外，收入较高的农民建房有追求过度、豪华装修的趋势，甚至本末倒置，重装修、轻结构安全。过度追求美观，外立面独特造型不但占用房屋建造成本，而且装修材料的重量、不科学的结构构件布置、采用奇异的结构形式也会显著影响房屋的抗震性能，存在较多安全隐患（图5.14）。

乡镇居民习惯在自建房的一层设置商铺，上层设置居住空间，为保证使用功能采用底层框架、上部砌体的结构，底层抗侧向刚度小，容易形成薄弱层，最终导致建筑在强震下整体坍塌，如图5.15所示。

图 5.14　外形奇特的农村房屋

图 5.15　底层层间侧移破坏的房屋

因此，相关部门应对农村自建房的修建提供指导，以避免农村居民采用繁杂且不美观的建筑外观，引导居民把非必要的装修费用使用在加强房屋抗震构造措施及整体稳定性上，对设计、修建的全过程实施管控，切实地保障人民的居住安全。

5.4.2 抗震设计原则

自2005年起广东省积极响应国家号召，对本省多个地级市的农村推进农居地震安全活动，开展地震安全农居示范工程建设，建成了农居示范村249个，实际受惠农户近7万户，同时对约1万名农村工匠进行了抗震施工知识培训，建立农居抗震技术服务网站，为农民免费提供三类造价经济实惠、风格符合地方特色的农村地震安全房屋施工图和指南。虽然这些措施增强了农民的抗震意识，提高了社会效益，却也存在诸多问题。目前广东省提供的新农村设计图集不贴合各地区农村惯用的房屋形式，且并未将抗震设防作为房屋设计的核心，甚至设计中存在不符合抗震设计规范的地方，再辅以具体施工过程中，存在缺乏质量控制、建造者由于成本考量对工程量的克扣等问题，最终导致房屋实际抗震能力大打折扣。

合理的抗震设计应保证结构具有足够的延性，在地震来临时能吸收充足的地震能量，产生较大的塑性变形且不发生倒塌，简而言之就是能做到：小震不坏，中震可修，大震不倒。此外，设计在保证安全性和耐久性的基础上还应当遵循以下基本原则。

（1）地区性。盲目地采用其他省份的技术导则和抗震设计图显然是不合理的，每个地方的地区气候、风土人文、建造习惯都不相同，如我国多数地区农村两层及以下的房屋较多，而广东省农村因个人功能需求，建造三到六层不等；再有，每个地方的设防烈度均不同，如果盲目套用高烈度区的抗震设计图，则产生了不必要的浪费，造成农民难以承受成本过高的后果。因此在制定某地区农村房屋通用设计图时应充分考虑该地区的经济、地震环境等综合情况。

（2）经济性。制定农村房屋抗震通用设计应当充分考虑当地农村居民的收入。抗震设计必然会提升房屋建设成本，因此在保证结构安全和承载能力盈余度的基础上应当尽可能地控制材料成本，简化施工工序，避免农村居民因没有足够经济能力而被动退出抗震设防。

（3）功能性。应当根据居民的功能要求及建筑物空间组合的特点，选取合理的结构布局，尽量避免居民建筑功能和空间利用率受到抗震设防的影响，不能因为抗震设防而导致居民正常的使用体验折减。

（4）设计合理性。建筑结构设计应该规范合理，严格遵守相关规范条文，不宜采用外形不规则的建筑方案。在过往的农村房屋建筑设计中，存在建筑空间划分不合理，难以满足居住人使用要求，结构构件布置不合理的现象。如图5.16所示，该建筑设计布置过于简单，难以满足农村房屋使用功能要求，且楼梯间放在房屋尽端转角处，纵墙开窗宽度大于规定限值1.8m，不满足抗震设防要求。

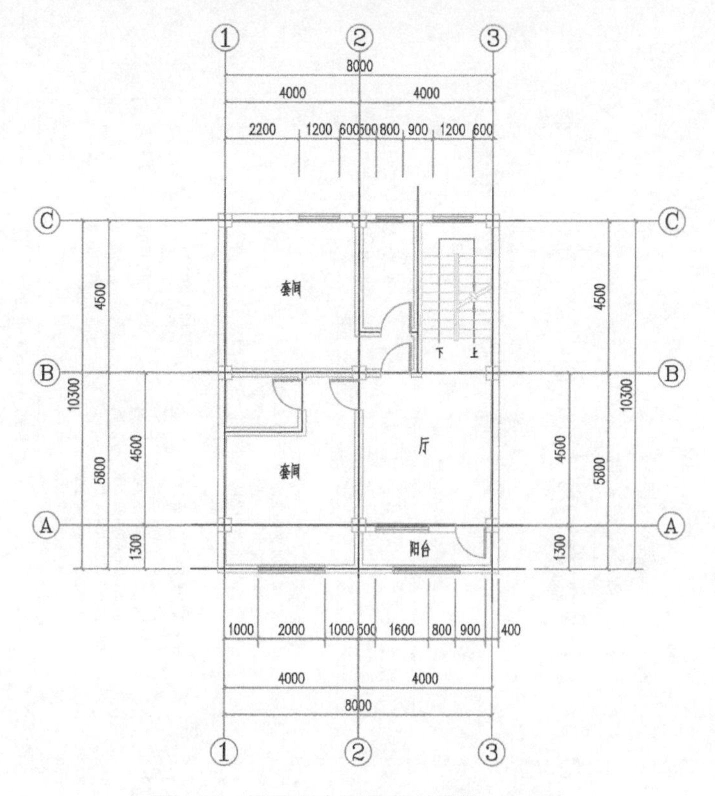

图 5.16　设计不合理图纸（单位：mm）

建筑施工图涵盖了修建一栋建筑所需的所有内容，其中应当包含建筑物内部功能区域划分（各层施工平面图、剖面图）、外部立面（正立面、北立面、侧立面）。而结构施工图则涵盖了各个构件采用材料的规格、型号，以及结构构件（基础、构造柱、圈梁、楼板等）平面布置和构造措施、施工工艺等内容。而过往农村房屋建筑施工图和结构施工图作图不规范，图 5.17 为阳江市江城区白沙街道卸岗村示范村设计图，该图版面杂乱，仅用一张图纸涵盖所有房屋建筑和结构设计内容。有些建筑甚至没有图纸，完全按照农村工匠个人经验修建。

如上所述，若图纸可读性不强，提供信息不全，再加上农村工匠专业素质较低，最终将导致抗震设防沦为空谈。因此，为保证设计质量，应由住房城乡建设部门聘请具有设计资质的设计院提供符合当地社区建造习惯，同时在地震时又能有效减轻震害损失的农村房屋建筑参考图集。如此，农村房屋建造时可根据其实际功能需求及预算进行适当选择即可。

广东地区农村房屋普遍采用多层半砖混结构，多在建筑二层以上的一边设置外挑阳台，另在屋顶设置半层阁楼用于储存杂物，剩余的屋顶空间用来晾晒作物，层数为 1、2 层的建筑较少，其较具有代表性的建筑如图 5.18 所示。

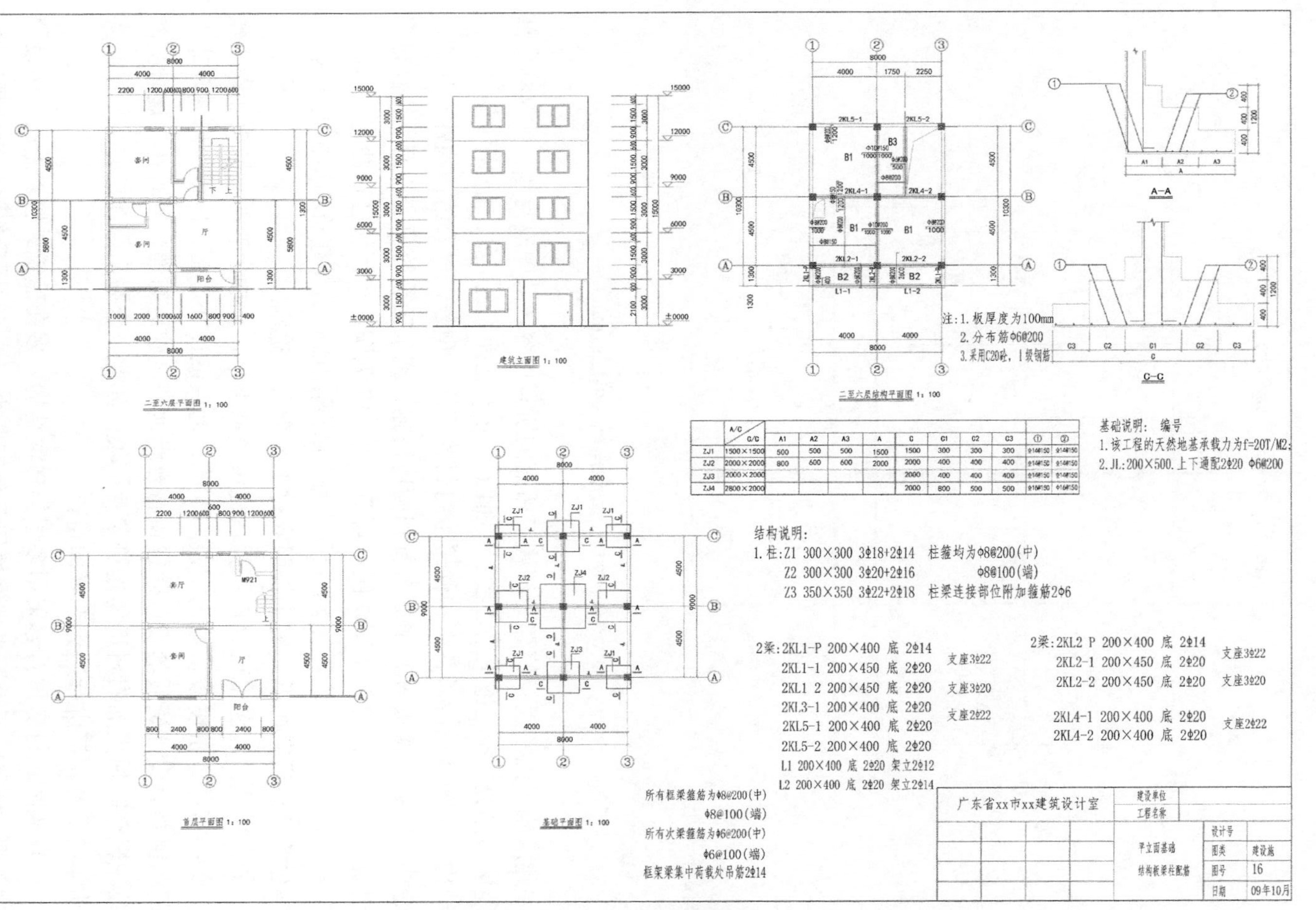
二至六层平面图 1：100
建筑立面图 1：100
二至六层结构平面图 1：100
注：1. 板厚度为100mm
2. 分布筋Φ6@200
3.采用C20砼，Ⅰ级钢筋
A—A
C—C
基础说明：编号
1.该工程的天然地基承载力为f=20T/M2;
2.JL:200×500.上下通配2Φ20 Φ6@200
结构说明：
1.柱:Z1 300×300 3Φ18+2Φ14 柱箍均为Φ8@200(中)
Z2 300×300 3Φ20+2Φ16 Φ8@100(端)
Z3 350×350 3Φ22+2Φ18 柱梁连接部位附加箍筋2Φ6
2梁:2KL1-P 200×400 底 2Φ14 支座3Φ22
2KL1-1 200×450 底 2Φ20
2KL1 2 200×450 底 2Φ20 支座3Φ20
2KL3-1 200×400 底 2Φ20 支座2Φ22
2KL5-1 200×400 底 2Φ20
2KL5-2 200×400 底 2Φ20
L1 200×400 底 2Φ20 架立2Φ12
L2 200×400 底 2Φ20 架立2Φ14
2梁:2KL2 P 200×400 底 2Φ14 支座3Φ22
2KL2-1 200×450 底 2Φ20
2KL2-2 200×450 底 2Φ20 支座3Φ20
2KL4-1 200×400 底 2Φ20 支座2Φ22
2KL4-2 200×400 底 2Φ20
首层平面图 1：100
基础平面图 1：100
所有框梁箍筋为Φ8@200(中)
Φ8@100(端)
所有次梁箍筋为Φ6@200(中)
Φ6@100(端)
框架梁集中荷载处吊筋2Φ14
广东省xx市xx建筑设计室
建设单位
工程名称
平立面基础
结构板梁柱配筋
设计号
图类 建设施
图号 16
日期 09年10月

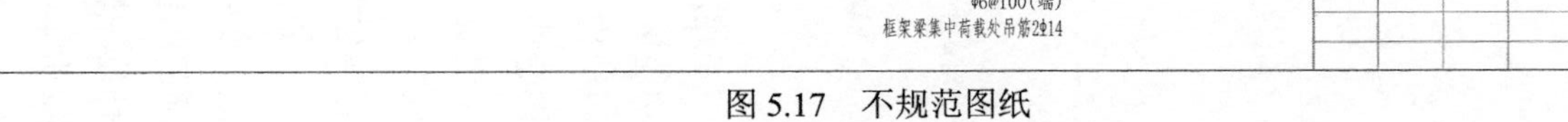

图 5.17　不规范图纸

图 5.18　广东地区惯用建筑形式

本书秉持上述原则，参考广东地区农村房屋的建造形式，提供了相应的建筑结构方案以供参考，如建筑平面布置图、结构施工图及建筑模型，详见附录 A、B。

参 考 文 献

[1] 王亚勇，王言诃. 汶川大地震建筑震害启示[J]. 建筑结构，2008（7）：1-6.

[2] 南燕云，刘亢，高博伟，等. 2011～2020 年中国大陆地震人员伤亡基本特征分析[J]. 灾害学，2021，36（4）：42-47.

[3] 潘子全. 成都市农房抗震设防调查和应对措施[J]. 四川地震，2006（3）：10-14.

第6章　农村房屋隔震技术

6.1　引　　言

现阶段，建筑物需按照《建筑抗震设计规范》(2016版)(GB 50011—2010)要求严格进行建筑物抗震设计，基本能实现抗震设计“三水准，两阶段”的目标，且能在一定的程度上减轻地震灾害，但仍然存在一些不足，主要体现在以下几个方面。①安全性方面：由于地震的随机性，在一些低烈度区发生超烈度的概率高达60%以上，建筑结构的破坏程度难以控制。②适用性方面：传统抗震设计要求建筑结构在设防烈度大震下不发生倒塌以保障人员生命安全，但结构构件的弹塑性变形可能较大，将对建筑物内部的装饰、物品等造成损害或破坏。③经济性方面：传统抗震设计是采用“硬抗”方法，这种方法增加了结构抗侧力构件截面，同时也吸收了更大的地震能量，不经济且造成建筑物使用不便。

由于采用传统抗震设计存在上述不足，近年来工程界开辟了建筑结构的隔震和减震技术[1-10]。隔震是指在建筑物中上部的结构主体与建筑基础体之间设置一些由隔震器和地震阻尼器件等零部件组成的隔震缓冲层，其作用机制是通过减少基础向上部结构传递的部分地震能量，降低整体结构在强震作用下引起的破坏反应，对于地基自振响应周期普遍较短的大型多层建筑群来说，这种方式适应性较好。

基础隔震技术是目前工程上应用最广且经济效益较高的抗震方法，其方法大多数采用叠层隔震橡胶支座。在农村房屋基础隔震方面，主要还是采用砂垫层隔震、隔震橡胶支座、钢筋沥青混凝土复合隔震层、钢筋沥青混凝土复合隔震礅、玻璃珠混凝土-石墨基础滑移隔震、玻璃珠砂浆垫层基础滑移隔震、玻璃丝布-石墨隔震等形式。

6.2　隔 震 装 置

6.2.1　隔震的一般规定

(1) 基础隔震技术的核心之一，是在建筑物基础上设置一个水平刚度变化较小的水平隔震层。建筑物整体结构通常分为建筑物上部结构、隔震结构和基础三部分。农村房屋的隔震支座通常采用价格较为便宜的简易隔震橡胶支座。

(2) 基础隔震技术应用的结构原理，是利用结构水平刚度变化较小时，隔震层可延长整体结构承受的水平振动周期，隔震层能吸收大部分地震能量，使上部结构减少吸收部分由基础传递过来的水平地震能量，使其受到的水平地震作用程度降低到60%左右。

（3）基础隔震技术的合理应用可以使建筑物结构安全水平成倍地提高，并能合理保护好结构内部设备，使建筑在地震损坏后也不至丧失安全使用等功能。推广基础隔震技术对于改善当前农村民居建筑生活环境，减轻现有农村民居环境在地震中遭到的灾害破坏影响程度，维护好农村广大农民的自身生命财产环境安全等十分重要。

（4）隔震支座一般为刚度较小、质量较轻、无须采用复杂连接构造的简易隔震橡胶支座，便于运输和安装，其造价普遍较低，施工及制造方法简单。

（5）农村房屋上部为单层建筑或半低层建筑，由于其上部的抗震结构刚度值相差一般较大，因此分析其上部的抗震结构体系只可简单粗略地假定出其为刚体，其隔震力场分析的模型亦可考虑进一步地简化下部为单自由度体系，分析基本水平地震周期方程曲线和水平地震影响系数曲线，便可以简单地计算出其水平地震作用。

（6）农村房屋的框架结构墙高宽均比较小，简易的隔震支座平面尺寸厚度一般是与普通砖砌体墙板厚宽一般大或略大，当使用简易的隔震支座在经受到过大强度的剪切变形荷载时，有可能会因此出现支座翘曲或翻滚振动而发生失稳位移的特殊现象，要对所有简易的隔震支座都进行严格试验，确保支座极限水平位移值均能满足国家标准规定的限值要求。

6.2.2　隔震装置的构造

基础隔震建筑中采用的隔震层通常位于建筑上部结构与基础间的连接部分，隔震层设计的主要理念是在建筑物隔震设计层体系中适当安装一些隔震支座及阻尼器件等消能减震元件，以此来尽量延长该建筑物整体的自振周期以增加整体耗能能力。在频繁发生地震时，隔震层可避免建筑上部结构可能因受地震作用影响而突然发生大的建筑破坏与整体倒塌。与传统结构的抗震加固相比，基础隔震的设计建造方法能保证消耗大部分地震能量，只有极少一部分能量穿过隔震层直接被传递分配给整个上部结构，这极少一部分能量尚并不足以构成灾害威胁，从而真正保证了整体上部结构的相对安全性能与稳定性。

1. 隔震建筑上部结构

隔震建筑的上部结构是指隔震层的上方建筑物，隔震结构模型如图6.1所示，当人们试图对上部隔震的建筑结构体系进行理论研究时[5]，建议直接采用竖向刚度双线性模型，这样可以考虑在上部一定宽度范围内，逐步增加下部隔震结构的竖向高宽比的限值[6]。隔震结构的高宽比均应该控制在一定的范围内，这样可以同时在多次地震冲击中保持足够强的抗震稳定性，避免建筑物上部结构部分与地下隔震层部分发生脱离。随着结构中高宽比持续增大，隔震结构对抗震能力的需求也逐步增强，同时上部结构整体的位移角逐步增大，隔震结构加速度增大，结构整体的抗地震倾覆性能也随之逐渐降低，隔震效果开始呈现明显降低的趋势。

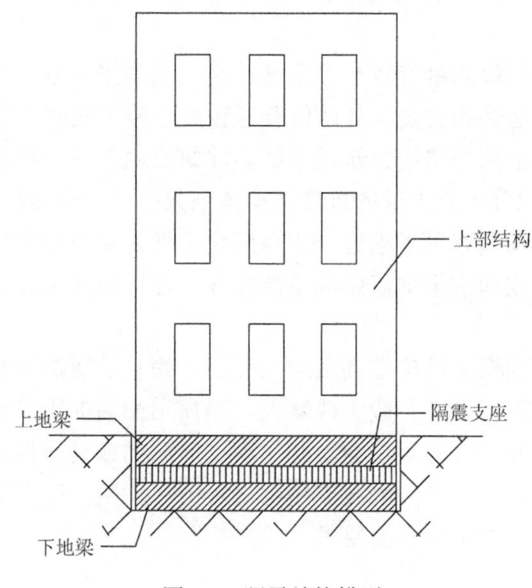

图 6.1　隔震结构模型

2. 隔震层

在隔震结构中，隔震层一般是指位于上部连接有隔震支座和阻尼装置及抗风阻装置之间的封闭区域。隔震层构造中连接的各个隔震元件一般是作为一个建筑物内部的结构整体才能发挥消能减震作用，它们为建筑上部结构体系提供了竖向承载、侧向刚度及阻尼[7]。

3. 隔震装置的防护特性

在基础隔震建筑中，隔震装置还需要同时满足以下三个防护特性，从而充分保证整个隔震结构体系能够有效并正常地发挥使用和防护的功能，避免地震产生较大的位移而造成本身的破坏[8]：①拥有足够好的抗震竖向承载性能和较大的抗震竖向刚度，提高整个抗震建筑结构体系本身的抗震安全性，保证整个建筑结构在地震时不失稳；②具备良好的抗震弹塑性，通过保持其自身一定时间范围内良好的弹塑性及变形能力，以减少或消耗部分地震能量；③要保证足够强的工程耐久性，隔震器设备的下部结构的设计寿命和实际的设计使用年限均应要略大于其上部结构的设计基准周期，一般上部结构的设计使用年限和设计基准周期均应要略大于 50 年[9]。

4. 隔震层构造措施

（1）简易隔震橡胶支座主要可选取 3 种类型：复合材料板支座、嵌入式支座和钢筋连接型支座，如图 6.2 所示。

(a) 复合材料板支座

(b) 嵌入式支座

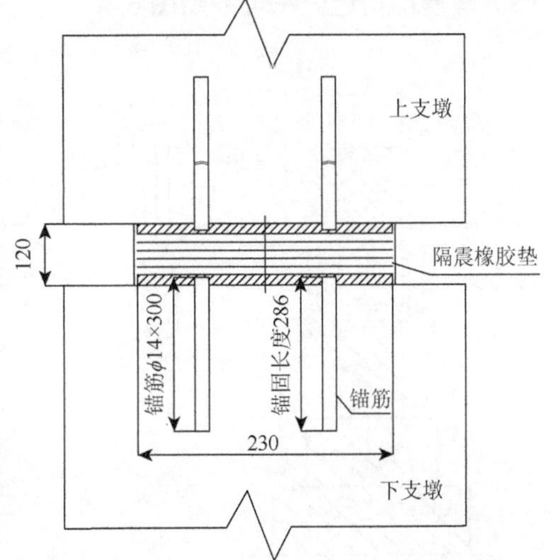

(c) 钢筋连接型支座

图 6.2　支座类型（单位：mm）

（2）隔震支座的布置可参照图 6.3。建筑转角通常采用一个隔震支座，受力较大的其余部位可采用多个隔震支座。隔震支座间距宜小于 3600mm[9]。

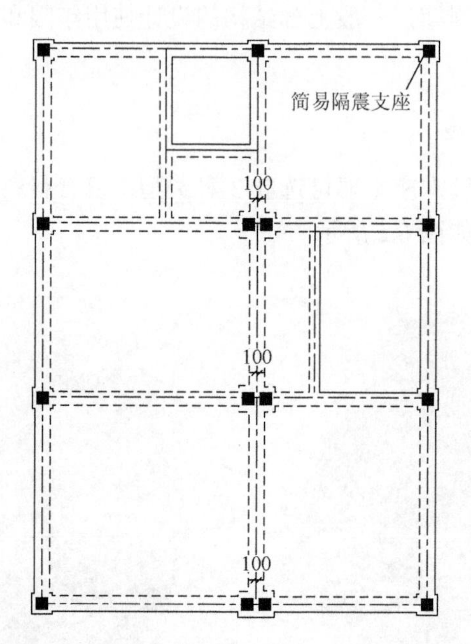

图 6.3　隔震支座布置示意图（单位：mm）

（3）隔震层构造做法可参照图 6.4。

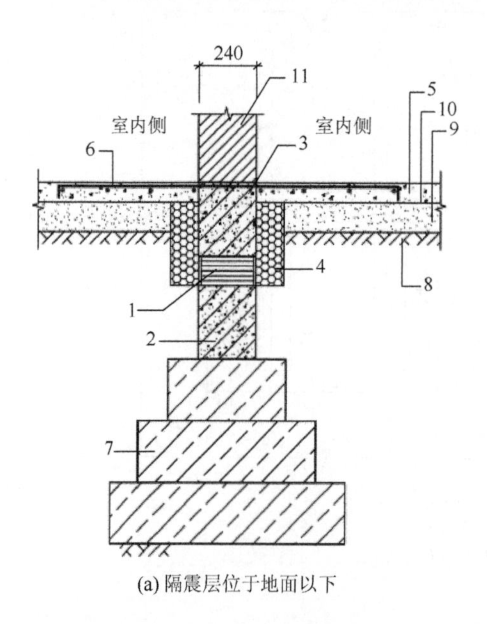

(a) 隔震层位于地面以下

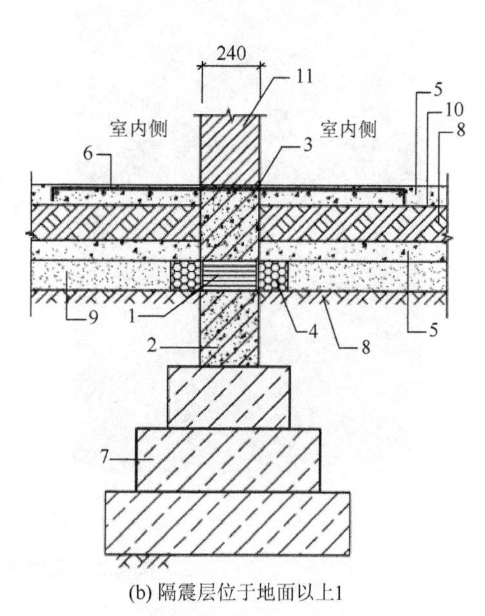

(b) 隔震层位于地面以上1

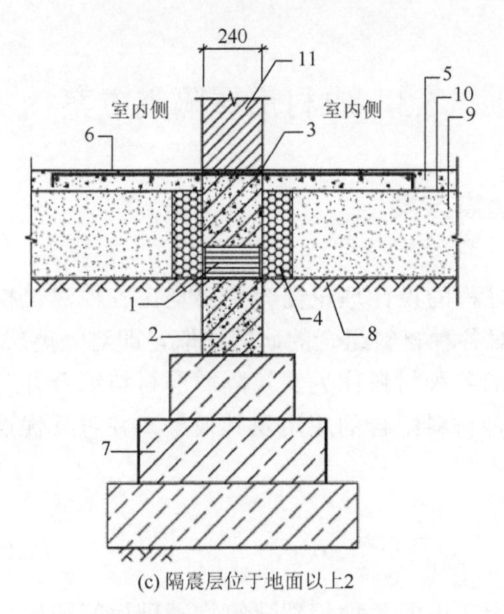

(c) 隔震层位于地面以上2

图 6.4　隔震层构造做法（单位：mm）

1. 简易隔震橡胶支座；2. 钢筋混凝土下圈梁；3. 钢筋混凝土上圈梁；4. 泡沫塑料；5. 素混凝土垫层；6. 垫层局部加配筋；7. 条形基础；8. 素土夯实层；9. 砂垫层；10. 一至两层的无纺布或油毡布；11. 240mm 厚砖砌体

（4）隔震层施工及注意事项。

a. 基础施工到下圈梁底面，接着进行钢筋混凝土下圈梁的施工。下圈梁按照传统的钢筋混凝土构件浇筑，混凝土初凝前安装隔震支座，隔震支座置于下圈梁顶面，人工按压固定。当隔震支座与预埋件连接时，预埋件与下圈梁同时浇筑。

b. 隔震支座的布置施工完成安装后，在支座的四周分别放置一组可被压缩的挡件（泡沫塑料），可被压缩的挡件的最大水平尺寸偏差应确保与该支座的最大水平允许的变形尺寸一致，通常为 60～120mm。

c. 两隔震支座之间砌一皮砖，并在上方铺设塑料板，可作为上圈梁的底模，进行钢筋混凝土上圈梁的施工。

d. 在底层或地面间铺设均匀的氮素硅酸盐混凝土垫层，或在混凝土与砂垫层的接缝之间，采用均匀平铺的形式，铺设一至两层相同材料成分的无纺布或油毡布，将混凝土与砂垫层隔开。

e. 圈梁两侧用泡沫塑料与砂垫层及素土夯实层隔开，保证圈梁支座在遭受强地震作用时，支座上的泡沫塑料保证具有更有效可靠的抗位移力及抗变形空间。

f. 上圈梁与底层地面的素混凝土垫层顶面平齐，混凝土垫层不宜小于 80mm，混凝土强度宜为 C20。混凝土垫层局部加配受力钢筋于上圈梁两侧，受力钢筋每侧长度不宜小于 600mm，钢筋直径 6～8mm，间距 150～200mm，受力钢筋设置若干分布钢筋，分布钢筋直径 6mm，间距 250～300mm。

6.3　农村房屋隔震方案

6.3.1　农村建筑隔震方案

隔震技术工作过程的设计理论内容主要是在各种建筑物基础板之间或相邻建筑地基层之间，对各种材料组合的研究选取，即对隔震层材料进行综合选取，选取不同功能用途的各种材料作为建筑隔震层材料组合并对其进行一系列综合分析研究，分析各种材料组合的应用及其效果，并对其优点和不足等进行研究与总结。

1. *砂垫层隔震*

砂垫层隔震是指在地面各种相邻建筑物基础板间和板与板地基面层之间都均匀地覆盖了粒径、厚度比较均匀的砂垫层。当前在我国，砂石这种结构工程材料在自然界地层里的分布范围十分广泛，压实性能很好，承载力系数指标和混凝土结构的抗剪强度指标也均比较高，而且价格相对低廉，因此我们可以将其应用于我国城市各地区村镇住宅和各类在建工程住宅结构或其他已完工建筑。砂垫层隔震的滑动隔震缓冲技术原理实际上是利用上部天然的砂石材料作为下一个滑动隔震的缓冲垫层，将建筑上部的基础结构层和地上部分建筑结构与建筑物上部的阻隔垫层结构分开，利用发生强烈破坏性地震时砂垫层结构中发生的水平位移缓冲作用来补偿建筑物消耗的大量强地震能量。砂垫层地基的缓冲隔震构造机理主要是在连接下部地基结构板与上部地基基础的中间部分区域，以一层优质天然细砂石为主体材料，作为地基缓冲的隔震砂垫层，如图 6.5 所示。

砂垫层地基隔震构造的结构都是经过简化之后的模型，它本身主要是指以滑动作用与机械摩擦耦合作用为手段的地基隔震。砂垫层之间的摩擦隔震技术原理就是要利用在砂石材料之间所发生的上下滑动位移或摩擦位移来消耗在地震时由于滑动位移而消耗掉的地震能量，隔震摩擦的实验得到的结果表明：砂石材料间发生的上下滑动位移摩擦系数对砂垫层所产生的隔震滑移作用的效果十分明显[11]。结果还显示：随着隔震层结构系统中荷载和密度等的变化进一步地增加，摩擦系数会随之减小，而且由于这些砂石颗粒本身的相对平均粒径一般比较大，在发生一些强烈的地震作用时，这些砂石颗粒之间更易于产生一些相对较大的滑移性摩擦，且隔震效果也变得显著[12]。

砂垫层隔震技术的设计局限性在于，砂石与基础面间的接触方式大多为点接触，经过连续多次撞击运动变形后，容易膨胀发生碎裂，从而无形中增大了与接触面材料的接触摩擦阻力系数，造成其隔震效果不太理想。今后，在加强其勘察设计等方面都应逐步加以技术突破，并且应该进行详细的施工图设计及具体施工质量规范要求制定，使其施工更加严格化、科学化[13]。

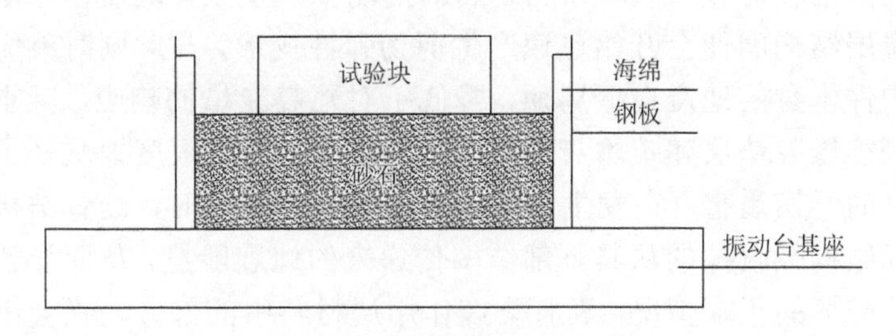

图 6.5　砂垫层隔震结构简化模型

2. 石墨层隔震

石墨材料使用成本低，与传统砂石材料相比，耐久性能更好，材料的平均动、静摩擦系数为 0.15～0.23。此外，相邻摩擦表面的材料、厚度分布和干湿程度都对其摩擦系数影响不大，适合作为隔震垫层中的抗滑移垫材料。

石墨层上的隔震石墨层位移虽会有较小的机械载荷摩擦系数，但其局限性主要是自身没有任何地震恢复力，当突然发生一次大地震作用时，隔震石墨层位移如果因外力作用难以有效控制，会引起一系列过大的结构层间位移，如何合理正确地使用阻尼器或利用其机械载荷限位的方法，来有效克服约束外力对它带来的过大位移，是今后的研究所必须去面对、解决的重大问题。另外，对石墨层也还须采取防震和保护等工程措施，避免长时间的持续室外风吹日晒，对其材料造成巨大的应力损耗，从而又间接地影响了其整体的隔震性能[13]。

3. 沥青层隔震

沥青是我国土木工程结构中非常重要的建筑材料之一，广泛地应用于现代房屋建筑、国家标准路桥建筑、水利工程建设及其他工程防水和防潮保温工程等。沥青也是效果很好的一种防水减水隔震材料。沥青相比较于砂石和石墨，具有良好的结构弹性和结构阻尼性能，在村镇建筑结构隔震技术领域中得到了广泛深入的应用，但其局限性在于它的结构抗老化能力。添加何种沥青材料，何种沥青配合比，以及结构隔震加固层的施工设计方法，等等，都是之后我们需要密切关注的[4]。

SBS 改性沥青阻尼隔震产品由多层 SBS 改性沥青阻尼卷材板片与镀锌钢丝网片等部件组成。图 6.6 是 SBS 改性沥青阻尼隔震结构模型，该模型是直接利用沥青阻尼隔震体系内部的中间钢丝网片结构来有效限制沥青颗粒间的侧向挤出运动[14]，消耗地震能量的原理类似于叠合橡胶阻尼隔震体系，因为改性沥青中的橡胶阻尼隔震结构本身的侧向刚度要求也较合成沥青的低一些，并且其侧向阻尼相对较大，所以当地震的活动一旦发生，隔震作用层材料在与橡胶的隔震层结构间便会开始迅速产生剪切弹性变形，与此同时就大大地降低了沥青结构件本身的地震自振周期，降低了对地震能量的响应，减小了直接输入传导到隔震橡胶垫层建筑本身内部的地震能量，极大限度地减轻了地震活动所直接带来的一切震害。在发生一场破坏性较大的地震时，沥青结构部分也会遇到其上部结构吸收掉的从其下部结构传递来的地震能量，从而导致沥青产生局部受热性破坏的极端情况，沥青隔震作用层材料中的部分沥青会出现局部软化或开裂的极端现象，呈现出塑性状态，进而阻断其隔震作用层材料向上传递地震能量的路径，对上部结构起到了良好的隔震作用[15]。该技术具有明显的减震效果，成本亦较低，结构亦简单，宜在中国广大城市村镇住宅进行推广普及使用[12]。

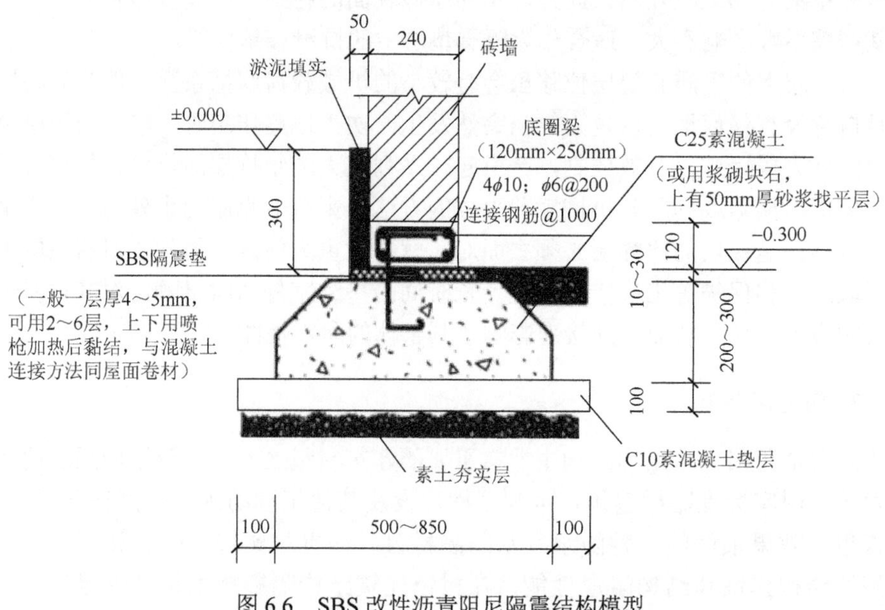

图 6.6　SBS 改性沥青阻尼隔震结构模型

尺寸单位为 mm，标高单位为 m

4. 混合隔震

混合隔震技术[16]主要是指具有上述至少 2 种技术的复合隔震技术，是把它们相互结合起来发展的应用，从而使上述各系统类型之间各自技术在发展综合隔震技术方面，综合其理论上取得的明显技术优势，是一种综合技术，是对现有或单一类型混合隔震技术的补充、改进和完善。我们可以将改性沥青摩擦隔震的技术优点与传统沥青砂石垫层摩擦隔震系统的技术优势进行有效地组合，利用改性沥青材料自身具备的良好和稳定的减震及阻尼性能力，以及其高弹性和它受到打击变形后仍可快速地自动恢复到原位状态这双重性能的优点，同时可以利用传统沥青砂石所特有的滑移减震及摩擦隔震的缓冲减震体系来大量消耗地震能量。因此，这种弹性隔震复合缓冲结构既能有效解决沥青材料长时间的持续冲击所受振动变形中必然存在的弹性问题，也能更有效合理地解决在二次冲击复位与二次消耗地震能量方面存在的刚性问题，使得这种弹性隔震的复合缓冲结构建筑可以同时解决摩擦性能与地震耗能、弹性材料及弹性变形性能、阻能问题，提高了整体建筑使用功能的安全性与稳定性。

在我国部分农村居民建筑结构中使用混合隔震技术的模型试验后，对混合隔震技术模型结构进行数值模拟分析与试验验证后可以得出[15]：上部结构能够确保在受强烈的地震冲力作用情况下，仍然能保持做近似的整体平动，加速度的损失系数相比直接应用其他的非隔震结构而言，可以显著地降低大约 50%。通过对以上研究的试验结果分析表明：混合隔震技术不仅安装造价极其低廉，而且隔震效果特别显著，综合这些优点，能够有力地保障全国人民的生命财产安全，在强烈地震发生时不会受到严重损害，这也是一项值得在今后农村建筑安全性建设领域中进一步推广普及的先进实用和新型综合隔震技术。

5. 新型隔震体系

（1）滑动摩擦隔震体系

滑动摩擦隔震体系是目前一种很常见的基础式隔震结构体系，国内外众多专家做了大量的相关试验分析与研究[17]。它主要的技术原理是利用结构基础底面与结构支撑面之间相对滑移所产生的摩擦力来补偿或消耗结构地震作用，地面的激励作用比较小的时候，结构基础底面与地面之间会产生相对摩擦力来克服地震作用，防止结构滑动；而当地面激励能量超过一定的强度时，结构受到的地震作用又大大超过其摩擦力，隔震层滑动面将开始产生相对滑动，进行隔震。此时，即使地面激励的能量强度继续显著增大，上部结构受到的地震作用强度也会始终保持基本不变。滑动摩擦隔震体系主要包括纯机械摩擦力滑移隔震系统（P-F）[18]、带恢复力装置的摩擦力滑移隔震系统（R-FBI）[19]和带限位装置的摩擦力滑移隔震系统（S-LF，图 6.7）[20]。S-LF 既完美地解决了传统的滑动摩擦隔震体系遇到的复位问题，又具有较好的隔震效果，是对原有的 P-F 和 R-FBI 进行的一项重大改良，但是其限位装置结构应是一种柔性结构或弹性结构，不应该是一种刚性构造。由于目前其限位壁为刚体壁，在罕遇的大地震作用及其影响范围下，限位器的外壳结构及上部结构也有可能与其限位壁产生撞击而发生损坏。如何才能真正解决在发生大载荷变形冲击的特殊情况下，使设置了限位器的装置不会因为受外力的撞击变形而遭受载荷破坏问题，以及使装置的上部结构不会轻易滑移出装置基础范围内而产生倾覆问题，仍是滑动摩擦隔震体系的设计需要面临的主要力学理论问题。

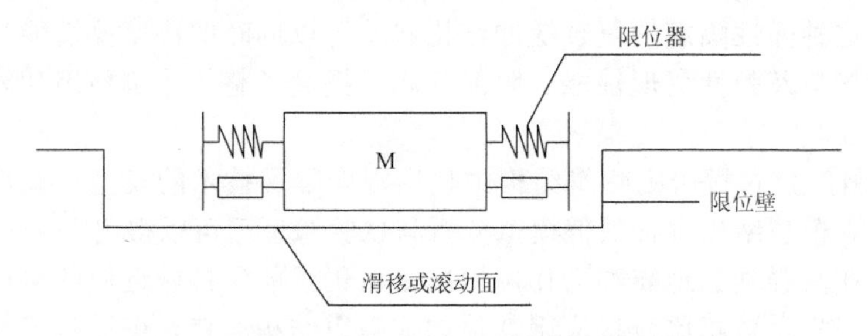

图 6.7　带限位装置的摩擦力滑移隔震系统结构简图

（2）钢筋沥青复合隔震体系

2008 年汶川地震、2010 年玉树地震灾害曾给我国带来过极其严重的灾难，特别引人注目的当是震中广大村镇，大量的房屋地震时倒塌，人员牲畜等的伤亡程度尤为惨重，这从侧面反映出当时我国在对村镇地区采用隔震、减震的措施方面推广的缺失，还有进行相关技术研究、探索力度与工程实践和推广力度的不足。工程科学家尚守平等[21]较早意识到了这个问题，提出了一种相对先进、廉价、高效、适于我国较多低矮的地区农村民居建筑的新型的钢筋沥青复合隔震技术。钢筋沥青复合隔震体系中的主要技术原理是在房屋结构基础构件与房屋构件的底下圈梁构件之间合理设置一个水平的隔震层，隔震层主要包括上下圈梁、水平隔震层钢筋、沥青、砖墩四部分构件。竖向钢筋作为主要的受力构件，承受上部荷载。当钢筋沥青复合隔震体系中竖向钢筋水平受力时产生的弹性刚度相对于垂直受力时的弹性刚度小，可保证沥青隔震层竖向承载力较大，水平刚度较小，从而能够延长混凝土结构整体的自振周期，获得较好的混凝土结构隔震效果[22]。多遇地震作用的条件下，隔震钢筋层的水平隔震钢筋一直都处于弹性状态，上部结构基本保持稳定并保持不动或小位移的基本平动，变形的部分及主要结构变形集中在水平隔震层，由于水平隔震层的钢筋始终处于弹性状态，隔震层也具有自复位等功能。罕遇地震作用条件下，水平隔震钢筋屈服，上部结构坍陷落在砖墩位置上且继续水平滑动，仍可保证建筑物不会发生倒塌。在相邻两个砖墩面之间一般都需要填充或涂饰一层沥青油膏保护层（油膏不承受重力荷载），主要功效为防止钢筋发生严重的锈蚀现象及增加阻尼[23]。钢筋沥青复合隔震层构造图见图6.8。

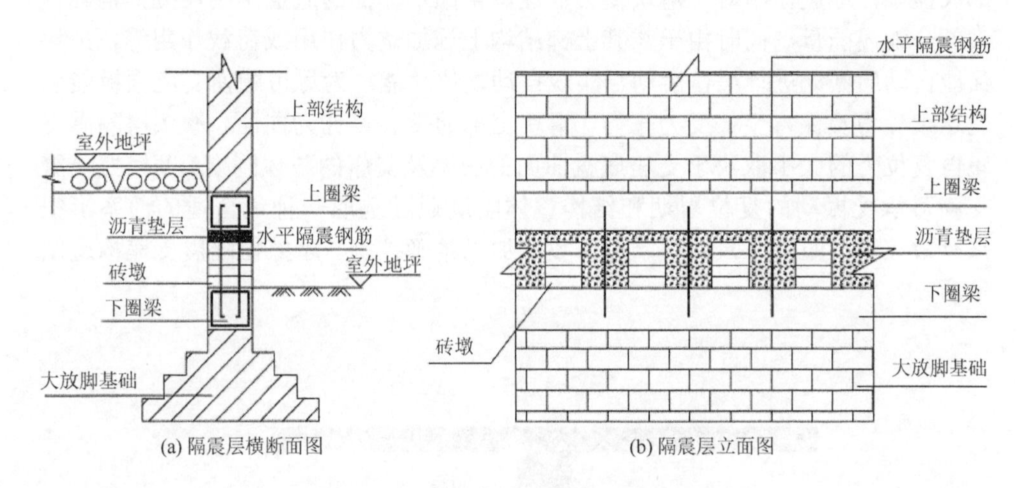

图6.8　钢筋沥青复合隔震层构造图

文献[24]在钢筋沥青复合隔震层的理论基础研究上开发制造出复合隔震墩，并且进行了大量的工程试验研究。试验资料表明：钢筋沥青复合隔震体系的隔震性能效果很优越。目前，钢筋沥青复合隔震体系已经初步在建筑实际工程系统中得到了实际应用[25]，现场模拟实测数据结果表明：隔震体系可以有效降低建筑上部结构中的地震响应。

钢筋沥青复合隔震层的隔震支承体系造价十分低廉，取材比较容易，对于5层以下搭建的传统农村房屋隔震效果特别明显且易于现场施工，非常适合于在国内广大村镇地区使用。在此基础上所开发研究出的新型隔震墩解决了现有隔震支座构件批量装配化的生产问题，更利于该技术在隔震领域的应用。对于钢筋沥青复合隔震层的设计也已经逐渐形成了一些相应的技术规范标准[26]。

（3）摩擦摆隔震体系

根据支座几何构造类型的不同，现有国内外常用的各种摩擦摆隔震体系可以大体分为曲面式、沟槽式、曲面沟槽混合式摩擦摆隔震支座三类。为了能够解决传统的平面滑移式支座无法做到自动复位的固有技术缺点，Zayas 等[27]着手对其结构性能进行了探讨和设计改进，在美国加利福尼亚大学伯克利分校进行研究设计并初步开发了摩擦摆隔震支座[28]。该隔震装置具备传统滑动摩擦隔震体系的一系列功能优点，同时特有的滑动圆弧面设计保证起到了良好的自动复位功能，不需要用户另外再安装滑动阻尼式构件。这些特有的减震设计使摩擦摆隔震支座在各种实际工程中应用更为合理简便，增加了隔震支座的可靠度[29]。摩擦摆隔震支座的基本工作原理是先把滑块平放置于其带有凹形曲面构造的下部底盘中，地震作用时，滑块便会快速滑至凹形曲面的底盘结构高处，消耗其大部分地震能量，同时由于在其上部结构上施加重力作用或荷载作用等，滑块又能自动向低处进行缓慢滑动，实现自动复位功能。为尽可能使支座顶板能承受连续受力及保持整体受力平衡，滑块上部通常会设计为曲面，摩擦摆隔震支座自复位力的大小取决于支座底盘曲面的曲率及支座的整体刚度。摩擦摆隔震支座可承受振动的复位周期和结构整体刚度通过选取一种最合适的曲率半径来有效控制，如阻尼即由动摩擦系数来加以精确控制。摩擦摆隔震支座构造图见图 6.9。

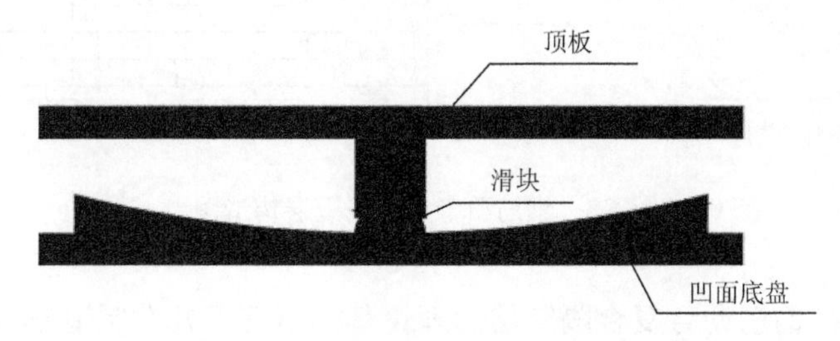

图 6.9　摩擦摆隔震支座构造图

国内外一些学者都对摩擦摆隔震支座进行了大量的试验分析研究[30]。试验分析结果表明：摩擦摆隔震支座具有良好、稳定的滞回性能及可靠的耐久性，在长期温度、压应力、动态加载的情况下也仍能够具有很高的可靠性。但滑块滑至凹形曲面的较高处时，增加了该结构的竖向冲击振动，目前这一问题仍在积极摸索及解决中。由于它具有自限位、复位的天然力学优势且其隔震效果显著，摩擦摆隔震支座必将在未来的隔震技术领域有着更加广阔的发展空间。

（4）组合隔震体系

目前国内外推广并常见的组合隔震体系主要是由隔震橡胶支座体系与滑动摩擦隔震体系等并联而成。其基本特点是通过合理搭配利用隔震橡胶支座以充分提供系统的弹性恢复力，同时还可以充分发挥滑动摩擦隔震体系应有的高强度耗能及减震作用。这样的处理方案既有效解决了传统隔震橡胶支座在长周期水平振动时可能存在的共振危险性难题，也能极大限度地改善与解决传统的纯机械摩擦力滑移隔震系统的自动复位问题。对于高层建筑，由于隔震橡胶支座体系延长其结构的使用周期有限，所以组合隔震体系一般可以在短期内取得较好的结构隔震效果[31]。

6.3.2　隔震建筑施工的注意事项

隔震层的设计与设置工作是我国隔震建筑施工技术的重要基础内容，其主要表现在以下这几方面：隔震支座安装、隔震器验收、隔震房屋设备管道系统施工、施工质量监督、建筑隔震施工维护。

1. 隔震支座安装

对于隔震支座的整体安装，最重要的是一定要尽可能地保证支座为轴压。这实际上是说明我们需要严格有效地去控制隔震支座水平度和支座轴线位置，以便尽可能地满足《建筑隔震工程施工及验收规范》（JGJ 360—2015）对其各项结构性能指标的严格要求。根据有关抗震设计验收标准，隔震支座安装要求具体如下：支承隔震装置的支座和所用材料的支墩（墩杆或支柱等），轴线垂直顶面水平度误差一般应不宜大于 3‰；同时在按规定进行了隔震支座的设计和安装合格后，隔震支座顶面中心线上的轴线垂直线水平度误差值一般不宜大于 8‰；隔震支座中心轴线处的平面位置与支座基准设计值位置的垂直相对水平偏差绝对值不应大于 5.0mm；隔震支座中心标高对应该支座设计的基准标高值之间的相对偏差不应大于 5.0mm。隔震支座安装必须按国家标准规定要求进行支座位置及安装位移测量，并必须详细且准确记录和保存在册。例如，对于在隔震支座上产生的竖向位移变形量的数值测量，可以考虑在每个隔震支座的左右与四周平面上分别设置水平线，以量取两端至水平线位置之间的竖向距离，然后取其平均数，并且设定好每周都实地观测一次，直至该项工程的施工测量任务全部完成。整个测试过程中只要通过所记录的实际竖向位移的距离值和位移变化的幅值就能够分析得出每个隔震支座的实际竖向变形量。

隔震支座在工作使用中还需要定期对其内部结构进行检查分析和无损测量日常检查，一旦发现外力对其系统内部或结构表面产生了某些损伤，使该幢建筑结构的内部整体力学性能将有所或者发生变化，需要考虑对这种隔震支座及时进行检查和修理或更换。如果我们在整个隔震支座的周围有足够的面积放置一个千斤顶，则可以考虑尝试通过放置千斤顶来将整个隔震支座上部的支撑承重结构整体顶升，而不需要再考虑对这个整体的隔震支座配置一个外包构件，但这时需要保证这个整体的隔震支座结构的所有上下部的承重支撑均能够满足局部承压功能要求。隔震支座在二次更换或结构更换完成使用后再对千斤顶力加以释放，更换完毕后新使用的隔震支座则可以再次用于承担或支撑起原有结构建筑体的上部构件的承重。当然，隔震支座系统的设计技术及安装技术工艺要求方面需要能满足《建筑隔震橡胶支座》（JG/T 118—2018）提出的各种行业要求。

2. 隔震器验收

隔震器的验收一般需要对以下相关内容加以确认，如对产品有书面验收文件的要确认，并注意核实该隔震器本体及产品配套安装与连接件等的数量、型号是否与实际要求相吻合；核对产品的平面形状大小和几何尺寸与国家标准要求是否一致，还需要全面检查产品整体的外观完整性，查看产品是否存在重大变形缺陷或者严重破损等异常情况。另外，隔震器相关的书面资质文件内容应当主要包括产品供货经营企业的有效资质证明、出厂验收合格证、性能质量检测试验报告表等。

3. 隔震房屋设备管道系统施工

隔震房屋设备管道系统施工时需要特别注意以下几方面：首先，隔震层建筑物中所使用的上下进水管道的进户管位置处接头之间的连接应该保证是任意错动的管道形式，并应当保证尽量采取不锈钢波纹管连接方式等的柔性接头。其次，进户管柔性连接件两端都应该采取丝扣活节的连接形式，并应该尽可能地保证两端连接件始终都处于竖直状态。最后，管道系统的安装连接还需要由施工单位确认其管道接头变形量都已经满足管道系统安全设计标准的技术要求之后才可以直接固定连接使用。否则也就意味着还需要针对此类问题再次系统检查与确认，并最终予以快速有效地解决，确保其继续能够正常与安全地投入使用。

4. 施工质量监督

隔震层项目的施工质量直接关系着一个建筑工程中隔震工程建设项目的总体施工质量，因此，需要特别加强对隔震层的施工安全质量实施监督与管理及后期检查维护工作。实际施工中质量控制一般先由施工方现场进行施工自检，然后由监理方实地进行技术校核质量监督。施工过程质量监督的几个重点内容主要包括：对工程隔震产品材料的基本性能质量资料情况进行检查核实，并进行必要的工程实际施工抽检工作；在确定预埋钢板的定位并对隔震支座的下部主要构件浇筑混凝土后，需要对下部预埋结构钢板上的支座轴心位置、标高和结构平整度情况等重要工艺参数进行实地抽查及检查，以有效确保其实际安装施工及质量满足相关设计要求。

同时，隔震支座安装的具体安装位置、型号、数量等问题也均需要重点逐项检查，保证其工程质量与设计相关文件要求基本一致。在隔震支座安装完成以后，需要对安装的隔震支座的轴线中心位置精度和支座预埋表面平整度情况进行专项抽查，其单项抽查项目数量覆盖率一般要求在 10%左右。隔震支座的固定安装一定要采取措施确保其稳定与牢固，且确定支座附近的梁柱混凝土密实不存在有蜂窝、麻面和漏筋现象等重大缺陷问题。隔震支座的质量一定要实行全程动态监控，避免发生各种损伤现象，并要求在设备安装运行过程中应对各种隔震支座的安装位置和各种竖向变形等做好详细施工记录。此外，设备管道、接头等基础零部件装置的施工安装、设置还需要企业严格按照有关施工标准要求来执行。在隔震施工建设完成后，需要验收单位严格按照安全施工技术标准及质量验收技术规范等要求及时组织实施工程验收。

5. *建筑隔震施工维护*

对于建筑隔震支座的施工检查和维护，需要由建设单位根据目前整个建筑隔震层项目建设的现场实际施工及日常支座使用维护情况，制定和监督并及时准确执行关于隔震层支座使用的日常维护和检查计划。一方面，对工程中隔震支座结构本身的内部和外观状况及局部受力与变形后恢复功能情况进行具有特定针对性的运行维护，定期开展专项运行检查，有效确保工程质量并使工程能够持续处于正常而稳定的运行工作环境中；另一方面，需要技术人员随时对隔震支座和结构周围配套设施装置的安装运行情况进行系统全面的跟踪检查，定期进行分析查看是否可能存在任何能直接限制上部结构支座位移的障碍物，一旦发现上述任何一类限制性障碍物，都应马上采取必要且合理有效的措施进行防护处理，以切实有效保障隔震支座的防震性能及其结构安全得到最大程度的保障。在我们进行建筑物日常检查及保养和维护等监督工作的过程中，要对隔震建筑物的隔震构造周围及隔震建筑物的入口附近设置专业的隔震警示标记，以进一步警示提醒各建筑业主方负责人和单位各级管理人员。相关业务人员应强化对隔震层的日常检查维护工作上的专业风险意识，尤其是对隔震层部件和隔震层的整体构造。隔震施工维护工作的开展需要遵循国内的建筑规范要求，也需要不断积极引进国外先进的隔震建筑维护管理办法，以制定出适用于现行隔震建筑物的管理办法，为隔震建筑物的后期运行维护提供重要的保障依据。

6.4 隔震技术的应用与推广

6.4.1 隔震技术的适用范围

（1）地震区的2～30层的普通建筑，如住宅办公楼、教学楼、宿舍楼、剧院、旅馆、大型商场超市等。

（2）地震区城市重建时的主要城市生命线工程，如医院、急救中心、指挥调度保障中心、自来水厂、发电厂、粮食饲料制品加工厂、交通枢纽、机场、车站等。

（3）地震区边界内修建的各种重要建筑物，如重要时期的国家历史性建筑、博物馆、大型纪念性建筑物、文物库房或专门档案馆、重要的图书资料馆、危险品仓库、有核辐射装置基地设施等。

（4）建筑物内部保存有重要科学设备仪器的永久性建筑结构物，如计算机中心、精密仪器中心、实验中心检测中心等。

（5）桥梁、架空隧道和长距离输水渠管道系统等及各类重要混凝土结构物。

（6）用于放置陈列重要珍贵历史文物、艺术珍品等物件的房屋或箱柜。

（7）重要设备、仪器、雷达站、天文台等。

（8）在建筑物、结构物及其内部有需特别进行局部安全保护的楼层。

（9）当已有的建筑物、结构物本身或工程设备、仪器、设施等明显不符合建筑抗震安全要求的，可先采用隔震技术进行隔震加固改良。

6.4.2 基础隔震技术应用实例

1. 某农村民居采用简易隔震橡胶支座（复合材料板支座）工程实例

位于海南某县的农村民居建筑，三层砖砌体结构，采用简易隔震橡胶支座（复合材料板支座）的基础隔震结构形式，单体建筑面积约为200m^2，地上部分建筑总规划高度大约是10m，抗震设防类别为丙类，抗震设防烈度为8度，设计基本地震加速度为0.30g，建筑场地类别为Ⅱ类。施工步骤详细分析如图6.10所示。隔震层施工结束后，按照一般施工流程进行上部结构的施工。

(a) 基础下圈梁施工

(b) 安装隔震支座

(c) 上圈梁施工

(d) 底层地坪施工

图 6.10　复合材料板支座工程实例

2. 某农村民居采用简易隔震橡胶支座（嵌入式支座）工程实例

某农村民居位于云南省普洱市墨江哈尼族自治县，二层砖砌体结构，采用简易隔震橡胶支座（嵌入式支座）的基础隔震形式。建筑总面积约 120m^2，建筑结构主体高度是 6.45m。抗震设防类别为丙类，抗震设防烈度为 7 度，设计基本地震加速度 0.10g，设计地震分组为第三组，场地类别为Ⅱ类。隔震层施工前对嵌入式支座进行了大变形试验，未出现翻滚现象。隔震层和建筑施工步骤详细分析如图 6.11 所示。

3. 某农村民居采用简易隔震橡胶支座（钢筋连接型支座）工程实例

某农村民居位于云南省昆明市富民县，三层砖砌体结构，采用简易隔震橡胶支座（钢筋连接型支座）的基础隔震形式。建筑总面积是 240m^2，建筑结构主体高度是 9.45m。抗震设防类别为丙类，抗震设防烈度为 7 度，设计基本地震加速度 0.15g，设计地震分组为第三组，场地类别为Ⅱ类。

(a) 安装简易隔震橡胶支座

(b) 简易隔震橡胶支座构造

(c) 建成后的房屋

图 6.11　嵌入式支座工程实例

采用钢筋连接型支座的基础隔震形式，其施工步骤与上述的复合材料板支座、嵌入式支座有一定的不同，隔震层和建筑施工步骤详细分析如图 6.12 所示。

(a) 人工挖孔桩基础

(b) 桩基础上部设置拉梁

(c) 基础拉梁上部安装隔震支座

(d) 拉梁浇注混凝土

(e) 隔震层采用砂垫层与上部结构隔离

(f) 拉梁上铺设泡沫材料

(g) 上部托梁和地坪层楼板钢筋制作

(h) 上部托梁和地坪层楼板混凝土浇注

(i) 上部结构施工中

(j) 主体工程封顶

图 6.12　钢筋连接型支座工程实例

6.4.3　隔震技术在农居中的推广

1. 农居隔震技术推广面临的问题

（1）防震减灾意识淡薄。农村经济及社会发展总体水平较中小城市低，广大农民群体的安全防震和减灾意识不强，存在侥幸等心理，特别是有感的中强地震较少发生的农村，对强烈地震产生的破坏性认识明显不足，对自身居住环境的生命安全和地震危害问题往往重视力度不够，缺乏应急防范自救意识，新建小型农居往往也只追求空间美观大气和宽敞。此外，大多数农村居民建房时，往往追求面积，不去注重整体质量，从户型结构到材料选择上都只注重结构简单、方便和便宜。

（2）农居建设随意性强。由于农村许多农民家庭往往对传统房屋建设改造及装修施工的技术知识方面都存在认识程度不足或是由于家里资金能力有限，大多农民都只能根据家庭房屋及自身改造建设时的功能需求去考虑自行动手设计，或是直接参照当地亲戚邻里新建房的式样进行修建。由于缺少相关建筑工程专业知识，他们在设计及施工的各种具体建筑方案中也就会有很大的盲目性，随意性比较强。农村民居建筑构件的具体制作或施工方法一般也是让农民自己去动手施工或是让一些农村工匠根据农村以往的实际建房经验去制作与施工，没有涉及房屋结构方面的专业知识。即使有些地区经济相对较为发达，在城镇盖房已开始普遍和大量推广使用钢筋水泥，但因为建筑结构体系和主体结构设计不合理，施工安装操作不规范，构件之间存在缺少有效可靠的连接，建筑抗震构造及加固防护措施往往不满足结构抗震设防规定标准要求或并无抗震构造措施，更没有针对性地采取减震和隔震的措施，无法在建筑年限内达到较好的建筑物整体抗震效果。随着当前我国农村经济持续快速稳定的发展，农民住宅由原有的小型简易生活居住性建筑房屋渐渐地开始向大开间、大进深和二层楼房建筑或部分超过了三层楼房发展。因此，如果及早地采取实施一系列有效且科学的建筑隔震技术，可以大大提高我国广大农村房屋抗震的安全性。

（3）监管体制不健全。目前农村房屋大多是由农民自筹资金进行建设，一些地方未按现行规定严格将所有涉及农村房屋的建筑工程纳入建筑工程质量监督管理部门的主管下，也未统一制定各项基本民居工程住宅建设工程规范施工强制性指标，多数乡村住宅建筑工程项目还使用未经正规施工设计的图纸进行现场施工，造成现在很多农村房屋普遍不符合现行建设工程抗震设防规范要求，基本无实际的抗震能力。经济较发达的城镇地区农民群众建房虽然基本上能够按照现代化标准城市建筑构件规范地使用各种钢筋混凝土构造，如建筑抗震柱、地梁、圈梁构件及墙体上的各种拉结筋等，但实际上有施工质量不达标的现象，有的还存在结构局部构件施工上的各种不规范，抗震柱结构及建筑物上地梁、圈梁结构等构件的拉结筋规格、形状、混凝土材料的结构强度等很多方面还不符合抗震设防施工技术要求，经济条件十分有限的部分农民，干脆就根本没有采取任何抗震措施。一旦突然发生地震这些地方原有房屋都很容易被强烈地震损坏，即使原有房子不坍塌，也还是会出现一些大裂缝等，最终可能会演变成危房。所以加强抗震设防及建筑管理措施首先要考虑尽可能全面覆盖广大城镇农村，实现住房建设及城乡抗震一体化规范管理。

2. 隔震技术在农居中的推广建议

（1）建立新型农村建筑技术的咨询服务体系。对房屋建设活动进行事前、事中、事后等全过程技术咨询服务：举办农村工匠隔震技术培训班，普及农村房屋抗震性能和隔震技术知识，指导农村工匠理解隔震技术施工中的细节知识和方法要点，使农村工匠能理解工程基本原理，了解选择隔震技术的真正目的所在；在建设过程管理中要提供较专业细致的防灾技术指导，为新建农村民居提供比较有技术针对性的适用隔震设计方法指导；还要指导抗震房屋的后期使用维护。

（2）大力推动全国农村开展防震减灾宣传工作和科普救灾知识等宣传实践活动。由各村科技干部人员和各乡镇宣教部人员自愿联合组成一个科技宣讲团，以点带面的宣传方式选取一个农村的安全科普知识教育的活动点，以通过播放科技宣传片和赠送安全常识教育知识手册形式，努力打造一些通俗易懂实用的和农民喜闻乐见的科普活动精品，为农民讲解各种防震减灾知识及科学隔震技术知识等，培养当地农民防震减灾科学素养，提高隔震风险防范意识，力争实现防灾技术科普知识的全面覆盖。

（3）加大当地政府监管和财政扶持引导力度。建立充实和进一步完善农村房屋抗震设防工程行政监管责任机构和项目监督检查验收制度，将农村房屋抗震设防工作纳入基本工程建设程序，并具体落实细化到相关项目的工程勘测设计和安装施工等环节中，大力加快推进房屋隔震技术成果的推广运用；设立对农村房屋隔震新技术开发应用的专项补贴等资金，同时通过出台有关减免税费优惠政策，调动广大农民采取隔震措施的积极性。

参 考 文 献

[1] 孟纪宇. 我国隔震技术发展及应用简述[J]. 城市建筑，2020，17（353）：134-136.

[2] 尚守平，周福霖. 结构抗震设计[M]. 北京：高等教育出版社，2003.

[3] 尚守平，崔向龙. 基础隔震研究与应用的新进展及问题[J]. 广西大学学报（自然科学版），2016，41（1）：21-28.

[4] Skinner R I，Robinson W H，McVerry G H. 工程隔震概论[M]. 谢礼立，周雍年，赵兴权，译. 北京：地震出版社，1996.

[5] 周志远. 四种基础隔震系统结构地震反应控制效果分析[D]. 上海：同济大学，2008.

[6] 祁皑，范宏伟. 基于结构设计的基础隔震结构高宽比限值的研究[J]. 土木工程学报，2007，40（4）：13-20.

[7] 叶霄鹏. 浅谈隔震技术在建筑结构设计中的应用[J]. 建设科技，2018（8）：73.

[8] 许杰，黄永林，赵蕊. 隔震建筑概念设计的基本问题[J]. 防灾减灾工程学报，2003（2）：106-110.

[9] 广州大学，中国建筑科学研究院. 叠层橡胶支座隔震技术规程（CECS 126：2001）[S].
[10] 郑莲琼，颜桂云，方艺文，等. 远场长周期地震动下基础隔震结构非线性减震分析与控制[J]. 应用基础与工程科学学报，2019（2）：116-130.
[11] 窦远明，刘晓立，赵少伟，等. 砂垫层隔震性能的试验研究[J]. 建筑结构学报，2005，26（1）：125-128.
[12] 尹新生，王庆涛. 基础隔震技术在农村地区的探索与发展[J]. 北方建筑，2019，4（4）：7-10.
[13] 尹金，宋晓胜. 村镇建筑隔震技术研究现状综述[J]. 山西建筑，2020，46（21）：17-18，29.
[14] 尚守平，周浩，朱博闻，等. 钢筋沥青隔震层实际工程应用与推广[J]. 土木工程学报，2013，46（2）：7-12.
[15] 苏经宇，曾德民，田杰. 隔震建筑概论[M]. 北京：冶金工业出版社，2012.
[16] 郑兴杰. 隔震技术在中国建筑中的运用[J]. 住宅与房地产，2018（4）：193.
[17] 程华群，刘伟庆，王曙光. 弹性滑移支座在高层隔震建筑中的应用研究[J]. 工程抗震与加固改造，2007，29（3）：48-53.
[18] Westermo B，Udwadia F. Periordic response of a sliding oscillator system to harmonic excitation[J]. Earthquake Engineering and Structure Dynamics，1983，11（1）：135-146.
[19] Mostaghel N，Hejazi M，Tanbakuchi J. Response of sliding structures to harmonic support motions[J]. Earthquake Engineering and Structure Dynamics，1983，11（3）：355-366.
[20] 樊剑，唐家祥. 带限位装置的摩擦隔震结构动力特性及地震反应分析[J]. 建筑结构学报，2001，22（1）：20-25.
[21] 尚守平，刘可，周志锦. 农村民居隔震技术[J]. 施工技术，2009，38（2）：97-99.
[22] 尚守平，周志锦. 一种钢筋-沥青复合隔震层的性能[J]. 铁道科学与工程学报，2009，6（3）：13-16.
[23] 尚守平，石宇峰，熊伟，等. 沥青油膏-双飞粉混合物动剪模量的试验[J]. 广西大学学报（自然科学版），2010，35（1）：1-5.
[24] 尚守平，黄群堂，沈戎，等. 钢筋-沥青隔震墩砌体结构足尺模型试验研究[J]. 建筑结构学报，2012，33（3）：132-139.
[25] 尚守平，朱博闻，吴建任，等. 钢筋沥青复合隔震层实际工程应用研究[J]. 湖南大学学报，2013，40（7）：1-8.
[26] 湖南省住房和城乡建设厅. 多层房屋钢筋沥青基础隔震技术规程：DBJ43/T304—2014[S]. 长沙：湖南科学技术出版社，2010.
[27] Zayas V，Low S，Mahin S. The FPS earthquake resisting system：UCB/EERC-87/01[R]. Berkeley：University of California，1987.
[28] Zayas V，Low S，Mahin S. A simple pendulum technique for achieving seismic isolation[J]. Earthquake Spectra，1990，6（2）：317-333.
[29] 龚键，周云. 摩擦摆隔震技术研究和应用的回顾与前瞻（Ⅰ）：摩擦摆隔震支座的类型与性能[J]. 工程抗震与加固改造，2010，32（3）：1-10.
[30] 龚键，周云. 摩擦摆隔震技术研究和应用的回顾与前瞻（Ⅱ）：摩擦摆隔震支座的类型与性能[J]. 工程抗震与加固改造，2010，32（4）：1-19.
[31] 吕西林，朱玉华，施卫星. 组合基础隔震房屋模型振动台试验研究[J]. 土木工程学报，2001，34（2）：43-49.

附录A 广东省农村房屋地基、基础加固参考指南

A1 北部喀斯特地区房屋地基、基础加固

A1.1 喀斯特地貌简介

喀斯特地貌（karst landform）是具有溶蚀力的水对可溶性岩石进行溶蚀（还包括流水的冲蚀、潜蚀，以及坍陷等机械侵蚀）等作用所形成的地表和地下形态的总称，又称岩溶地貌。我国南方地区气候湿润，降水量大，地表径流相对稳定，流水下渗作用连续，并且降水使流水得以更新和有效补充，因此岩溶作用得以延续进行。岩溶地区由于有溶洞、溶蚀裂隙、暗河等存在，在岩体或建筑物自身重力作用下，将发生地面变形、地基塌陷，影响建筑物的安全和使用；另外由于地下水的流动，建筑场地或地基有时会出现涌水、淹没等突发事故。因此在岩溶地区应对基础进行科学选型、采取切实可行的处理办法。

A1.2 岩溶地基特点及处理

1. 岩溶的形成及特征

岩溶是可溶性岩层（石灰岩、白云岩、石膏、岩盐等）发生以水溶解为主的化学溶蚀作用，下面的步骤反映了岩溶作用的进行。

第一步：形成碳酸；

第二步：碳酸离解生成氢离子和硫酸氢根离子；

第三步：氢离子与碳酸钙反应生成碳酸氢钙，从而使碳酸钙溶解并伴随以机械作用而形成沟槽、裂隙、洞穴。另外，也有由于洞顶塌落而使地表产生陷穴等。

由于可溶性岩层的成分、形成条件和组织结构等不同，岩溶的发育分布也不一致。因此要根据岩溶特征及发育分布规律，合理选择建筑场地和基础型式，防治岩溶现象的危害。

2. 岩溶地基的岩土工程勘察和稳定性评价

岩溶地基的岩土工程勘察较为复杂，分为可行性研究或选址勘察，以及初步

勘察、详细勘察和施工勘察四阶段。勘探点的间距和深度根据需要逐步加深加密。建筑场地的稳定性评价是选址勘察和初步勘察阶段的区域性评价，作为选择建筑场地、总图布置的依据。建筑地基的稳定性评价是在地基基础设计的详细勘察阶段针对具体建筑物下方及其附近的对稳定性有影响的个体岩溶形态进行评价，根据评价结论确定是否需要进行工程处理。

3. 岩溶地基的处理

岩溶地基只有在按其分布形状作出稳定性评价的前提下才能正确处理。总平面布置时，应与岩土工程分区相适应。当非岩溶岩组在场地有一定分布范围时，重要建筑物应避开岩溶区。如果建筑场地和地基经过岩土工程评价，属于条件差或不稳定的岩溶地基，又必须在这里建筑，就得事先进行处理。

（1）不稳定的岩溶洞隙，可根据其大小、形态及埋深，采用清爆换填、浅层楔状填埋、洞底支撑、梁板跨越、调整柱距等方法。

（2）岩溶水的处理，应在查明季节性动态特征的基础上，采取宜疏勿堵的原则。

（3）未经有效处理的隐状土洞或地表塌陷及预计的塌陷影响范围，不应作天然地基。对土洞和塌陷的工程处理应按其成因区别对待，并充分估计处理后的重发性。工程措施宜采用地表截流、防渗堵漏、挖填灌、堵塞岩溶通道、通气降压等方法，同时应采用梁板跨越。对重要建筑物，应采用桩（墩）基。

（4）应注意工程活动改变和堵截山麓斜坡地段地下水排泄通道，造成较大动水压力对建筑物基坑底板、地坪及道路等正常使用的不良影响，注意泄水、涌水对环境的污染。

（5）在溶洞埋藏深度较浅，或者对地基承重要求不高时，也可使用强夯法处理地基。

A2 珠江三角洲冲积扇地区房屋地基、基础加固

A2.1 珠江三角洲冲积扇地区简介

珠江三角洲位于珠江入海口，由于水流的搬运作用形成，在水流进入海时水流坡度急剧变缓，流速减小，水流呈辐射状分流，下渗增大，水量减少，流水搬运能力随之大减，所携物质在山口堆积，形成冲（洪）积扇。冲积扇的组成物质为冲积物，颗粒自扇顶至扇缘逐渐变细，分选性逐渐变好，自上而下可分为以下三个带。冲积扇物质组成示意图如附图A1所示。

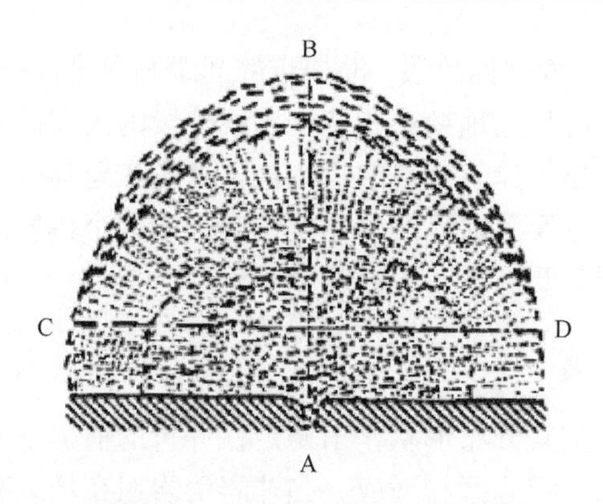

附图 A1　冲积扇物质组成示意图

沿 AB 方向物质组成主体依次为砾石、粉砂、黏土

（1）扇顶粗粒带。此带位于冲积扇的顶部，堆积物主要由巨砾、砾石组成，一些碎块、碎屑物质填充其间，透水性强，地表水渗漏强烈，有时造成地面缺水，地下水埋藏很深。

（2）中部过渡带。此带位于冲积扇的中部，堆积物由较小的砾石、粗砂及碎屑物质组成。中部过渡带和扇顶粗粒带一般不适合人类定居，但适合修公路等。

（3）边缘细粒带。此带位于冲积扇的边缘地带，主要由细砂和泥土组成，组成物颗粒极细。洪积扇的边缘由于是地下水溢出地带，往往能形成水草丰茂的沼泽。

根据地基的组成成分，地基可分为岩石地基、砂石地基、粉土地基、黏性土地基、软土地基、膨胀土地基、黄土地基等类型。冲积扇地区一般中部为砂石地基，在边缘还会存在一部分软弱地基，这些都是抗震不利地基。但是珠江三角洲位于入海口，渔业资源丰富，交通发达，建筑用地比较紧张，土地的经济价值很大。为了不影响建筑的抗震能力，我们必须在对地基进行勘察的基础上对地基进行分类加固，才能保障建筑的安全性能。

A2.2　砂土地基和软弱地基

砂土地基中砂土颗粒的大小和含量是决定其性质的主要方面，通常大于 2mm 的颗粒含量不超过全部土重的 50%，同时塑性指数不大于 3 的土属于砂土。砂土按颗粒级配的分类如附表 A1 所示。

附表 A1　砂土分类

名称	颗粒级配
砾砂	颗粒大于 2mm 的占全重的 25%～50%
粗砂	颗粒大于 0.5mm 的超过全重的 50%

续表

名称	颗粒级配
中砂	颗粒大于 0.25mm 的超过全重的 50%
细砂	颗粒大于 0.075mm 的超过全重的 85%
粉砂	颗粒大于 0.075mm 的不超过全重的 50%

砂土如果处于密实状态，具有很好的力学特性，既有较高的强度和较低的压缩性，透水能力也很强。但是当这类土处于饱和状态时，在外力作用或震动作用下很容易发生结构破坏，使土基的强度大幅度下降，流动性大幅度增强，从而使地基发生不均匀沉降或因为地基的水平错动，使桩基的侧向压力增大，从而发生剪切破坏，这种现象称为砂土地基的液化。砂土地基液化的危害极其严重，作为建筑用地基必须要防止地基出现大规模液化。

软弱地基是指由淤泥、淤泥质土、冲填土、杂填土或其他高压缩性土层组成的地基，淤泥和淤泥质土称为软土。在珠江的两岸存在大量的软土和冲填土，它们的成分比较复杂，在未经过处理时，一般都表现为承载力不足，压缩比较大，从而引起地基的沉降。地基的压缩性不均匀，且房屋地基整体强度不高时，可能会引起不均匀沉降从而导致结构破坏。所以软弱地基也必须经过处理后才能用于建造建筑。下面仅介绍软弱地基的处理方法。

A2.3 软弱地基的处理方法

在实际应用中，软弱地基的处理方法包括换填垫层法、强夯法、排水固结法、振冲碎石桩法、水泥土搅拌法、高压喷射注浆法、静压注浆法和刚性桩复合地基。

1. 换填垫层法

换填垫层法是指挖去地表浅层软弱土层或不均匀土层，回填坚硬、较粗粒径的材料，并夯压密实，形成垫层的地基处理方法，可用于浅层软弱地基及不均匀地基处理。换填垫层材料主要采用砂、砂石、素土、灰土和粉煤灰等。在有充分依据或成功经验时，也可采用其他质地坚硬、性能稳定、透水性强、无腐蚀性的材料，但必须经过现场试验方能应用。

在设计时垫层的厚度 z 应根据需置换软弱土层的深度或下卧土层的承载力确定，并符合下列要求：

$$p_z + p_{cz} \leqslant f_{az}$$

式中，p_z 为响应荷载效应标准组合时，垫层底面处的附加压力值（kPa）；p_{cz} 为垫层底面处土的自重压力值（kPa）；f_{az} 为垫层底面处经深度修正后土层的地基承载力特征值（kPa）。其中，垫层底面处的附加压力值 p_z，在不同情况下可分别按下面的公式计算。

条形基础时，

$$p_z = \frac{b(p_k - p_c)}{b + 2z\tan\theta}$$

矩形基础时，

$$p_z = \frac{bl(p_k - p_c)}{(b + 2z\tan\theta)(l + 2z\tan\theta)}$$

式中，p_k 为相应于载荷效应标准组合时，基础底面处的平均压力值；p_c 为基础底面处土的自重压力值；b 为矩形基础或条形基础底面的宽度；z 为基础底面下垫层的厚度；θ 为垫层的压力扩散角；l 为矩形基础底面的长度。

2. 强夯法

强夯法是指反复将夯锤提到高处使其自由落下，给地基以冲击和振动能量，将地基土夯实的地基处理方法，适用于处理松散碎石土、砂土、低饱和度粉土与黏性土、素填土和杂填土等地基。

强夯法施工前，应在施工现场选择一个或几个有代表性的试验区，进行试夯或试验性施工。试验区的数量应根据建筑场地复杂程度、建筑规模及建筑类型确定。当地质情况、工程技术要求相同或相似且已有成熟的强夯施工经验时，可以不进行专门的试验区试夯，但在全面强夯施工前应先进行小片施工性试夯。

当强夯施工所产生的振动会对邻近建（构）筑物或设备产生有害的影响时，应设置监测点，并采取挖隔振沟等隔振或防振措施。具体施工时应按照相关规范进行操作。

3. 排水固结法

排水固结法包括堆载预压法、真空预压法和动力排水固结法。堆载预压法和真空预压法适用于处理淤泥、淤泥质土和冲填土等软弱地基，而动力排水固结法仅适用于淤泥厚度小于 7m 且变形控制不严的工程，并有类似工程参考。

排水固结法处理地基应预先进行岩土工程勘察，查明地基土层的种类、性质及其在水平方向和竖向的分布和变化，查明透水层的位置、地下水类型及地下水补给情况等；应通过土工试验测定土层先期固结压力，水平方向和竖向的渗透系数、固结系数、孔隙比和固结压力关系曲线，以及三轴抗剪强度和原位十字板抗剪强度等指标。

重要工程应在现场选择试验区进行预压试验。在预压过程中应进行地基竖向变形、侧向位移、孔隙水压力、地下水位等项目的监测并进行原位十字板剪切试验和室内土工试验；应根据试验区获得的监测资料确定加载速率控制指标，推算土的固结系数、固结度及最终竖向变形等，对原设计进行修正。在整个场地地基处理过程中，应进行竖向位移、水平位移和孔隙水压力等项目的动态监测。根据现场获得的观测资料，分析地基的加固效果，并与原设计预估值进行比较，及时修改设计参数，指导全场的设计施工。

对堆载预压工程，预压荷载应分级逐渐施加，确保每级荷载下地基的稳定性；对于真空预压工程，可一次连续抽真空至最大负压力；而对于动力排水固结工程，在施加强夯动荷载以前，除应在软土中设置良好的水平和竖向排水系统外，尚应在软土表面堆填3.0～4.0m厚填土荷载，以加速软土排水固结。

当工后沉降和固结后地基承载力满足设计要求时，方可卸载。

排水固结法在解决软弱地基的沉降和稳定问题上应用极为广泛，可使地基的沉降在加载预压期间基本完成或大部分完成，保证建筑物在使用期间不至于产生过大的沉降和沉降差，在广州南沙等都有广泛使用。

4. 振冲碎石桩法

振冲碎石桩法是指采用振动冲击或水冲等方式在地基土中成孔后，再将碎石或砂石压入已成的孔中，形成碎石或砂石所构成的密实桩体，并和原桩周土组成复合地基的地基处理方法。

振冲碎石桩法适用于处理砂土、粉土、粉质黏土、一般黏性土、素填土和杂填土等地基。对于处理不排水抗剪强度小于15kPa的饱和黏土地基宜慎用，并应在施工前通过现场试验确定其适用性；对于不排水抗剪强度小于10kPa的饱和黏土地基不得采用。

对大型或地层复杂的工程，在正式施工前应通过现场试验确定其处理范围、处理深度和处理效果。

5. 水泥土搅拌法

水泥土搅拌法宜采用喷浆搅拌法（简称湿法）。水泥土搅拌法适用于处理正常固结的淤泥与淤泥质土、素填土、黏性土、粉土及无流动地下水的饱和松散至稍密状态的砂土等地基。

水泥土搅拌法用于处理有机质土、塑性指数大于22的黏土，以及地下水具有腐蚀性且无工程经验的地区，必须通过现场试验确定其适用性。水泥土搅拌法不得在泥炭土中使用。方案设计开始前应搜集详尽的岩土工程资料，特别是填土层的厚度、组成部分；软土层的分布范围、分层情况及固结状态；地下水位及pH；土的含水量、塑性指数和有机质含量等。

水泥土搅拌桩长度应符合下列规定：

（1）当用于竖向承载时，搅拌桩长度应根据上部结构对承载力和变形要求确定，并宜穿透软弱土层达到承载力相对较高的土层；

（2）当用于提高地基整体滑动稳定性时，桩长宜超过危险滑动面以下 2m；

（3）加固深度不宜大于 15m。

水泥土搅拌桩的直径应不小于 500mm。水泥土搅拌桩用于竖向承载时，加固体形状可采用柱状、壁状、格栅状或块状，桩可只布置在基础平面内，独立基础下的桩数不宜少于 3 根，柱状加固可采用正方形、等边三角形等布桩方式。

设计前宜对拟处理地基各类土层进行室内配比试验。针对各类土层特性，选择合适的固化剂、掺和料、外加剂及掺入比，为设计提供各种龄期、各种配比的强度参数。承受竖向荷载的水泥土强度宜取 90d 龄期试块的立方体抗拉强度平均值；承受水平荷载的水泥土强度宜取 28d 龄期试块的立方体抗拉强度平均值。

6. 高压喷射注浆法

高压喷射注浆法适用于处理淤泥、淤泥质土、黏性土、粉土、砂土、碎石土、人工填土等地基。当土中含有较多的大粒径块石、坚硬黏性土、大量植物根茎、地下障碍物或过多的有机质时，应通过现场确定其适用性。

高压喷射注浆法适用于既有建（构）筑物和新建（构）筑物的地基处理。对于有动水压力和已涌水的工程，应慎重使用。

高压喷射注浆法按喷射方式分为旋喷注浆、定喷注浆和摆喷注浆三种类型；按施工机具的不同，可分别采用单管法、二重管法和三重管法。加固土体的形状可分为柱状、壁状和块状。

施工前，应掌握场地的工程地质、水文地质、建筑结构设计和周边环境条件等资料。对既有建筑尚应搜集竣工和现状观测资料，以及邻近建筑和地下埋设物等资料。高压喷射注浆法宜进行现场试验性施工或根据类似工程经验确定注浆材料及其配比、施工工艺和施工参数。

7. 静压注浆法

静压注浆法是指利用液压、气压或电化学方法，把某些能凝固的浆液注入到岩土体的孔隙、裂隙、节理等软弱结构面中，或者挤压土体，使岩土体形成强度高、抗渗性能好、稳定性高的新结构体，从而改善岩土体物理力学性质的地基处理方法。

静压注浆法适用处理砂土、粉土、黏性土、淤泥质土、素填土、杂填土及风化岩等地基，也可用于处理含土洞或溶洞的地层，还可用于既有建筑和新建建筑的地基处理、基坑底部加固、防止管涌与隆起、建筑物纠偏、基础加固、防水帷幕及地下工程的防渗、堵漏、加固处理、控制地层沉降等。

静压注浆法的注浆形式分为充填注浆、渗透注浆、劈裂注浆、压密注浆等类型。根据工程需要和机具设备条件，可分别采用单液单系统法、双液单系统法和双液双系统法注浆。

8. 刚性桩复合地基

刚性桩复合地基中的刚性桩（增强体）包括预制混凝土桩、混凝土灌注桩和钢管注浆桩，适用于处理黏性土、粉土、砂土和分层压实的素填土等地基，不宜处理淤泥地基。

刚性桩复合地基中的桩位应设计为摩擦型桩，并以承载力相对较高的土层作为桩端持力层。刚性桩复合地基的设计应进行地基变形验算。

在设计时桩截面的尺寸：预制方桩可取边长为 200～300mm，预应力管桩可取桩径为 300～400mm，混凝土灌注桩可取桩径为 300～500mm，钢管注浆桩可取钻孔直径为 150～300mm。桩中心距应根据复合地基允许沉降量及复合地基承载力特征值计算确定，宜取 4～6 倍桩径或桩边长。桩身混凝土强度等级：预制方桩不宜小于 C30，预应力管桩不宜小于 C60，混凝土灌注桩不宜小于 C20，钢管注浆桩的水泥浆强度不宜小于 M20。在施工时可按现行国家规范有关规定执行。

附录B　广东省地震安居房建筑与结构设计图

（本设计图仅供地基、基础处理达标、设防水平相当的农村房屋抗震设计参考使用）

B1　粤东地区地震安居房建筑与结构设计图

建筑统一说明

一、本工程设计标高±0.000m相当于绝对标高______（或现场确定）。（□黄海高程,□珠江高程）.

二、本工程施工图所注尺寸，除总平面及标高以米(m)为单位外，其余均以毫米(mm)为单位，建筑图中带括号标高为结构面标高，无括号标高为建筑完成面标高。

三、本工程建设地点：广东省汕头、揭阳、潮州等粤东地区抗震设防为8度(0.2g)的农村地区；本工程总用地面积：_590_m2；建筑占地面积：_14.7_m²；总建筑面积为：590_m²；建筑层数：__层；建筑高度：14.7米；抗震设防烈度：8_度；结构类型：框架；人防工程等级：　级；厂房生产类别为：　类；库房的储存物类别：___类；建.分类：___类；建筑耐火等级为：_二__类；屋面防水等级为：_III_级；使用耐久年限为_二_级耐久年限。

设计范围（建筑、结构、给排水、电气照明、空气调节、室外工程等）

四、设计依据：

1. 甲方的设计委托书及有关使用要求的文件和甲乙双方的合同书.
2. 甲方认可并获政府职能部门批准的设计方案.
3. 国家及地方现行的有关规范、规定、标准.

五、墙体

1. 本工程墙体选用新型墙料：蒸压灰砂砖、蒸压加气砼砌块、□轻质陶粒砌块-□普通混凝土小型空心砌块-□轻集料混凝土小型空心砌块、□______其砌筑用料及锚固方法应严格按产品说明及有关规定执行.
2. 墙体厚度为180mm.
3. 钢筋混凝土墙柱与墙体连接处构造详见结构统一说明.
4. 不到顶的非承重墙其砌筑用料及锚固方法详见结构统一说明.
5. 卫生间、厨房以及面临露台、天台的墙体，楼地面以上设C20砼200mm.砼空心砌块墙体所有楼层最下一皮用C20砼填实.
6. 空心砌块外墙门窗洞边240mm内的砌体应用实心砌块砌筑，也可用C15细石砼填实，蒸压加气砼砌块。轻集料砌块墙的门窗边设与墙同厚，宽240mm的C15钢筋砼边框(详见设计大样)。窗台处空心砌块墙体应用实心砌块砌筑。加气砼墙体则应加设通用窗台板(详87SJ139)，如图纸中另有设计则按设计大样.
7. 砌体内设置暗管、暗线、暗盒等,应采用开槽砌块或订制砌块，不得在砌体完成后打洞凿槽。
8. 安装在外墙上的构配件、管道的螺栓均预埋，特别是砼空心砌块墙体应在预埋件所在之砌块用C15砼填实并在预埋件四周嵌以聚合物水泥砂浆，外墙上的预埋件应采用不锈钢或镀锌铁件.

六、墙身防潮层：所有墙身于-0.060m标高处铺设20厚1：2水泥砂浆，加4%防水剂。

七.外部装修

1. 外墙防水砂浆找平层纵横间距不大于3M留分格缝，缝宽10mm，深为防水层厚度，用丙烯酸高弹性密封胶嵌缝。
2. 外墙饰面层纵横间距3M留分格缝，并宜与找平层分格缝对齐，缝宽为8～10mm，用丙烯酸高弹性密封胶嵌缝。
3. 建筑高度超过24m实墙面粉刷应加4@200×200双向钢筋网，用膨胀螺栓锚固，中距1m×1m.
4. 所有铝合金明框、隐框玻璃幕墙，塑铝复合板幕及石材幕墙均由有国家及地方认定的有相应设计、生产、施工资质的专业公司进行设计、制作安装，本设计只示意立面形式、分格及尺寸。

八、室内装修

1. 室内墙面、柱面粉刷部分阳角和门洞口的阳角应用1:2水泥砂浆做护角，其高度不应低于2000，每侧宽度不少于50.
2. 所有埋入墙内、须凝土内的木制构件，均须刷耐腐蚀涂料.
3. 墙面涂料须待抹灰基层干燥后方可进行.
4. 厨房、卫生间.阳台、露台的地面入口处比所在楼层楼地面低30，并找1%坡向地漏或大样图中另有标明者按所标明的做法施工。

九、门窗：

1. 除图中注明外，铝合金门窗一律采用银白色铝合金框料，其结构型材壁厚，窗≥1.4，门≥2.0，其他型材壁厚≥1.0，建施图中所标注门窗均为留洞尺寸.其构造尺寸根据厂家制作要求确定。
2. 铝合金门窗必须满足中南标982J721、98ZJ641以及《铝合金门窗工程设计,施工及验收规范》DBJ15-30-2002中的技术要求。
3. 立樘位置
   (1) 铝合金门窗、钢塑门窗、钢门窗立樘位置除图中有注明外均居墙中。
   (2) 其他外门及窗立樘位置居墙中，内门与开启方向墙面平。
4. 无室外阳台的外窗台距室内地面高度小于0.9m时，必须采用安全玻璃防护栏杆（高度>1100），窗台高度低于0.6m的凸窗，其计算高度应从窗台面开始计算。
5. 外墙门窗防水：
   (1) 外窗台最高点应比内窗台低10mm，且战向外做坡3%排水。
   (2) 门窗框与外墙饰面之间到10×10(宽×深)mm的凹槽，嵌填高弹密封胶。
   (3) 入外墙门窗与墙体之间缝隙用聚合物水无砂浆嵌填密实。
6. 油漆：
   (1) 镶板木门及夹板门刮腻子打底磨光；刷_白色调和漆底油一道；面油二道
   (2) 硬木门、胶合板门清理、除污、打磨；润粉、刮腻子磨光；刷__色底色；漆片二遍(蜡克)；刷理清喷漆磨退出亮。
   (3) 钢门窗先用防锈漆打底，油　色调和漆二道罩面。
7. 门窗预埋在墙或柱内的木(铁)件应作防腐（防锈）处理。
8. 门窗小五金及配件；凡选用标准门窗均应按标准图配置齐全，非标准门窗按设计指定品种规格配置(由铝合金门窗生产厂家配套，经设计人认可)。
9. 卷闸门、防火门窗、防火卷闸门，专业库门、防盗门等特殊门窗及埋件.均由有国家认定资质的专业厂家供货并指导施工.
10. 玻璃幕墙的结构胶必须选用国家认定资质厂家的合格产品，

十、屋面：

1. 凡女儿墙与坐砌面砖交接处，均应做柔软嵌缝，缝宽30，嵌缝油膏可选用聚氯乙烯胶泥或建筑防水密封胶，高度平砖面。其技术指标应符合规范有关规定。
2. 屋面基层与突出屋面的结构(女儿墙、墙、天窗壁、变形缝、烟囱、管道)等)的连接处，以及在基层的转角处(檐口、天沟、斜沟、水落口、屋脊等)水泥砂浆粉刷均应做成圆弧或钝角，
3. 屋面水泥砂浆找平层及保护层应设分格缝，做法详见98ZJ201-.屋面刚性防水层、硬质板材及以上材料层与女儿墙及各种垂直墙面交接处，应设分格缝，缝宽20mm，分格缝做法详见98ZJ201。并应符合有关规范的要求。

十一 其他

1. 本工程均采用UPVC塑料雨水管，安装完毕后必须作灌水试验，并满足有关技术规定要求。
2. 室外雨水管的颜色按设计图所示或选用与建筑物外墙一致的颜色。
3. 外露铁件均涂防锈漆一道，调和漆二道，颜色同所在墙面颜色。
4. 本工程所有装饰材料的颜色及墙身、楼地面粉刷。油漆等均应先做样板(或色板)会同设计人、使用单位商定后方可订货。
5. 凡贴墙、柱面的大理石。花岗石颜色及纹理须经试排确定后方可铺贴。
6. 凡大面积的混凝土室内地面工程,纵、横向每6米做5宽假缝，深度应大于或等于混凝土垫层厚的1/3，用于其面层的水泥砂浆标号不少于M10，厚度按设计。纵、横向设缩缝，纵向缩缝采用平头缝起间距3-6m，横向缩逢宜用平头缝其间距6-12m。
7. 住宅设计时在每幢楼入口处设信报箱。每户一个，均按邮政部门的要求统一安装。
8. 工程中所有厨窗、货架、货柜、家具及厨具等一律由建设单位或使用单位自理，图中仅作位置示意。
9. 凡食用水池内壁所用的头水材料必须经认定检验为无毒方可施工，并需经蓄水化验证明水质符合卫生标准后方能使用。
10. 降图中注明者外，楼梯栏杆、扶手、起步、防滑条做法详98Z401-栏杆、　扶手、　起步.　防滑条。
11. 潮湿积水楼地面防水处理应符合98ZJ001之《楼地面，踢脚说明》第(六)，(七)条有关规范的要求。
12. 图中未详尽之处，须严格照国家现行"工程施工及验收规范"执行。
13. 本施工图未经设计单位同意不得擅自修改。

工程名称	粤东地区农村地震安居房	类别	建施
图名	建筑设计总说明	图号	01

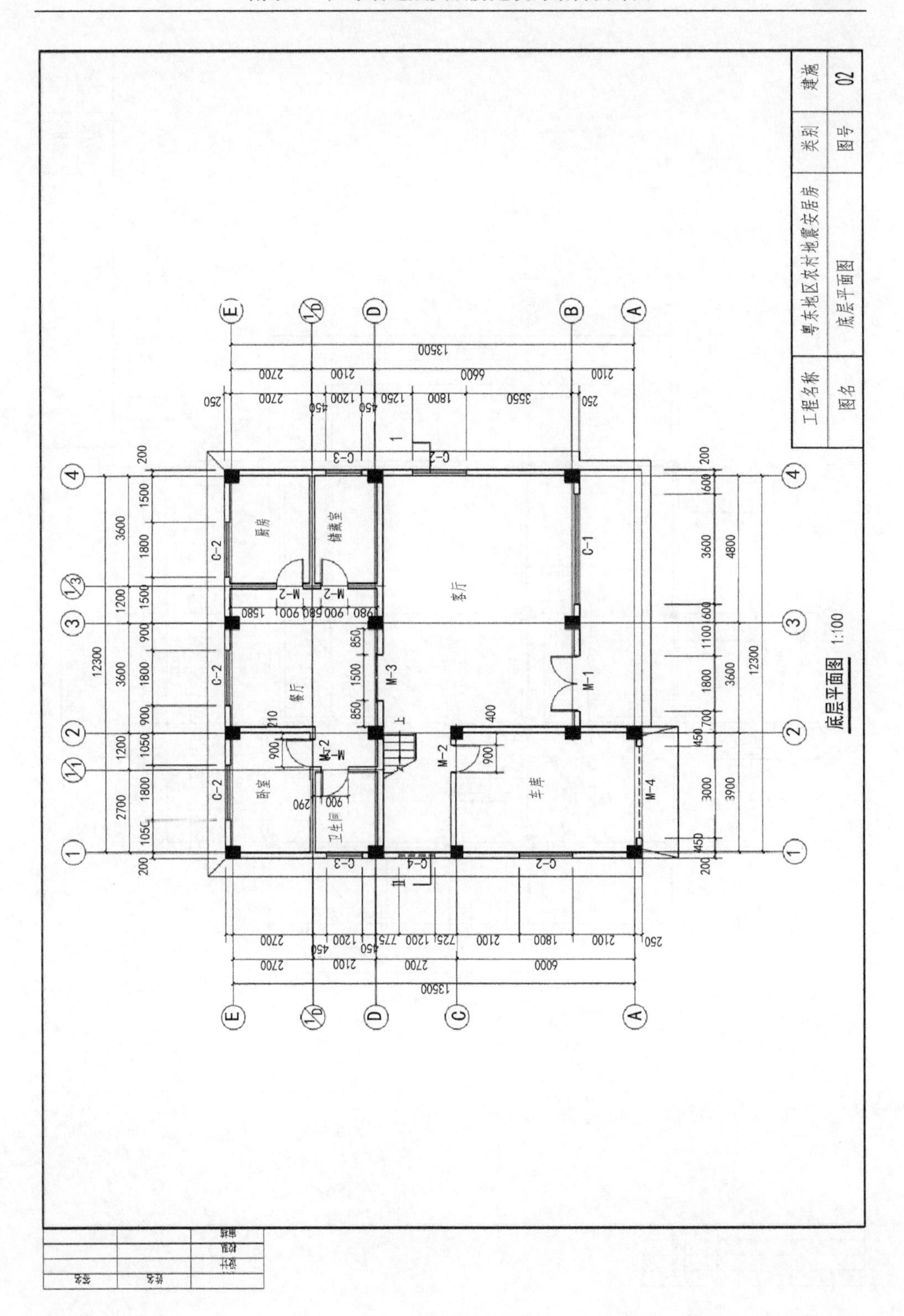
工程名称
粤东地区农村地震安居房
类别
建施
图名
底层平面图
图号
02
底层平面图 1:100
厨房
储藏室
客厅
餐厅
卧室
卫生间
车库
M-1
M-2
M-3
M-4
C-1
C-2
C-3
C-4
13500
12300

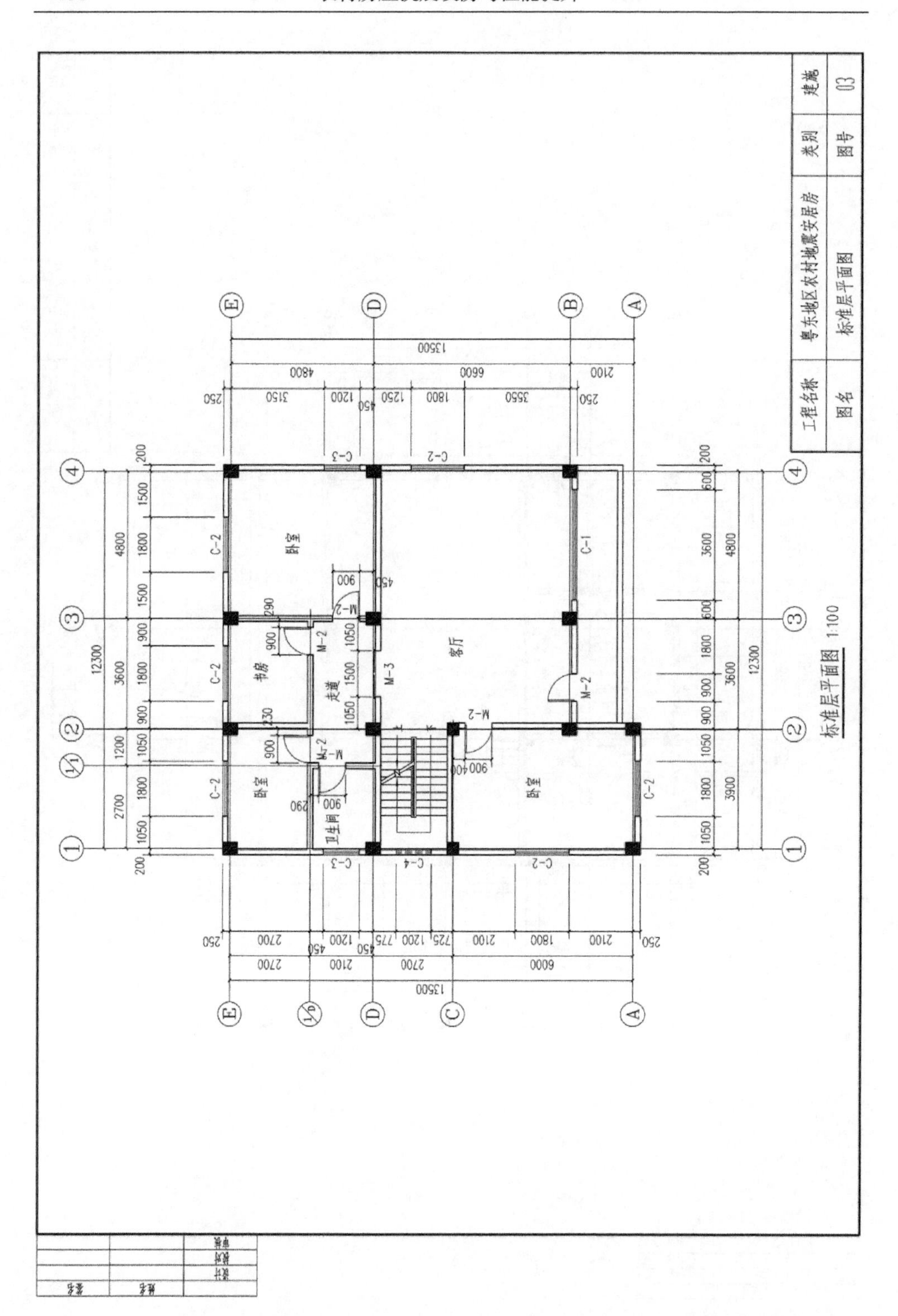
工程名称
粤东地区农村地震安居房
类别
建施
图名
标准层平面图
图号
03
卧室
书房
走道
客厅
卫生间
卧室
卧室
标准层平面图 1:100

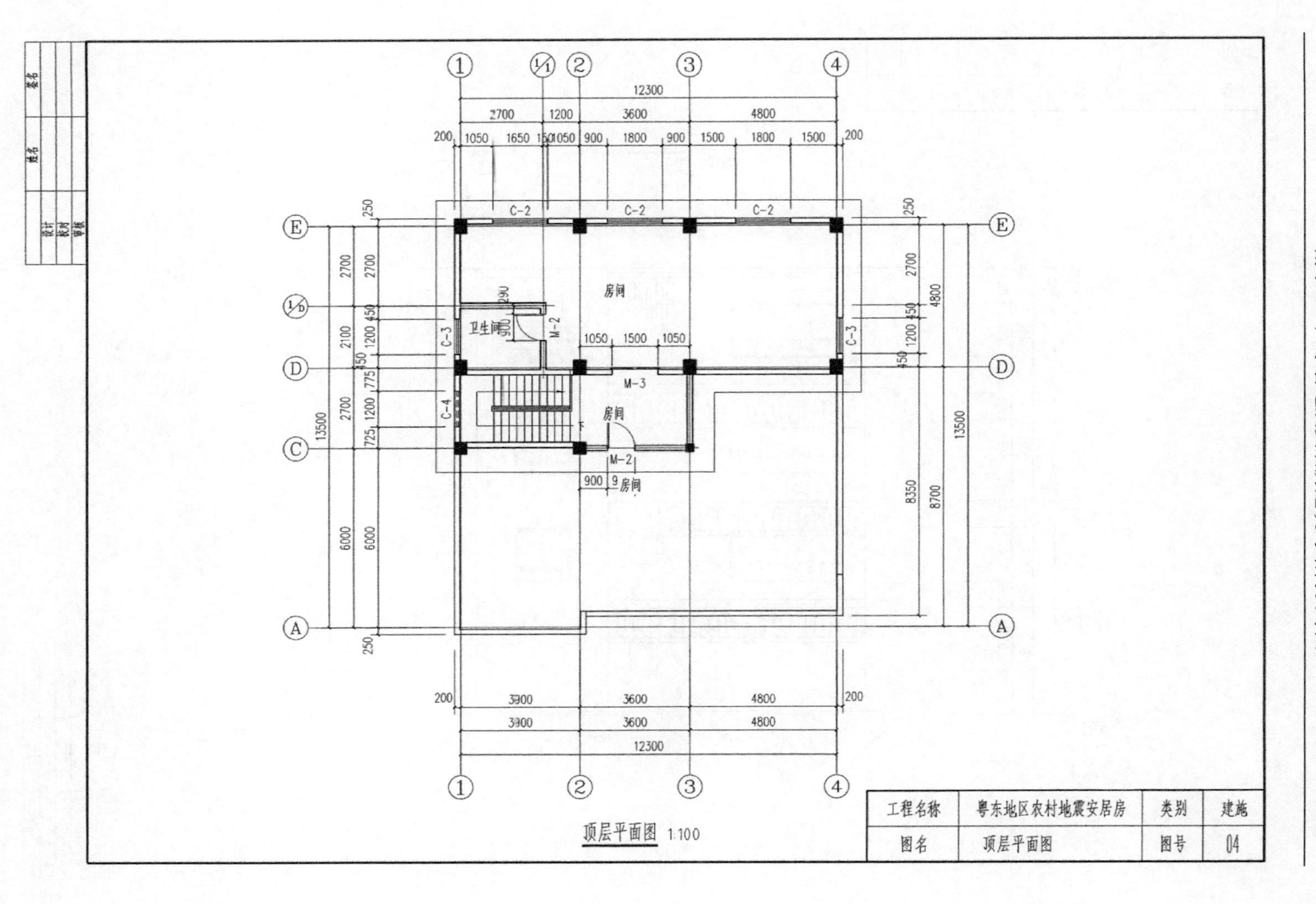
房间
卫生间
M-2
M-3
C-2
C-3
C-4
12300
13500
工程名称
粤东地区农村地震安居房
类别
建施
图名
顶层平面图
图号
04

顶层平面图 1:100

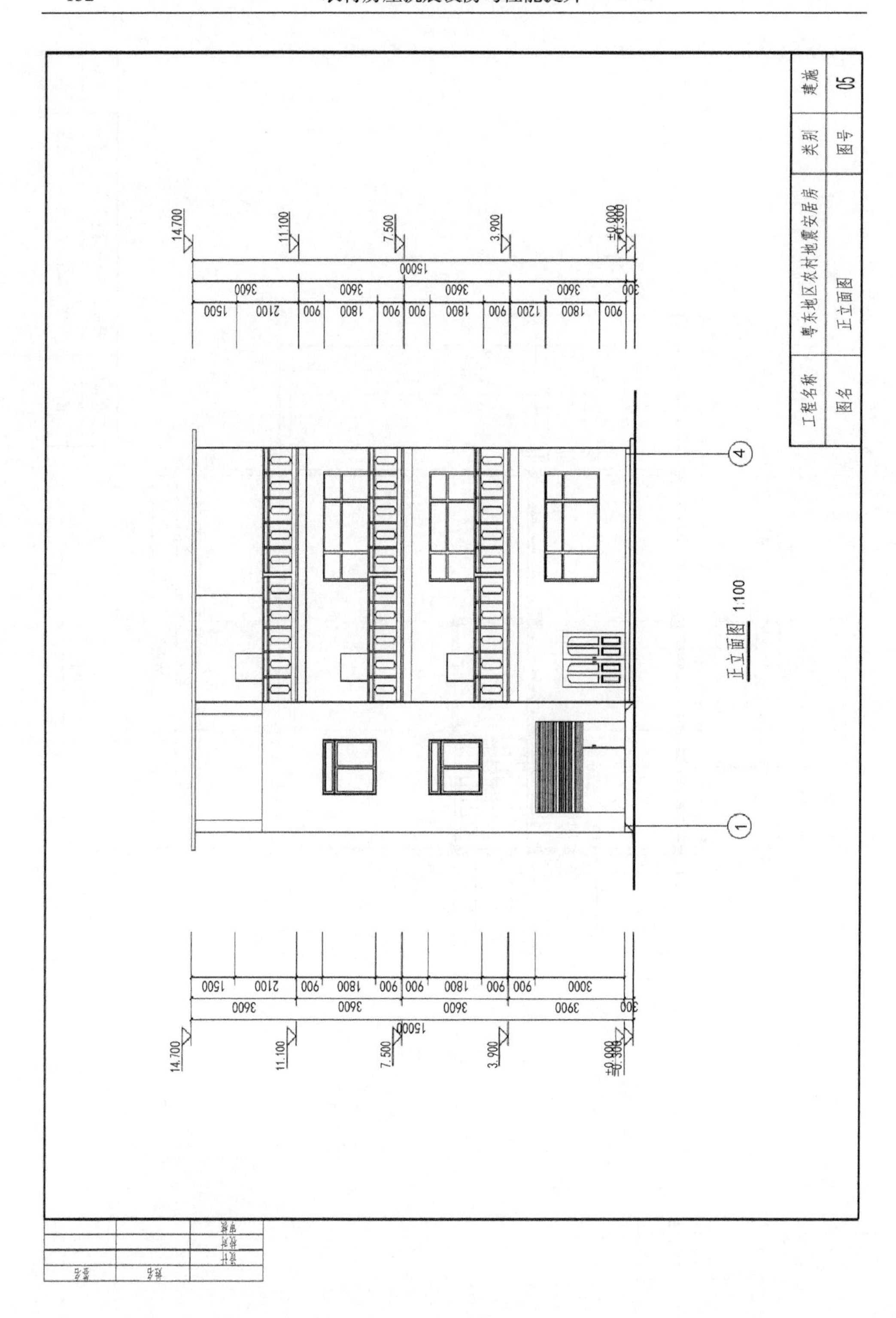

工程名称
粤东地区农村地震安居房
类别
建施
图名
正立面图
图号
05
正立面图 1:100
14.700
11.100
7.500
3.900
±0.000
-0.300
15000
3600
3900
300
1500
2100
900
1800
1200
3000
1
4

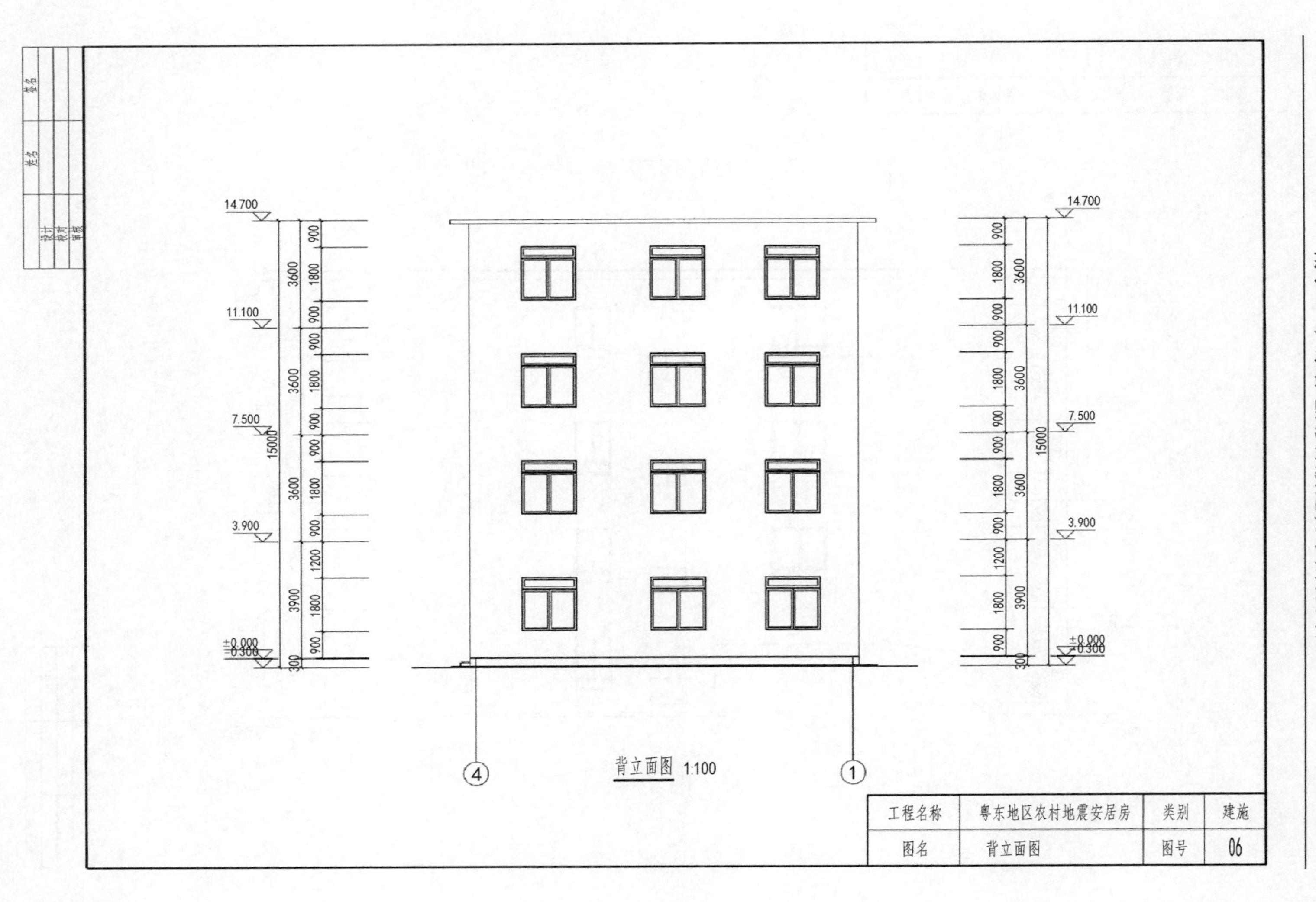

14.700
11.100
7.500
3.900
±0.000
-0.300
900
1800
900
900
1800
900
900
1800
900
1200
1800
900
300
3600
3600
3600
3900
15000
4
1
背立面图 1:100
工程名称
粤东地区农村地震安居房
类别
建施
图名
背立面图
图号
06

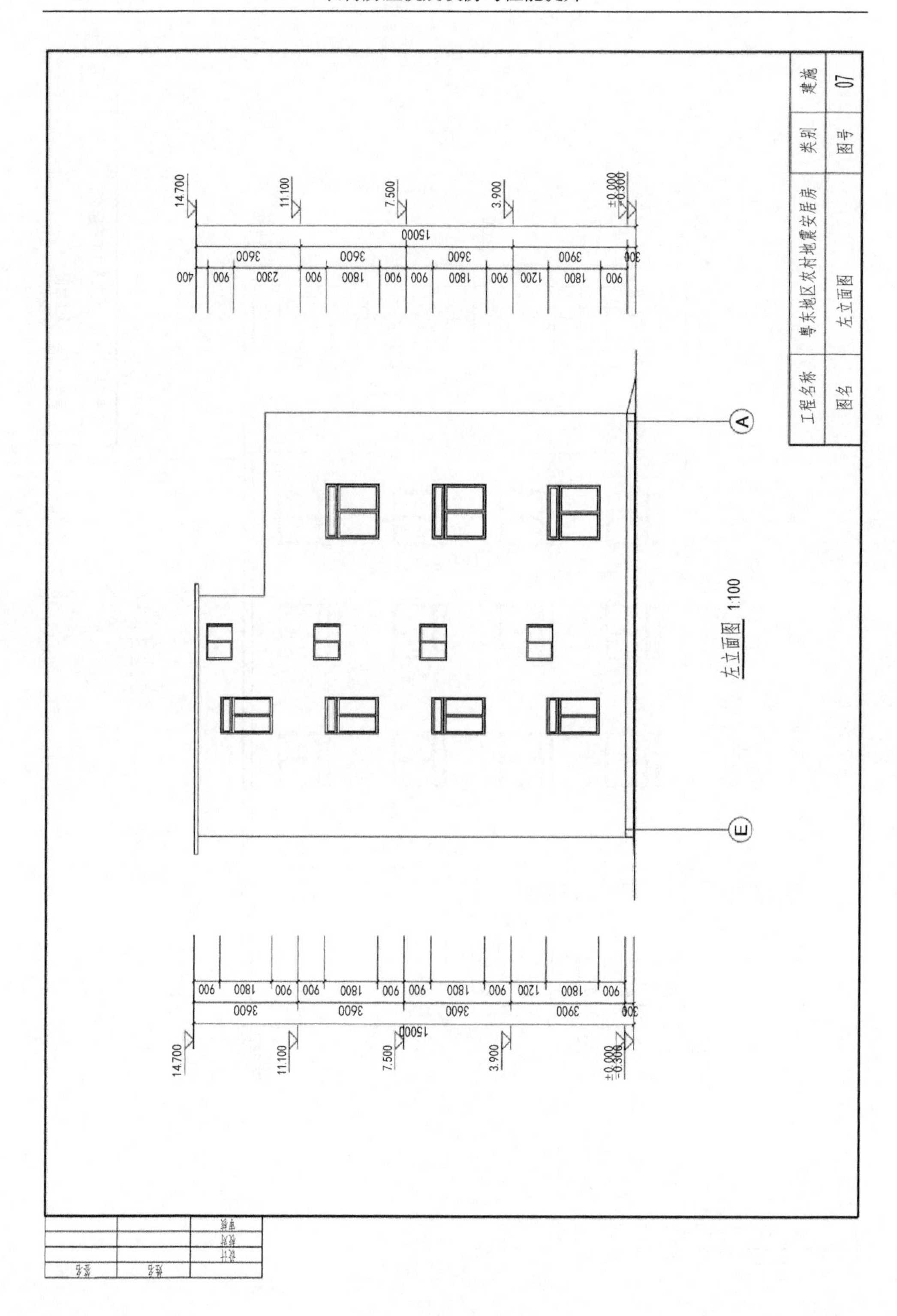
14.700
11.100
7.500
3.900
±0.000
-0.300
15000
3600
3900
300
A
E
左立面图 1:100
工程名称
粤东地区农村地震安居房
类别
建施
图名
左立面图
图号
07

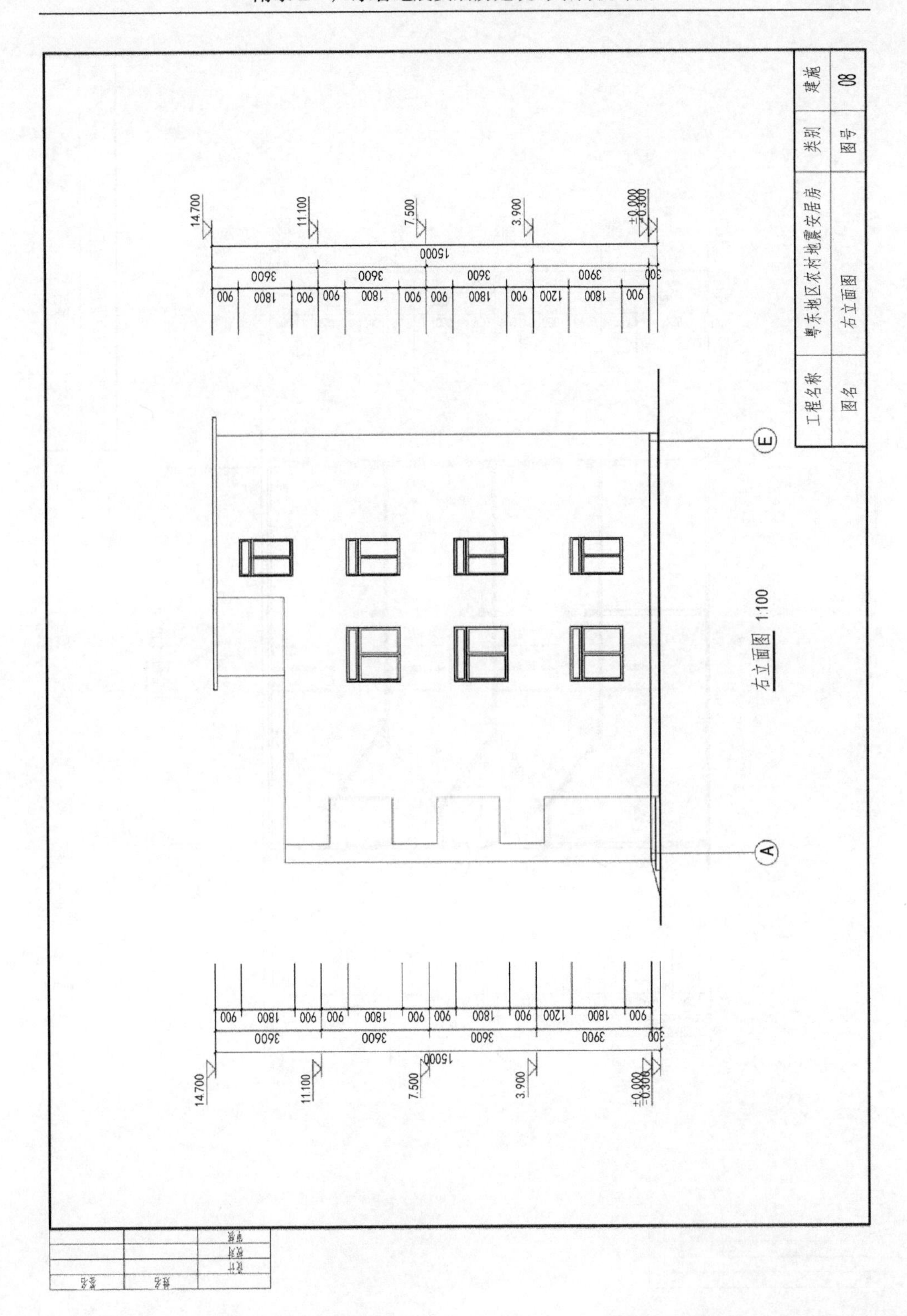
工程名称
粤东地区农村地震安居房
类别
建施
图名
右立面图
图号
08
14.700
11.100
7.500
3.900
±0.000
-0.300
15000
3600
3600
3600
3900
300
900
1800
900
900
1800
900
900
1800
900
1200
1800
900
E
A
右立面图 1:100

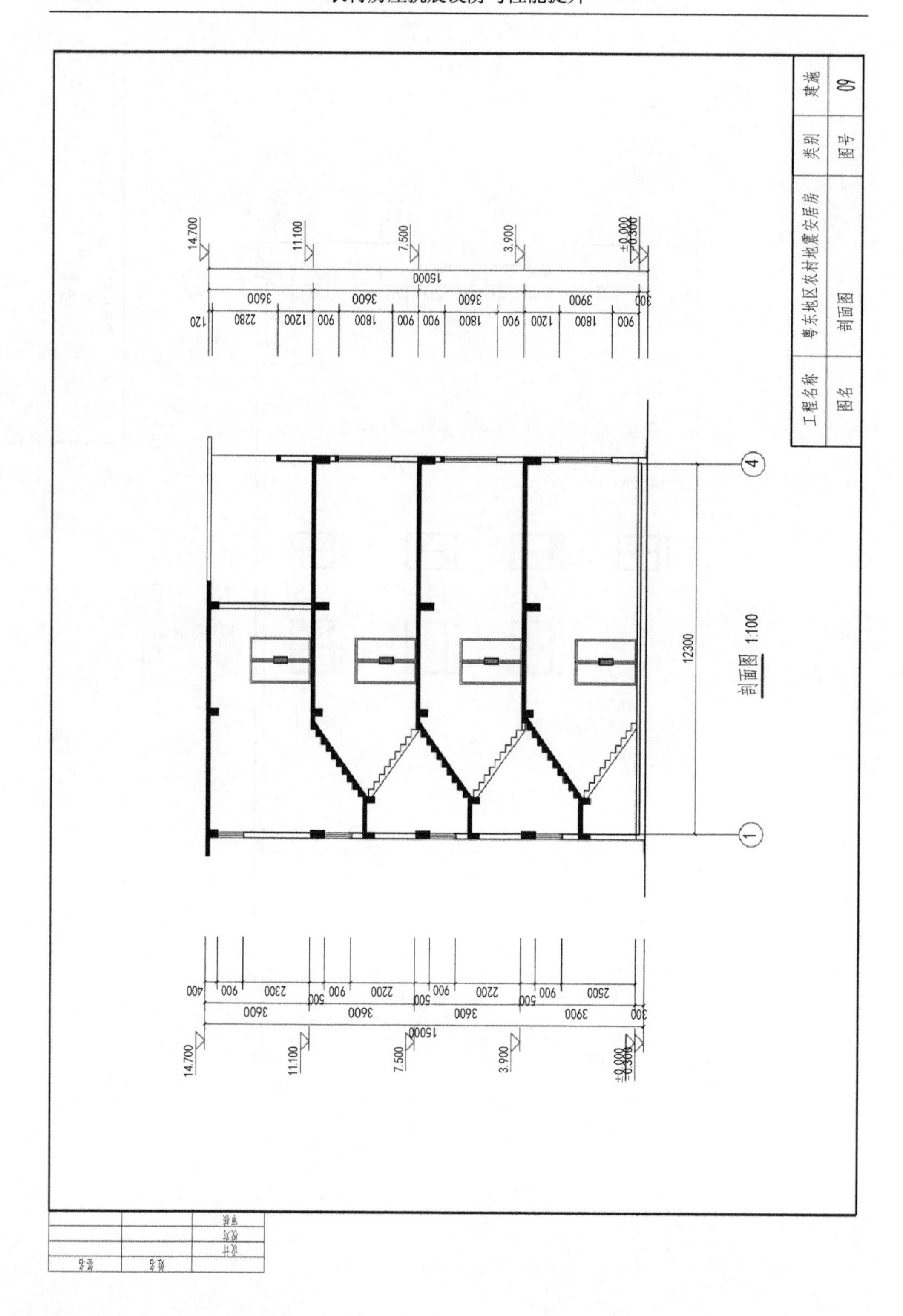
工程名称
粤东地区农村地震安居房
类别
建施
图名
剖面图
图号
09
剖面图 1:100
14.700
11.100
7.500
3.900
±0.000
-0.300
15000
12300
3600
3900
300

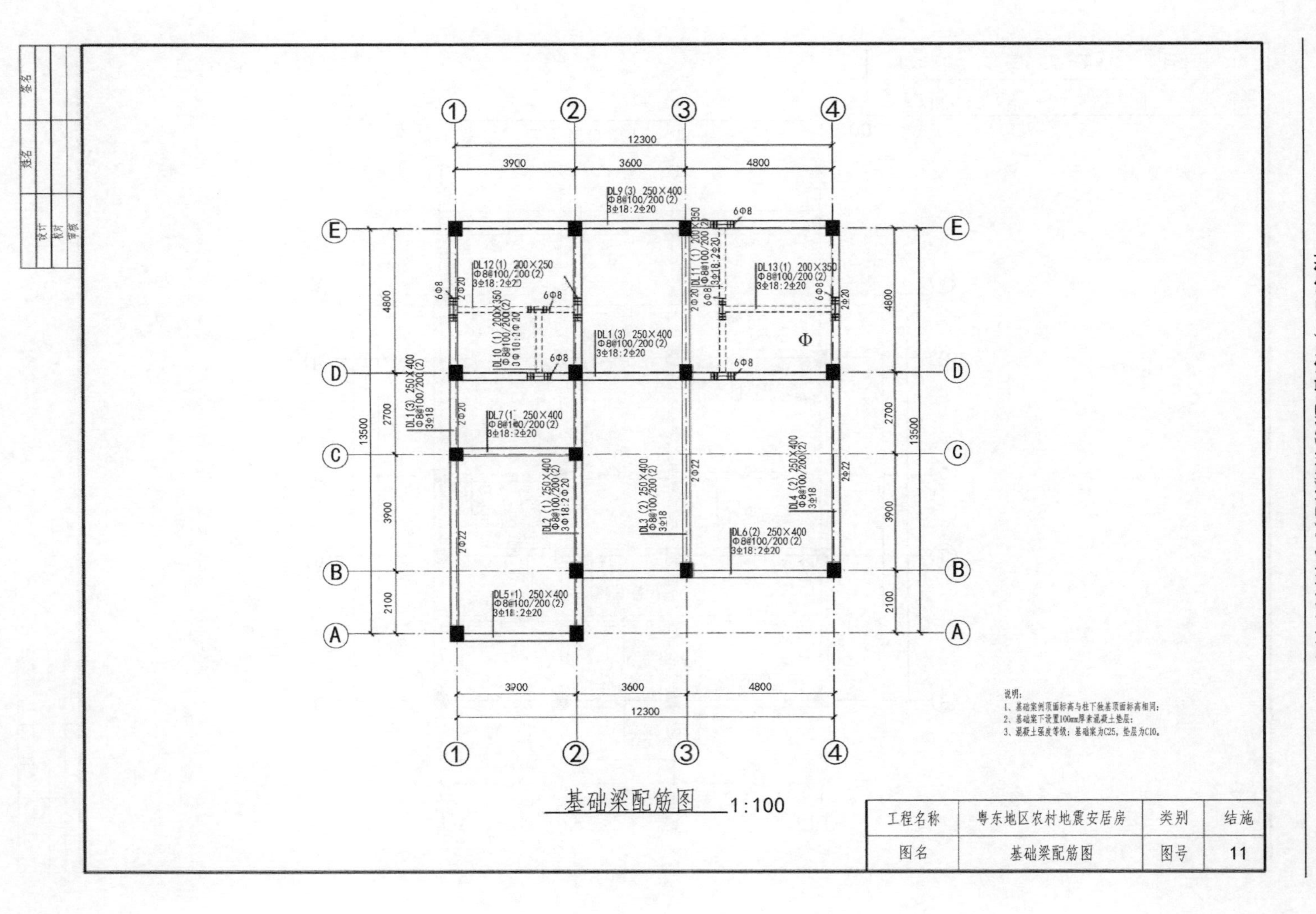

DL9(3) 250×400
Φ8@100/200(2)
3Φ18:2Φ20
DL12(1) 200×250
Φ8@100/200(2)
3Φ18:2Φ20
DL13(1) 200×350
Φ8@100/200(2)
3Φ18:2Φ20
DL1(3) 250×400
Φ8@100/200(2)
3Φ18:2Φ20
DL7(1) 250×400
Φ8@100/200(2)
3Φ18:2Φ20
DL5(1) 250×400
Φ8@100/200(2)
3Φ18:2Φ20
DL6(2) 250×400
Φ8@100/200(2)
3Φ18:2Φ20
12300
3900
3600
4800
13500
2700
2100
说明：
1、基础梁顶面标高与柱下独基顶面标高相同；
2、基础梁下设置100mm厚素混凝土垫层；
3、混凝土强度等级：基础梁为C25，垫层为C10。
基础梁配筋图　1:100
工程名称
粤东地区农村地震安居房
类别
结施
图名
基础梁配筋图
图号
11

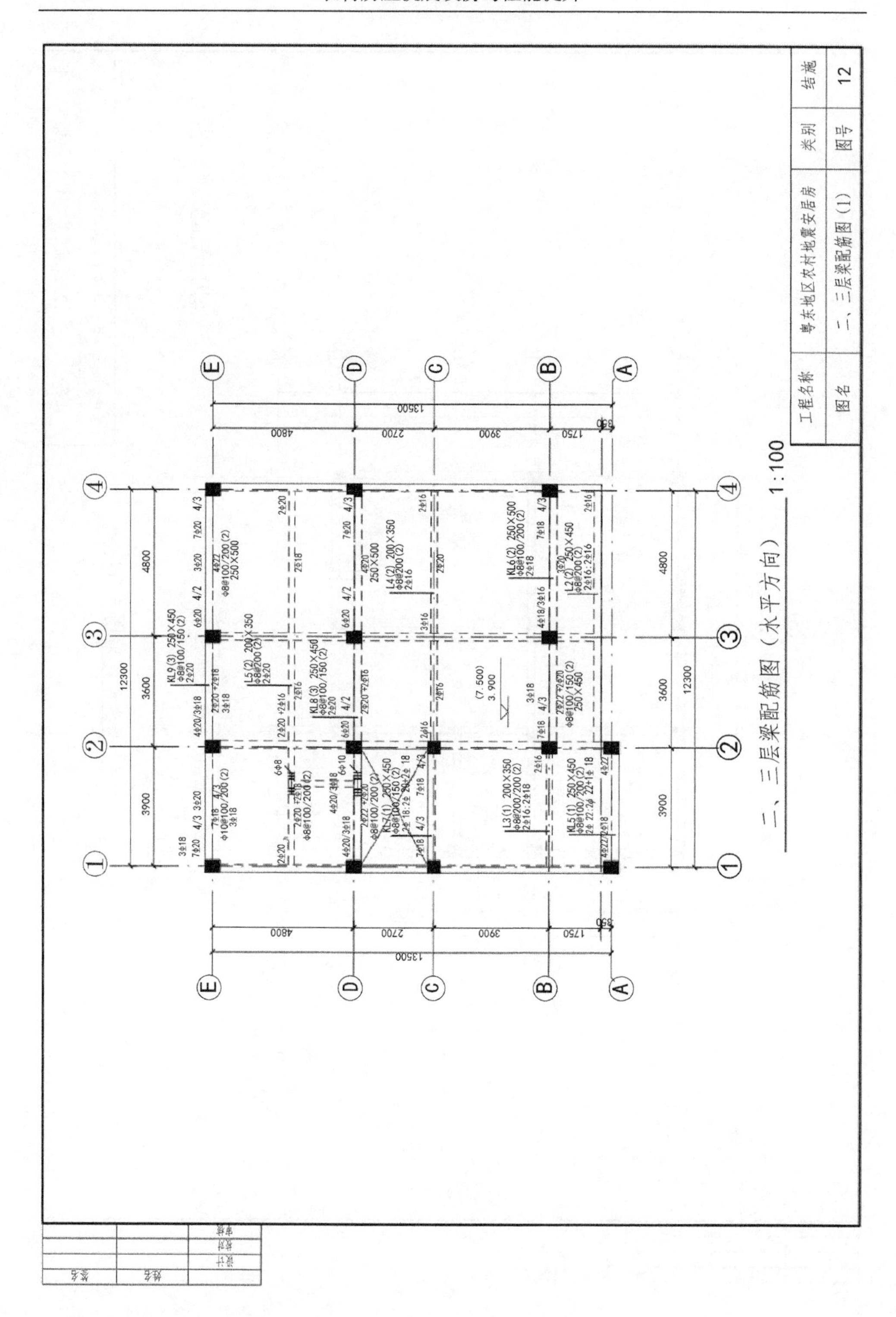
二、三层梁配筋图（水平方向）　1:100
工程名称
粤东地区农村地震安居房
类别
结施
图名
二、三层梁配筋图（1）
图号
12
13500
4800
2700
3900
1750
350
12300
3900
3600
4800
(7.500)
3.900

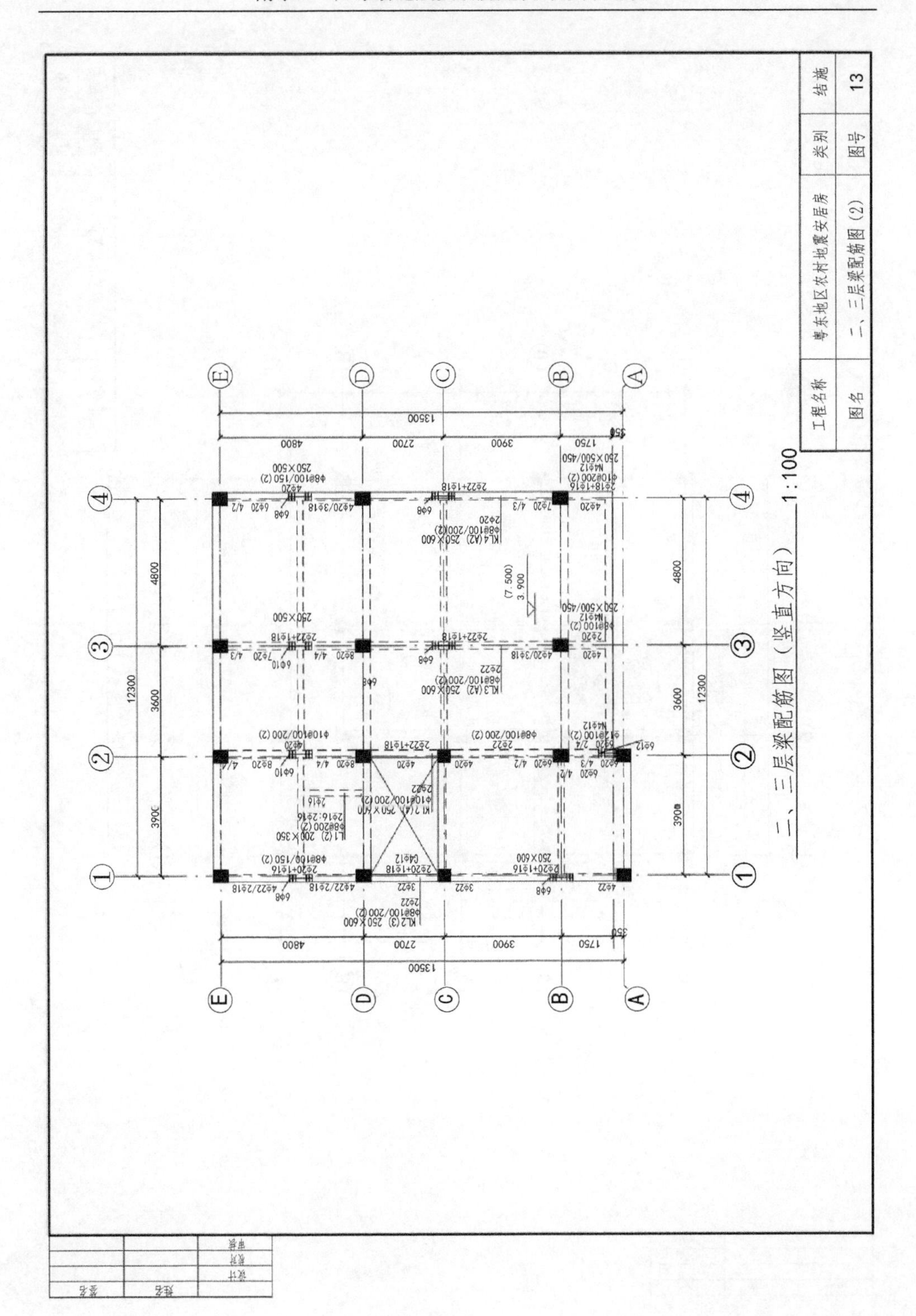
二、三层梁配筋图（竖直方向） 1:100
工程名称
粤东地区农村地震安居房
类别
结施
图名
二、三层梁配筋图(2)
图号
13
13500
12300
4800
3600
3900
2700
1750

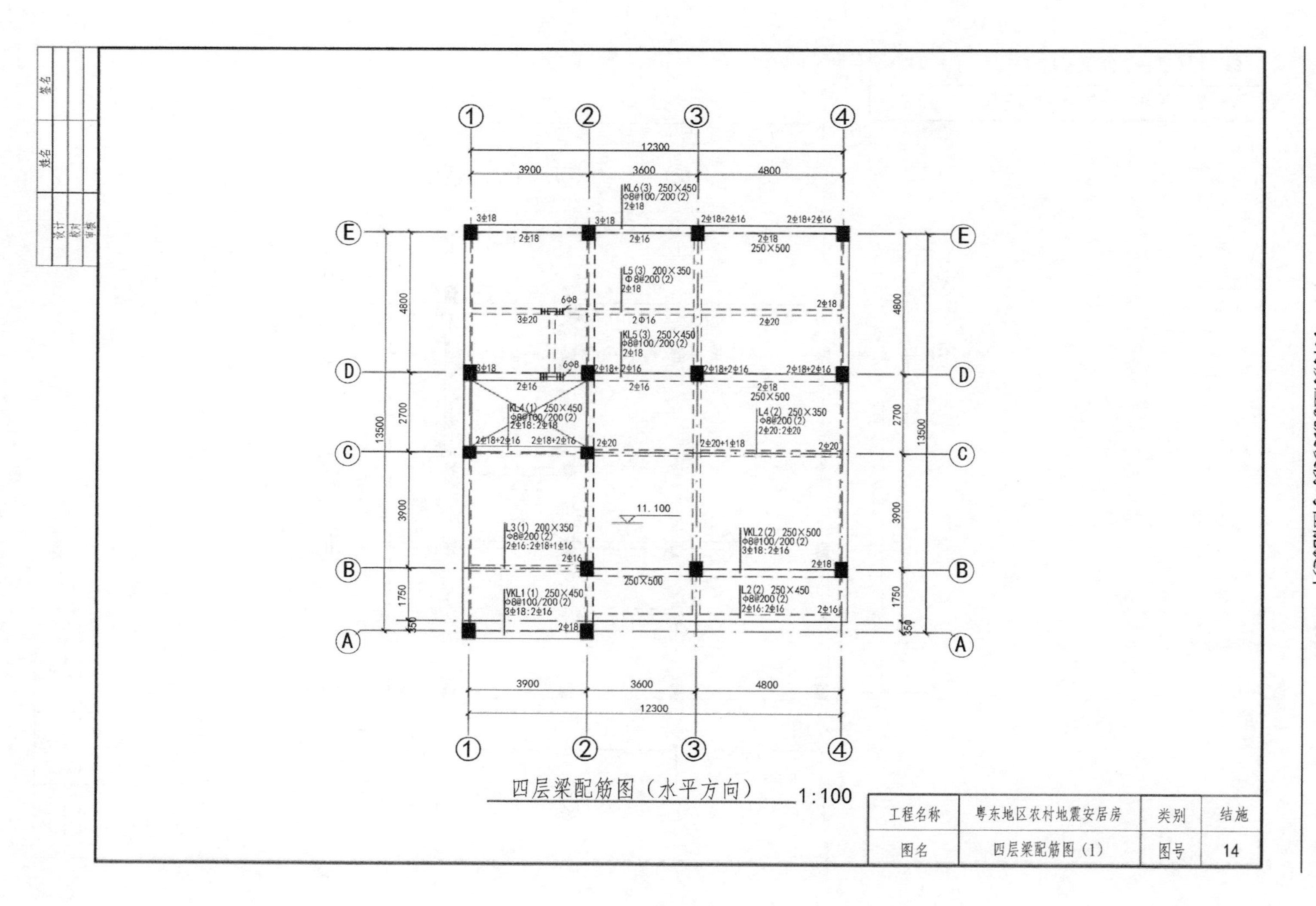

12300
3900
3600
4800
13500
2700
1750
350
KL6(3) 250×450
Φ8@100/200(2)
2Φ18
L5(3) 200×350
Φ8@200(2)
2Φ18
KL5(3) 250×450
Φ8@100/200(2)
2Φ18
KL4(1) 250×450
Φ8@100/200(2)
2Φ18:2Φ18
L4(2) 250×350
Φ8@200(2)
2Φ20:2Φ20
L3(1) 200×350
Φ8@200(2)
2Φ16:2Φ18+1Φ16
VKL2(2) 250×500
Φ8@100/200(2)
3Φ18:2Φ16
VKL1(1) 250×450
Φ8@100/200(2)
3Φ18:2Φ16
L2(2) 250×450
Φ8@200(2)
2Φ16:2Φ16
250×500
11.100
3Φ18
2Φ18+2Φ16
2Φ18
2Φ16
2Φ20
3Φ20
6Φ8
2Φ20+1Φ18
四层梁配筋图（水平方向）
1:100
工程名称
粤东地区农村地震安居房
类别
结施
图名
四层梁配筋图（1）
图号
14
设计
校对
审核
姓名
签名

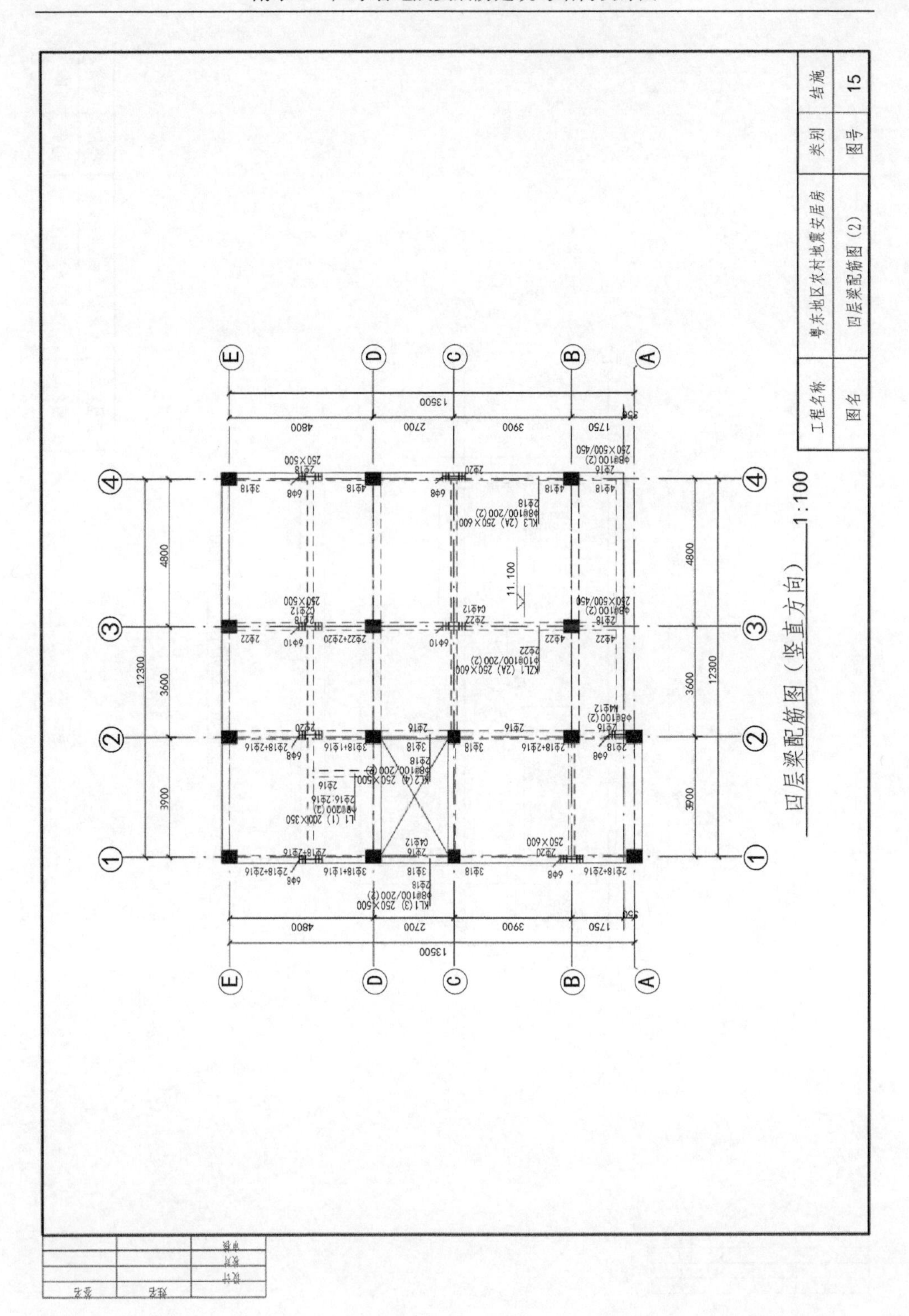

工程名称
粤东地区农村地震安居房
类别
结施
图名
四层梁配筋图（2）
图号
15
四层梁配筋图（竖直方向）　1:100

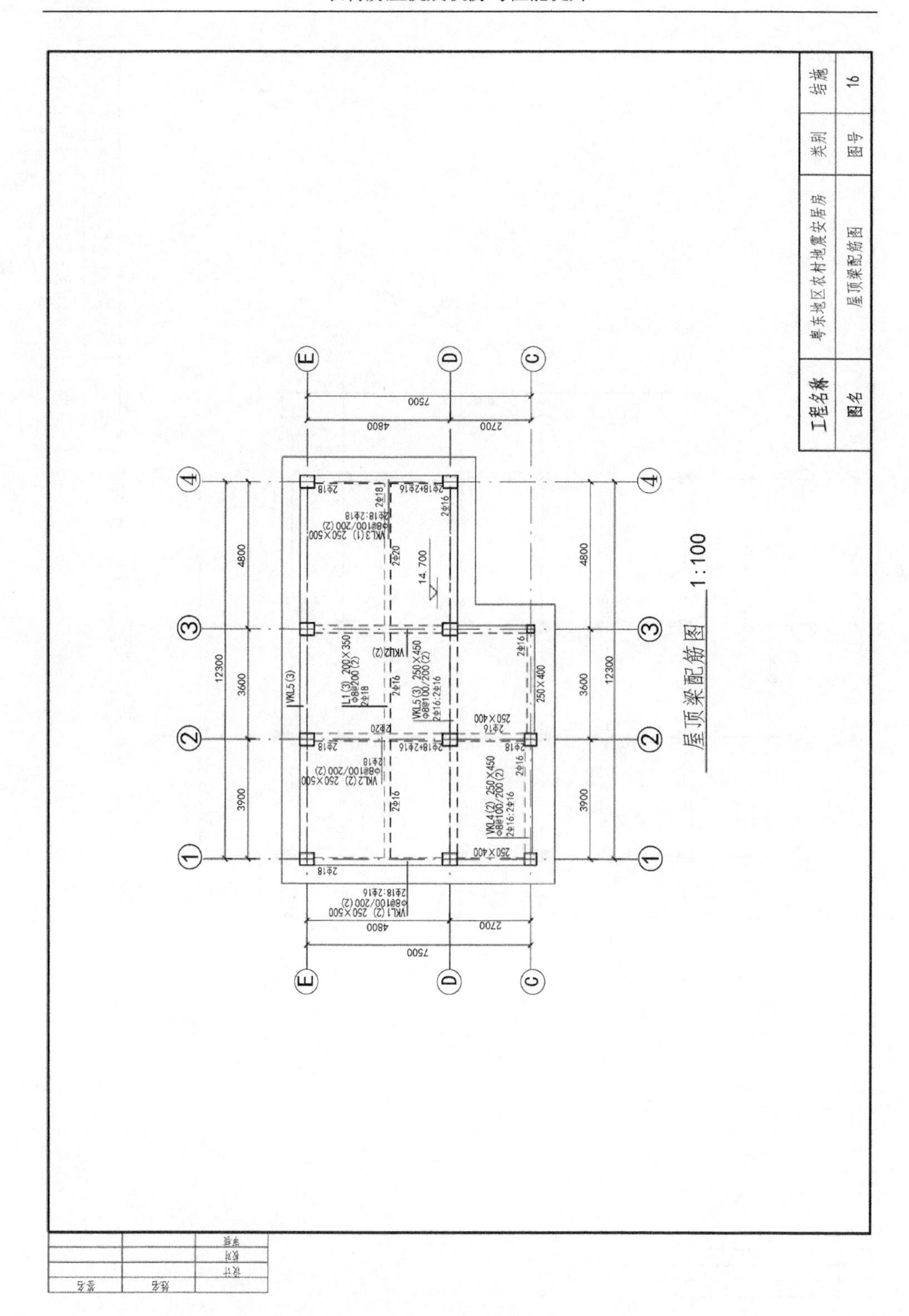

工程名称
粤东地区农村地震安居房
图名
屋顶梁配筋图
类别
结施
图号
16
屋顶梁配筋图 1:100

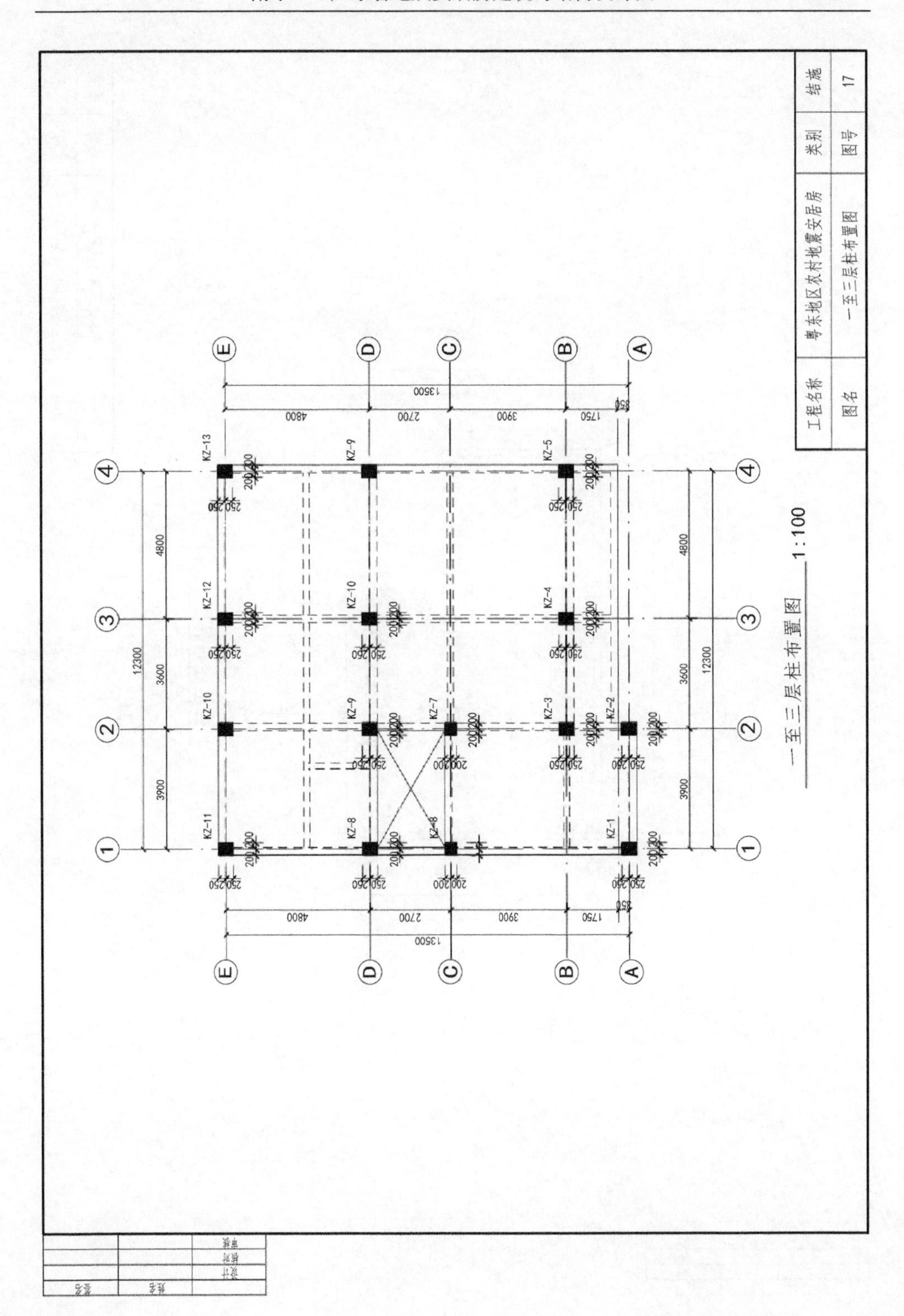
工程名称
粤东地区农村地震安居房
类别
结施
图名
一至三层柱布置图
图号
17
一至三层柱布置图　1:100
KZ-1
KZ-2
KZ-3
KZ-4
KZ-5
KZ-7
KZ-8
KZ-9
KZ-10
KZ-11
KZ-12
KZ-13
13500
4800
2700
3900
1750
350
12300
3600

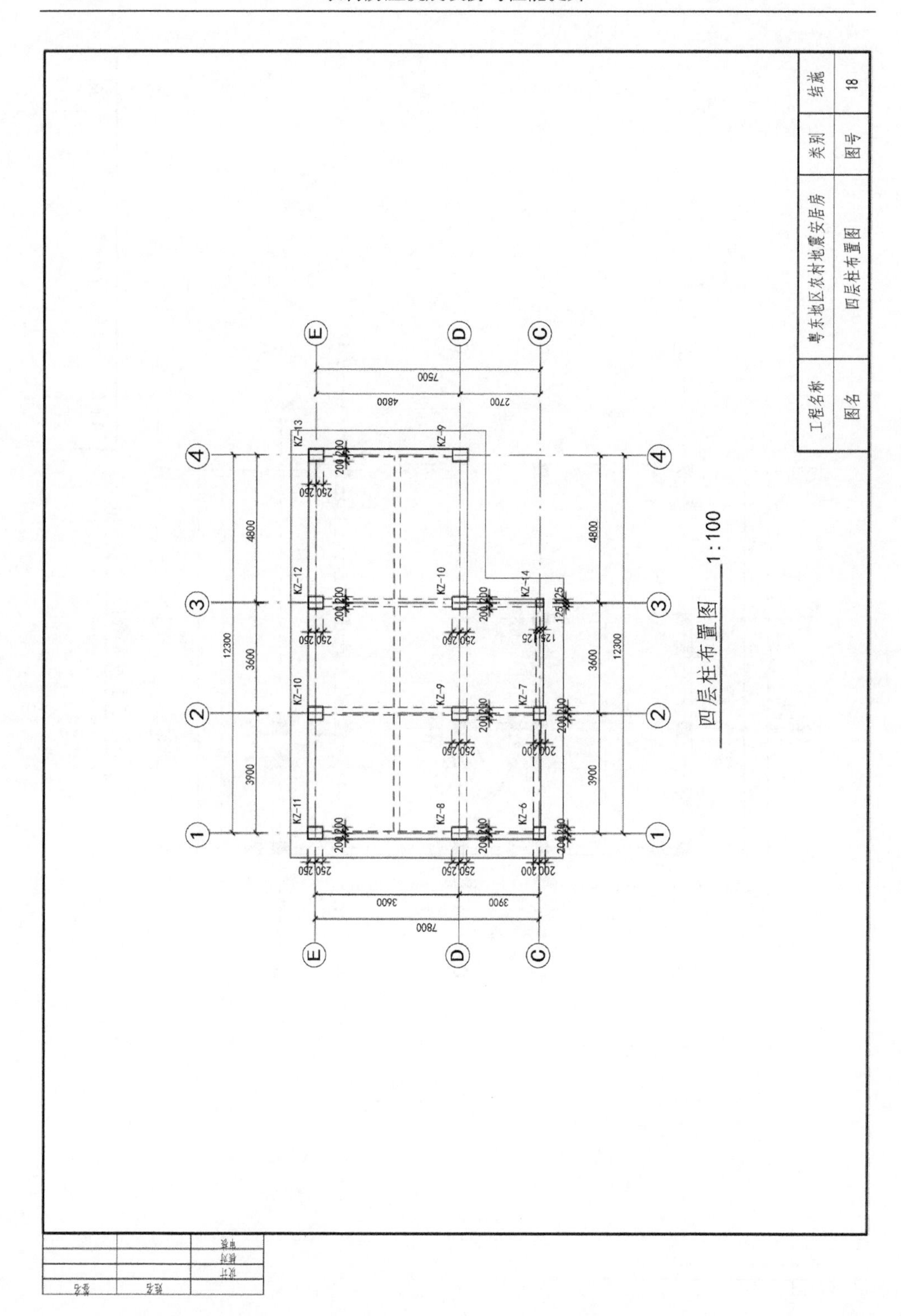
四层柱布置图 1:100
工程名称
粤东地区农村地震安居房
类别
结施
图名
四层柱布置图
图号
18
KZ-13
KZ-12
KZ-11
KZ-10
KZ-9
KZ-8
KZ-7
KZ-6
KZ-4
7500
4800
2700
12300
3600
3900
7800

	姓名	签名
设计		
校对		
审核		

柱表

柱编号	层号	高度	混凝土强度等级	截面型式	截面尺寸				竖筋					插筋		⑧⑨⑩⑪⑫号箍筋				复合箍内箍肢数		备注
					BH或直径	b₁×h₁	t₁	t₂	①	②	③	④	⑤a+⑤b	⑥	⑦	中部	端部 箍筋	端部 Ln	节点内	①b边短肢	①b边长肢	
KZ-14	4	3600	C25	I	250x250				2Φ16	1Φ16	1Φ16					Φ8@150	Φ8@100	800	100	1	1	
KZ-13	3-4	3600	C25	E	400x500				2Φ16	2Φ16	1Φ16					Φ8@150	Φ8@100	600	Φ8@100			
	2	3600	C25	E	400x500				2Φ18	2Φ16	1Φ18					Φ8@150	Φ8@100	600	Φ8@100			
	1	3900	C25	E	400x500				2Φ25	3Φ25	2Φ25					Φ8@100	Φ8@100		Φ8@100			
	Ho		C25	E	400x500				2Φ25	3Φ25	2Φ25					Φ8@100	Φ8@100		Φ8@100			
	Hj								2Φ25	3Φ25	2Φ25											
KZ-12	4	3600	C25	E	400x500				2Φ16	2Φ16	1Φ16					Φ8@150	Φ8@100	600	Φ8@100			
	3	3600	C25	E	400x500				2Φ20	2Φ16	1Φ20					Φ8@150	Φ8@100	600	Φ8@100			
	2	3600	C25	E	400x500				2Φ25	2Φ20	1Φ20					Φ8@200	Φ8@100	600	Φ8@100			
	1	3900	C25	E	400x500				2Φ25	3Φ22	2Φ25					Φ10@100	Φ10@100		Φ10@100			
	Ho		C25	E	400x500				2Φ25	3Φ22	2Φ25					Φ10@100	Φ10@100		Φ10@100			
	Hj								2Φ25	3Φ22	2Φ25											
KZ-11	3-4	3600	C25	E	400x500				2Φ16	2Φ16	1Φ16					Φ8@150	Φ8@100	600	Φ8@100			
	2	3600	C25	E	400x500				2Φ16	2Φ16	1Φ16					Φ8@150	Φ8@100	600	Φ8@100			
	1	3900	C25	F	400x500				2Φ25	2Φ25	2Φ20					Φ8@100	Φ8@100		Φ8@100			
	Ho		C25	F	400x500				2Φ25	2Φ25	2Φ20					Φ8@100	Φ8@100		Φ8@100			
	Hj								2Φ25	2Φ25	2Φ20											
KZ-10	4	3600	C25	E	400x500				2Φ16	2Φ16	1Φ16					Φ8@150	Φ8@100	600	Φ8@100			
	3	3600	C25	E	400x500				2Φ18	2Φ16	1Φ16					Φ8@150	Φ8@100	600	Φ8@100			
	2	3600	C25	E	400x500				2Φ25	2Φ20	1Φ20					Φ10@200	Φ10@100	600	Φ10@100			
	1	3900	C25	F	400x500				2Φ25	2Φ25	2Φ25					Φ10@100	Φ10@100		Φ10@100			
	Ho		C25	F	400x500				2Φ25	2Φ25	2Φ25					Φ10@100	Φ10@100		Φ10@100			
	Hj								2Φ25	2Φ25	2Φ25											
KZ-9	3-4	3600	C25	E	400x500				2Φ16	2Φ16	1Φ16					Φ8@150	Φ8@100	600	Φ8@100			
	2	3600	C25	E	400x500				2Φ22	2Φ18	1Φ18					Φ8@150	Φ8@100	600	Φ8@100			
	1	3900	C25	F	400x500				2Φ25	2Φ25	2Φ25					Φ10@100	Φ10@100		Φ10@100			
	Ho		C25	F	400x500				2Φ25	2Φ25	2Φ25					Φ10@100	Φ10@100		Φ10@100			
	Hj								2Φ25	2Φ25	2Φ25											
KZ-8	3-4	3600	C25	E	400x500				2Φ16	2Φ16	1Φ16					Φ8@150	Φ8@100	600	Φ8@100			
	2	3600	C25	E	400x500				2Φ20	2Φ16	1Φ20					Φ8@150	Φ8@100	600	Φ8@100			
	1	3900	C25	F	400x500				2Φ25	2Φ25	2Φ22					Φ8@100	Φ8@100		Φ8@100			
	Ho		C25	F	400x500				2Φ25	2Φ25	2Φ22					Φ8@100	Φ8@100		Φ8@100			
	Hj								2Φ25	2Φ25	2Φ22											
KZ-7	3-4	3600	C25	I	400x400				2Φ16	1Φ16	1Φ16					Φ8@150	Φ8@100	600	Φ8@100	1	1	
	2	3600	C25	I	400x400				2Φ22	1Φ22	1Φ22					Φ8@200	Φ8@100	600	Φ8@100	1	1	
	1	3900	C25	I	400x400				2Φ25	1Φ22	1Φ25					Φ10@100	Φ10@100		Φ10@100	1	1	
	Ho		C25	I	400x400				2Φ25	1Φ22	1Φ25					Φ10@100	Φ10@100		Φ10@100	1	1	
	Hj								2Φ25	1Φ22	1Φ25											
KZ-6	4	3600	C25	I	400x400				2Φ16	1Φ16	1Φ16					Φ8@150	Φ8@100	600	Φ8@100	1	1	
	3	3600	C25	I	400x400				2Φ18	1Φ16	1Φ18					Φ8@150	Φ8@100	600	Φ8@100	1	1	
	2	3600	C25	I	400x400				2Φ20	1Φ20	1Φ20					Φ8@200	Φ8@100	600	Φ8@100	1	1	
	1	3900	C25	I	400x400				2Φ25	1Φ25	1Φ25					Φ10@100	Φ10@100		Φ10@100	1	1	
	Ho		C25	I	400x400				2Φ25	1Φ25	1Φ25					Φ10@100	Φ10@100		Φ10@100	1	1	
	Hj								2Φ25	1Φ25	1Φ25											
KZ-5	3	3600	C25	E	400x500				2Φ16	2Φ16	1Φ16					Φ8@150	Φ8@100	600	Φ8@100			
	2	3600	C25	E	400x500				2Φ18	2Φ18	1Φ18					Φ8@150	Φ8@100	600	Φ8@100			
	1	3900	C25	F	400x500				2Φ25	2Φ25	2Φ20					Φ8@100	Φ8@100		Φ8@100			
	Ho		C25	F	400x500				2Φ25	2Φ25	2Φ20					Φ8@100	Φ8@100		Φ8@100			
	Hj								2Φ25	2Φ25	2Φ20											
KZ-4	3	3600	C25	E	400x500				2Φ18	2Φ16	1Φ16					Φ8@150	Φ8@100	600	Φ8@100			
	2	3600	C25	E	400x500				2Φ22	2Φ18	1Φ18					Φ8@150	Φ8@100	600	Φ8@100			
	1	3900	C25	F	400x500				2Φ25	2Φ25	2Φ20					Φ8@100	Φ8@100		Φ8@100			
	Ho		C25	F	400x500				2Φ25	2Φ25	2Φ20					Φ8@100	Φ8@100		Φ8@100			
	Hj								2Φ25	2Φ25	2Φ20											
KZ-3	3	3600	C25	E	400x500				2Φ18	2Φ16	1Φ18					Φ8@150	Φ8@100	600	Φ8@100			
	2	3600	C25	E	400x500				2Φ22	2Φ18	1Φ20					Φ8@150	Φ8@100	600	Φ8@100			
	1	3900	C25	F	400x500				2Φ25	2Φ25	2Φ20					Φ8@100	Φ8@100		Φ8@100			
	Ho		C25	F	400x500				2Φ25	2Φ25	2Φ20					Φ8@100	Φ8@100		Φ8@100			
	Hj								2Φ25	2Φ25	2Φ20											
KZ-2	3	3600	C25	E	400x500				2Φ16	2Φ16	1Φ16					Φ8@150	Φ8@100	600	Φ8@100			
	2	3600	C25	E	400x500				2Φ20	2Φ16	1Φ20					Φ8@150	Φ8@100	600	Φ8@100			
	1	3900	C25	F	400x500				2Φ25	2Φ25	2Φ22					Φ8@100	Φ8@100		Φ8@100			
	Ho		C25	F	400x500				2Φ25	2Φ25	2Φ22					Φ8@100	Φ8@100		Φ8@100			
	Hj								2Φ25	2Φ25	2Φ20											
KZ-1	2-3	3600	C25	E	400x500				2Φ18	2Φ16	1Φ16					Φ8@150	Φ8@100	600	Φ8@100			
	1	3900	C25	F	400x500				2Φ25	2Φ25	2Φ20					Φ8@100	Φ8@100		Φ8@100			
	Ho		C25	F	400x500				2Φ25	2Φ25	2Φ20					Φ8@100	Φ8@100		Φ8@100			
	Hj								2Φ25	2Φ25	2Φ20											

工程名称	粤东地区农村地震安居房	类别	结施
图名	柱表（1）	图号	19

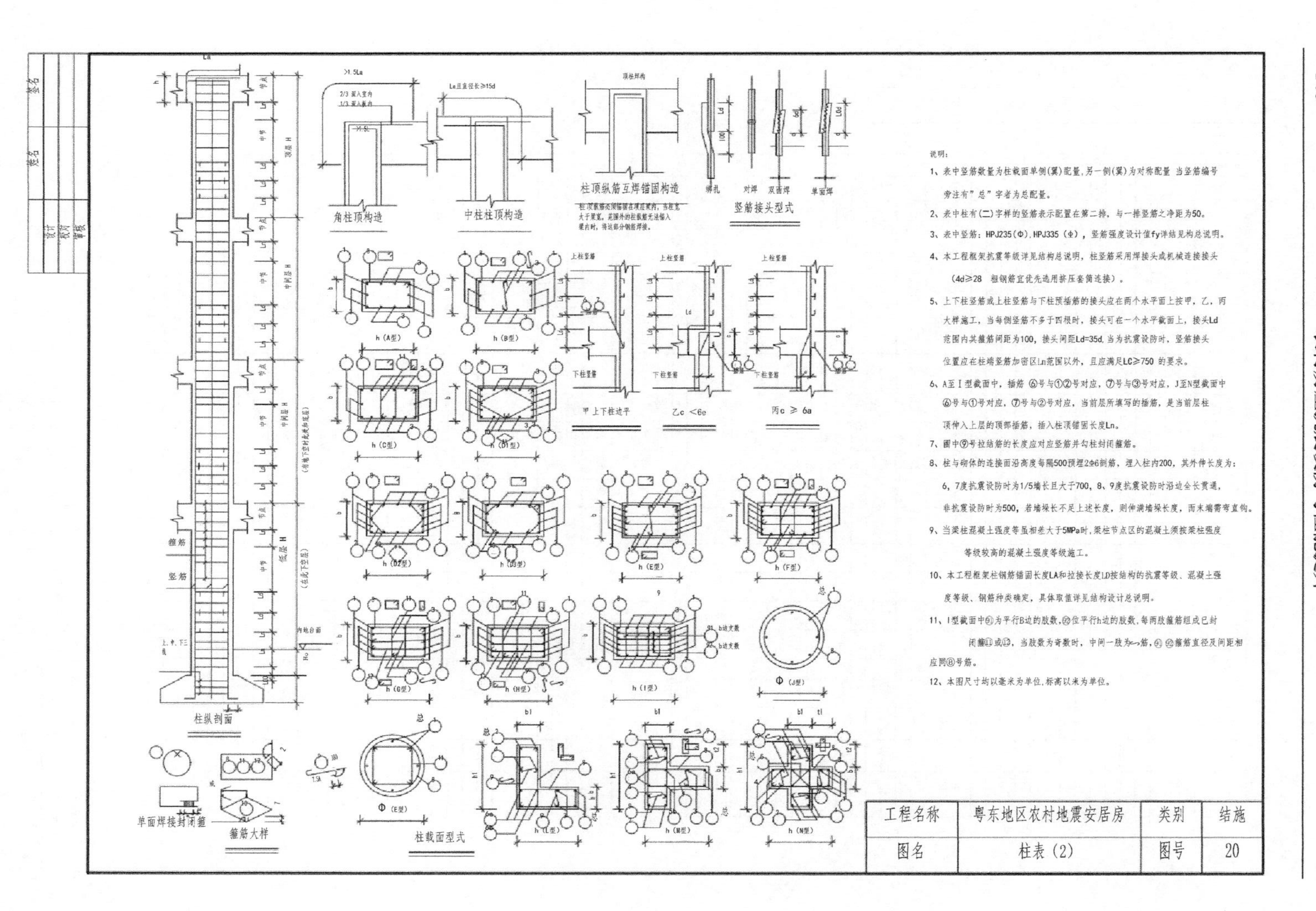
角柱顶构造
中柱柱顶构造
柱顶纵筋互焊锚固构造
竖筋接头型式
绑扎
对焊
双面焊
单面焊
上柱竖筋
下柱竖筋
甲 上下柱边平
乙c <6e
丙c ≥ 6a
h (A型)
h (B型)
h (C型)
h (D1型)
h (D2型)
h (D3型)
h (E型)
h (F型)
h (G型)
h (H型)
h (I型)
Φ (J型)
Φ (E型)
h (L型)
h (M型)
h (N型)
柱纵剖面
箍筋
竖筋
单面焊接封闭箍
箍筋大样
柱截面型式
说明：
1、表中竖筋数量为柱截面单侧(翼)配量,另一侧(翼)为对称配量 当竖筋编号旁注有"总"字者为总配量。
2、表中柱有(二)字样的竖筋表示配置在第二排，与一排竖筋之净距为50。
3、表中竖筋：HPJ235(Φ),HPJ335 (Φ)，竖筋强度设计值fy详结见构总说明。
4、本工程框架抗震等级详见结构总说明，柱竖筋采用焊接头或机械连接接头（4d≥28 粗钢筋宜优先选用挤压套筒连接）。
5、上下柱竖筋或上柱竖筋与下柱预插筋的接头应在两个水平面上按甲，乙，丙大样施工，当每侧竖筋不多于四根时，接头可在一个水平截面上，接头Ld范围内其箍筋间距为100，接头间距Ld=35d,当为抗震设防时，竖筋接头位置应在柱端竖筋加密区Ln范围以外，且应满足LC≥750 的要求。
6、A至Ⅰ型截面中，插筋 ⑥号与①②号对应，⑦号与③号对应，J至N型截面中⑥号与①号对应，⑦号与②号对应，当前层所填写的插筋，是当前层柱顶伸入上层的顶部插筋，插入柱顶锚固长度Ln。
7、图中⑨号拉结筋的长度应对应竖筋并勾柱封闭箍筋。
8、柱与砌体的连接面沿高度每隔500预埋2Φ6钢筋，埋入柱内200，其外伸长度为：6，7度抗震设防时为1/5墙长且大于700，8、9度抗震设防时沿边全长贯通，非抗震设防时为500，若墙垛长不足上述长度，则伸满墙垛长度，而末端需弯直钩。
9、当梁柱混凝土强度等虽相差大于5MPa时,梁柱节点区的混凝土须按梁柱强度等级较高的混凝土强度等级施工。
10、本工程框架柱钢筋锚固长度LA和拉接长度LD按结构的抗震等级、混凝土强度等级、钢筋种类确定，具体取值详见结构设计总说明。
11、I型截面中㉑为平行B边的肢数,㉒位平行h边的肢数,每两肢箍筋组成已封闭箍⑪或⑫，当肢数为奇数时，中间一肢为筋,㉑ ㉒箍筋直径及间距相应同⑧号筋。
12、本图尺寸均以毫米为单位,标高以米为单位。
工程名称
粤东地区农村地震安居房
类别
结施
图名
柱表（2）
图号
20

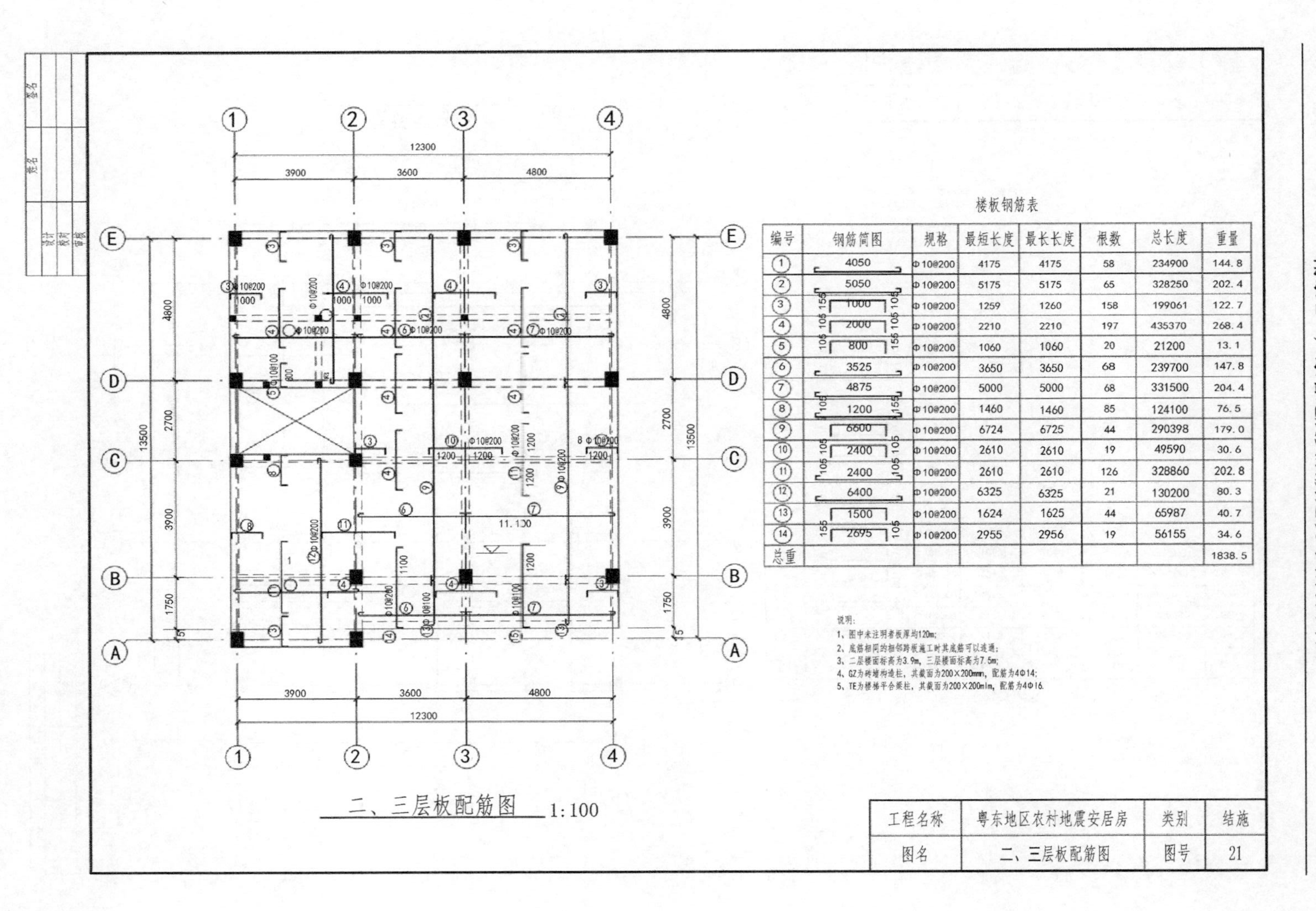

楼板钢筋表

编号	钢筋简图	规格	最短长度	最长长度	根数	总长度	重量
①	4050	Φ10@200	4175	4175	58	234900	144.8
②	5050	Φ10@200	5175	5175	65	328250	202.4
③	1000	Φ10@200	1259	1260	158	199061	122.7
④	2000	Φ10@200	2210	2210	197	435370	268.4
⑤	800	Φ10@200	1060	1060	20	21200	13.1
⑥	3525	Φ10@200	3650	3650	68	239700	147.8
⑦	4875	Φ10@200	5000	5000	68	331500	204.4
⑧	1200	Φ10@200	1460	1460	85	124100	76.5
⑨	6600	Φ10@200	6724	6725	44	290398	179.0
⑩	2400	Φ10@200	2610	2610	19	49590	30.6
⑪	2400	Φ10@200	2610	2610	126	328860	202.8
⑫	6400	Φ10@200	6325	6325	21	130200	80.3
⑬	1500	Φ10@200	1624	1625	44	65987	40.7
⑭	2695	Φ10@200	2955	2956	19	56155	34.6
总重							1838.5

说明：

1、图中未注明者板厚均120m；
2、底筋相同的相邻跨板施工时其底筋可以连通；
3、二层楼面标高为3.9m，三层楼面标高为7.5m；
4、GZ为砖墙构造柱，其截面为200×200mm，配筋为4Φ14；
5、TE为楼梯平台梁柱，其截面为200×200mlm，配筋为4Φ16.

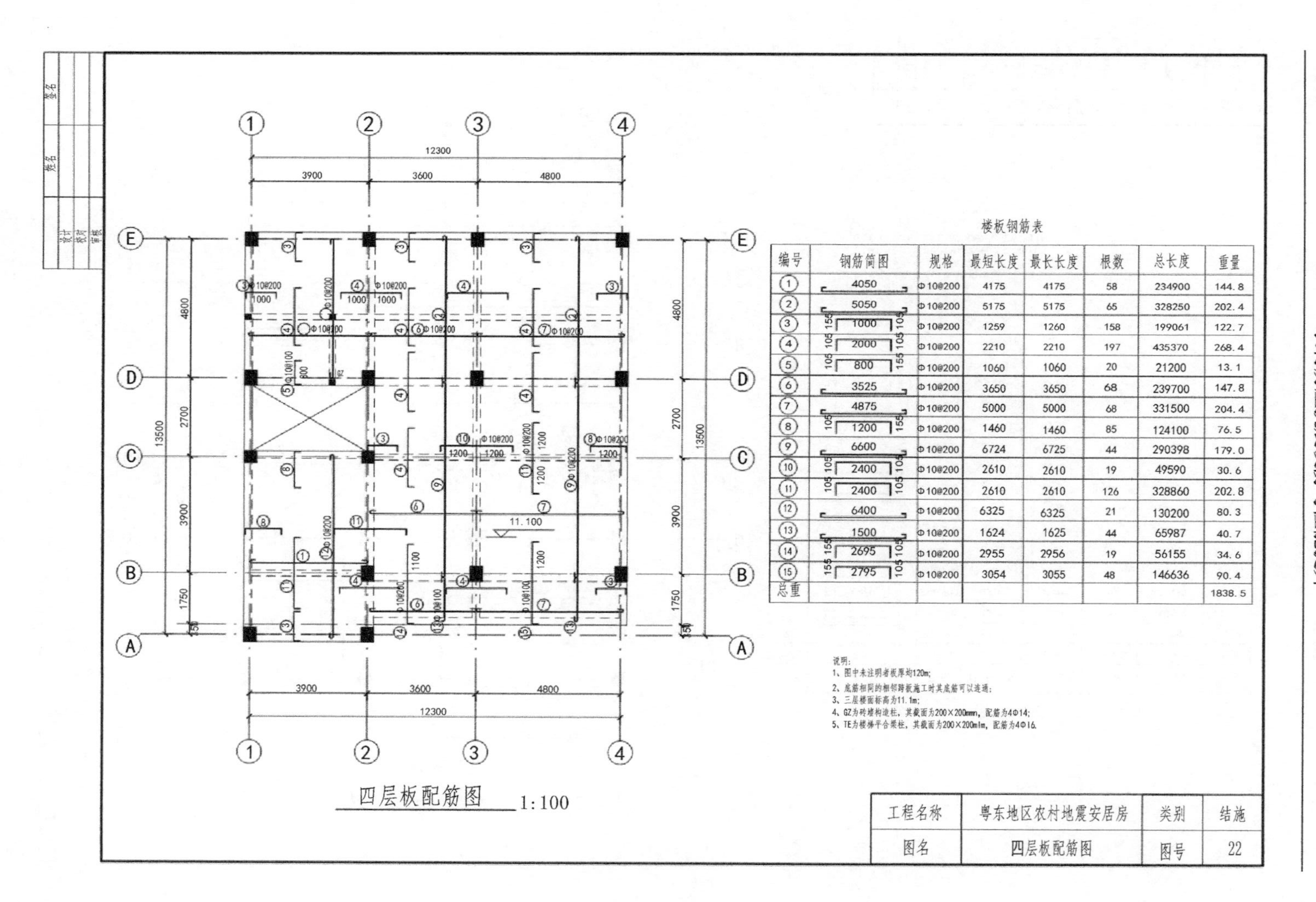

楼板钢筋表

编号	钢筋简图	规格	最短长度	最长长度	根数	总长度	重量
①	4050	Φ10@200	4175	4175	58	234900	144.8
②	5050	Φ10@200	5175	5175	65	328250	202.4
③	155 1000 105	Φ10@200	1259	1260	158	199061	122.7
④	105 2000 105	Φ10@200	2210	2210	197	435370	268.4
⑤	105 800 155	Φ10@200	1060	1060	20	21200	13.1
⑥	3525	Φ10@200	3650	3650	68	239700	147.8
⑦	4875	Φ10@200	5000	5000	68	331500	204.4
⑧	105 1200 155	Φ10@200	1460	1460	85	124100	76.5
⑨	6600	Φ10@200	6724	6725	44	290398	179.0
⑩	105 2400 105	Φ10@200	2610	2610	19	49590	30.6
⑪	105 2400 105	Φ10@200	2610	2610	126	328860	202.8
⑫	6400	Φ10@200	6325	6325	21	130200	80.3
⑬	1500	Φ10@200	1624	1625	44	65987	40.7
⑭	155 2695 105	Φ10@200	2955	2956	19	56155	34.6
⑮	155 2795 105	Φ10@200	3054	3055	48	146636	90.4
总重							1838.5

说明：
1、图中未注明者板厚均120m;
2、底筋相同的相邻跨板施工时其底筋可以连通;
3、三层楼面标高为11.1m;
4、GZ为砖墙构造柱，其截面为200×200mmn，配筋为4Φ14;
5、TE为楼梯平台梁柱，其截面为200×200mlm，配筋为4Φ16.

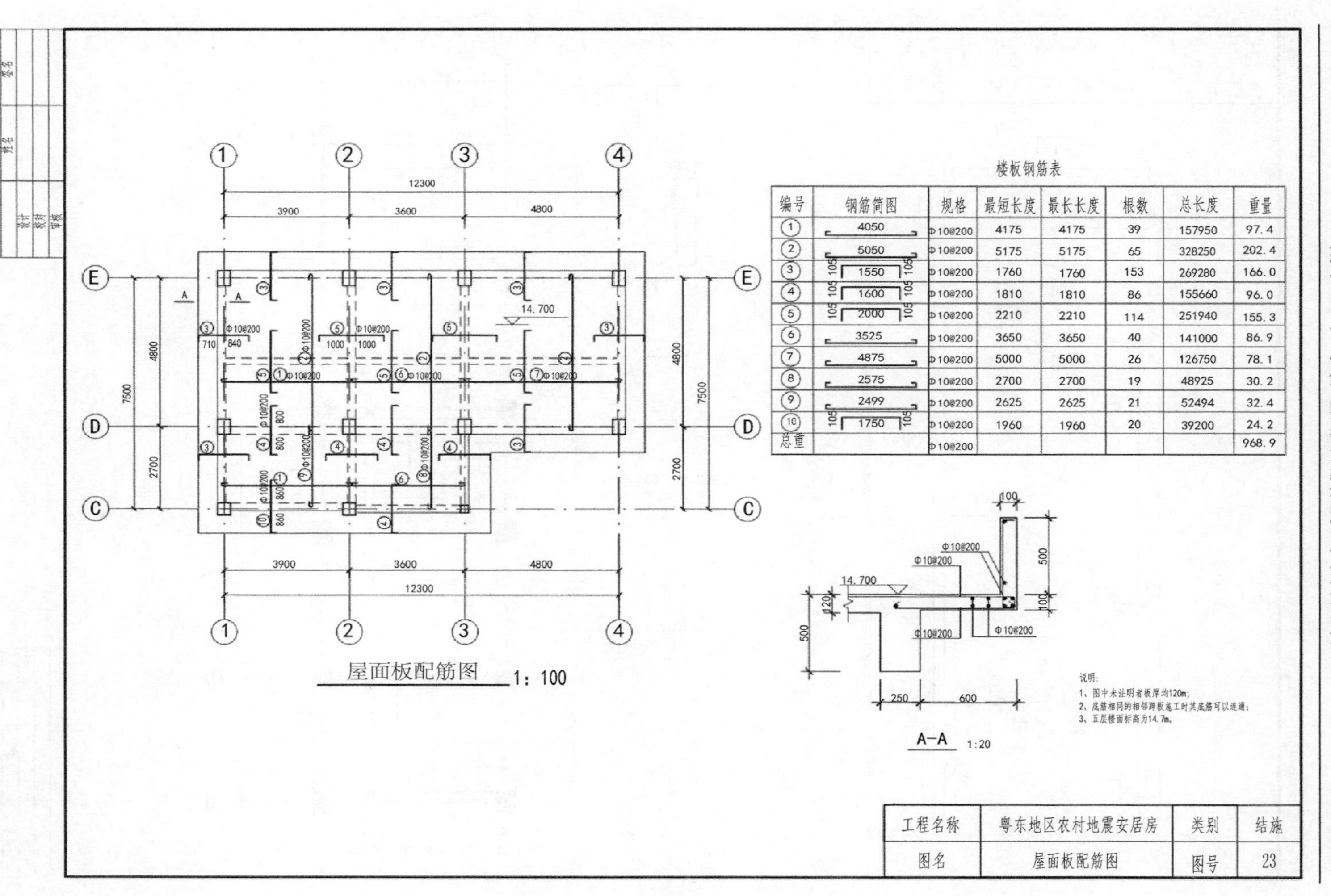

楼板钢筋表

编号	钢筋简图	规格	最短长度	最长长度	根数	总长度	重量
1	4050	Φ10@200	4175	4175	39	157950	97.4
2	5050	Φ10@200	5175	5175	65	328250	202.4
3	105 1550 105	Φ10@200	1760	1760	153	269280	166.0
4	105 1600 105	Φ10@200	1810	1810	86	155660	96.0
5	105 2000 105	Φ10@200	2210	2210	114	251940	155.3
6	3525	Φ10@200	3650	3650	40	141000	86.9
7	4875	Φ10@200	5000	5000	26	126750	78.1
8	2575	Φ10@200	2700	2700	19	48925	30.2
9	2499	Φ10@200	2625	2625	21	52494	32.4
10	105 1750 105	Φ10@200	1960	1960	20	39200	24.2
总重		Φ10@200					968.9

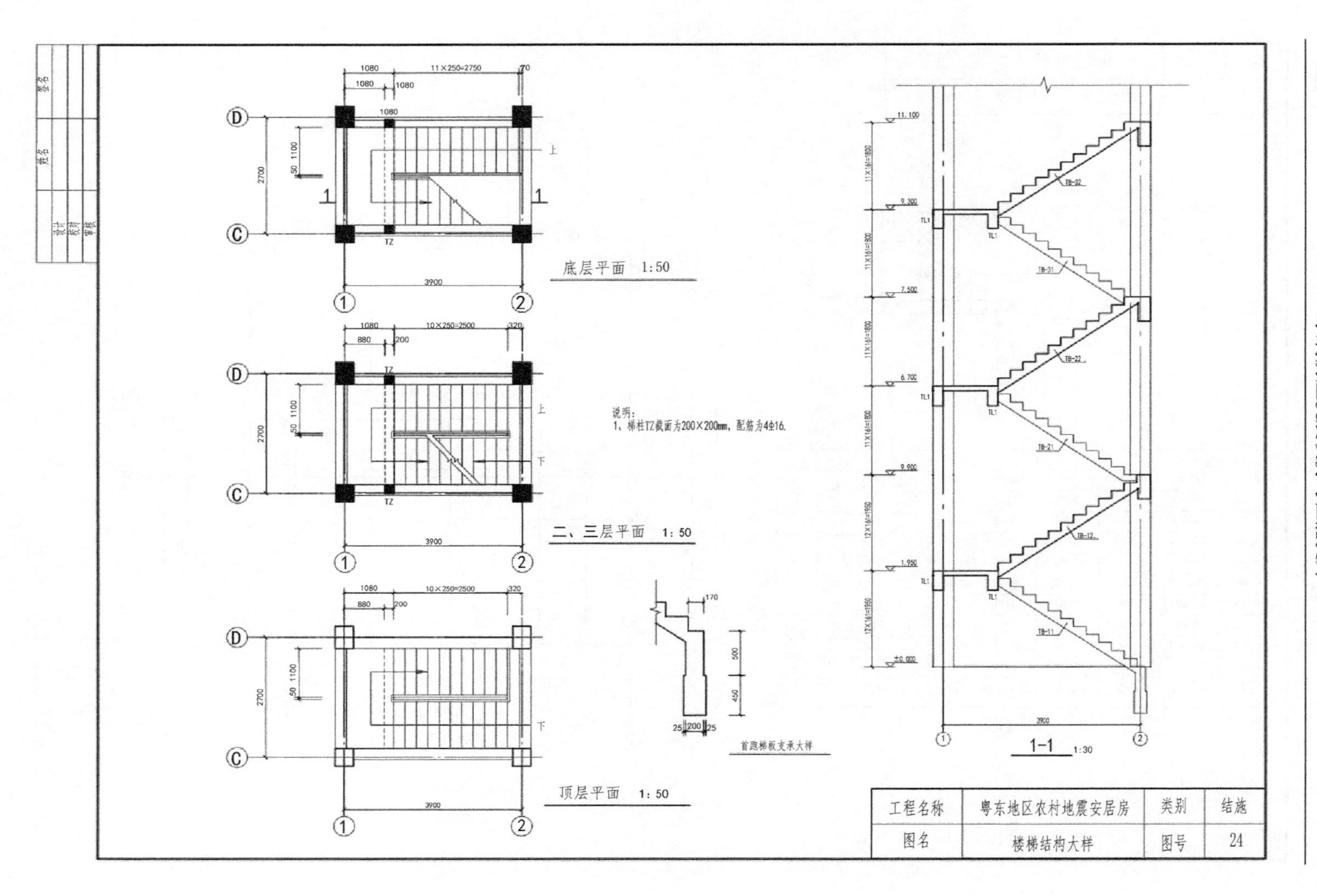
底层平面 1:50
二、三层平面 1:50
顶层平面 1:50
说明：
1、梯柱TZ截面为200×200mm，配筋为4Φ16.
首跑梯板支承大样
1-1 1:30
工程名称
粤东地区农村地震安居房
类别
结施
图名
楼梯结构大样
图号
24

B2 粤西地区地震安居房建筑与结构设计图

建筑设计总说明

1. 工程概况

1.1 本工程为广东省阳江、湛江、茂名等粤西地区农村地震安居房设计，房屋为四层砖混结构，建筑总面积为360.46m²，建筑总高度为13.550m。

1.2 工程设计合理使用年限为50年。

1.3 耐火等级为二级，屋面防水等级为三级，抗震设防烈度为七度。

1.4 本工程标高以米为单位，其余尺寸均以毫米为单位。

2. 设计依据

2.1《民用建筑设计通则》 GB 50352-2005

2.2《住宅设计规范》 GB50096(2003年版)

2.3《房屋建筑制图统一标准》 GB/T 50001-2001

2.4《建筑设计防火规范》 GBJ16-87(2001年版)

3. 装修做法及用料说明（用户自行选择）

门窗表

类型	设计编号	洞口尺寸(mm)	数量					备注
			1	2	3	4	合计	
门	M-1	900×2100	3	6	6	4	19	
组合门	M-2	3000×2100	1				1	
窗	C-1	900×800	1	1	1	1	4	
	C-2	1200×1800	2	2	2	1	7	
	C-3	1500×1800	4	5	5	1	15	
	C-4	1800×1800	1	1	1		3	
	C-5	900×600	1	1	1	1	4	
	C-6	3000×600	1				1	
墙洞		1290×2700	2				2	

工程名称	粤西地区农村地震安居房	类别	建施
图名	建筑设计总说明	图号	01

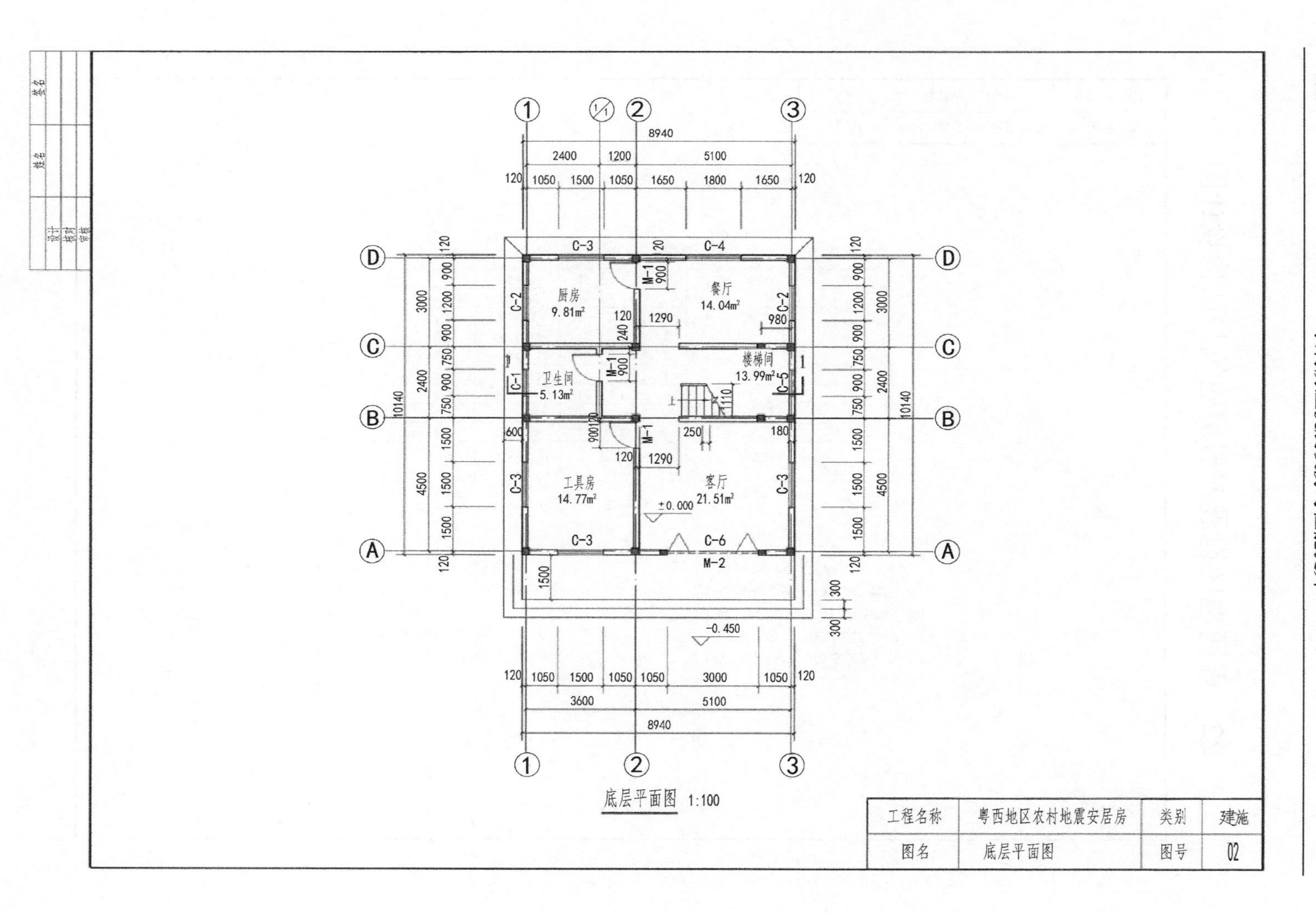

厨房
9.81m²
餐厅
14.04m²
卫生间
5.13m²
楼梯间
13.99m²
工具房
14.77m²
客厅
21.51m²
±0.000
-0.450
M-1
M-2
C-1
C-2
C-3
C-4
C-5
C-6
8940
10140
底层平面图 1:100
工程名称
粤西地区农村地震安居房
类别
建施
图名
底层平面图
图号
02

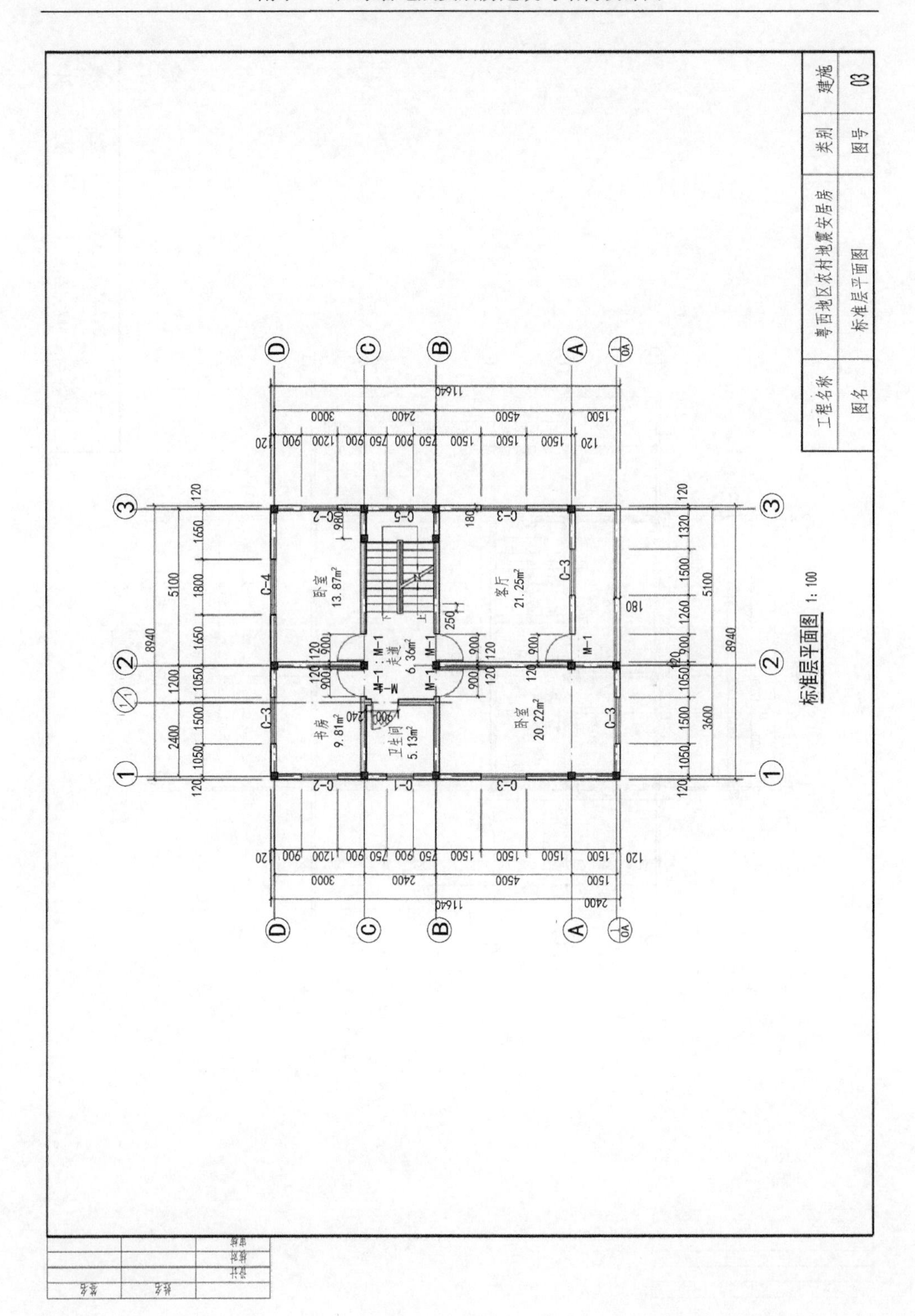

工程名称
粤西地区农村地震安居房
类别
建施
图名
标准层平面图
图号
03
卧室
13.87m²
客厅
21.25m²
走道
6.36m²
书房
9.81m²
卫生间
5.13m²
卧室
20.22m²
标准层平面图 1:100

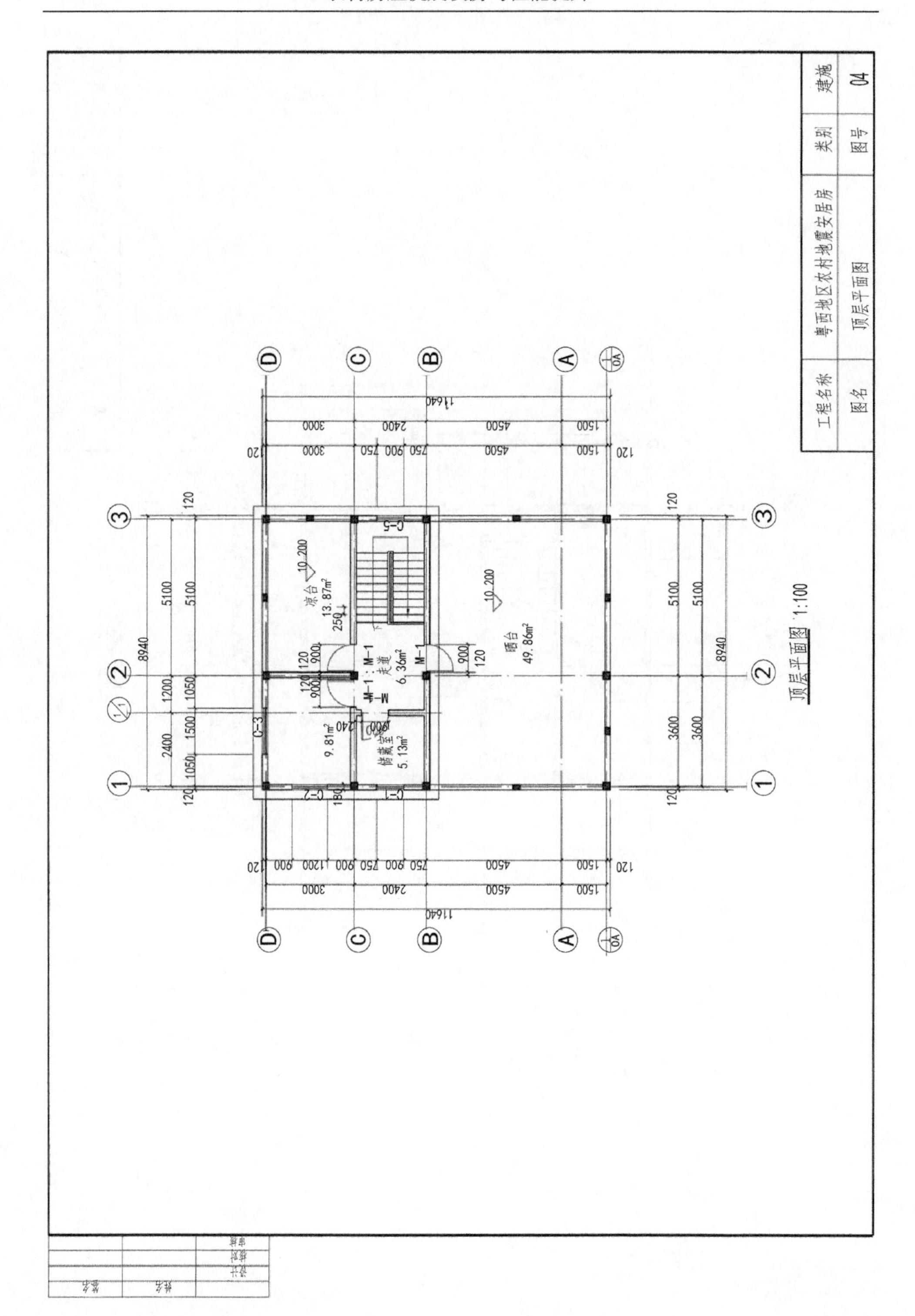
工程名称
粤西地区农村地震安居房
类别
建施
图名
顶层平面图
图号
04
凉台
13.87m²
晒台
49.86m²
走道
6.36m²
储藏室
5.13m²
9.81m²
顶层平面图 1:100

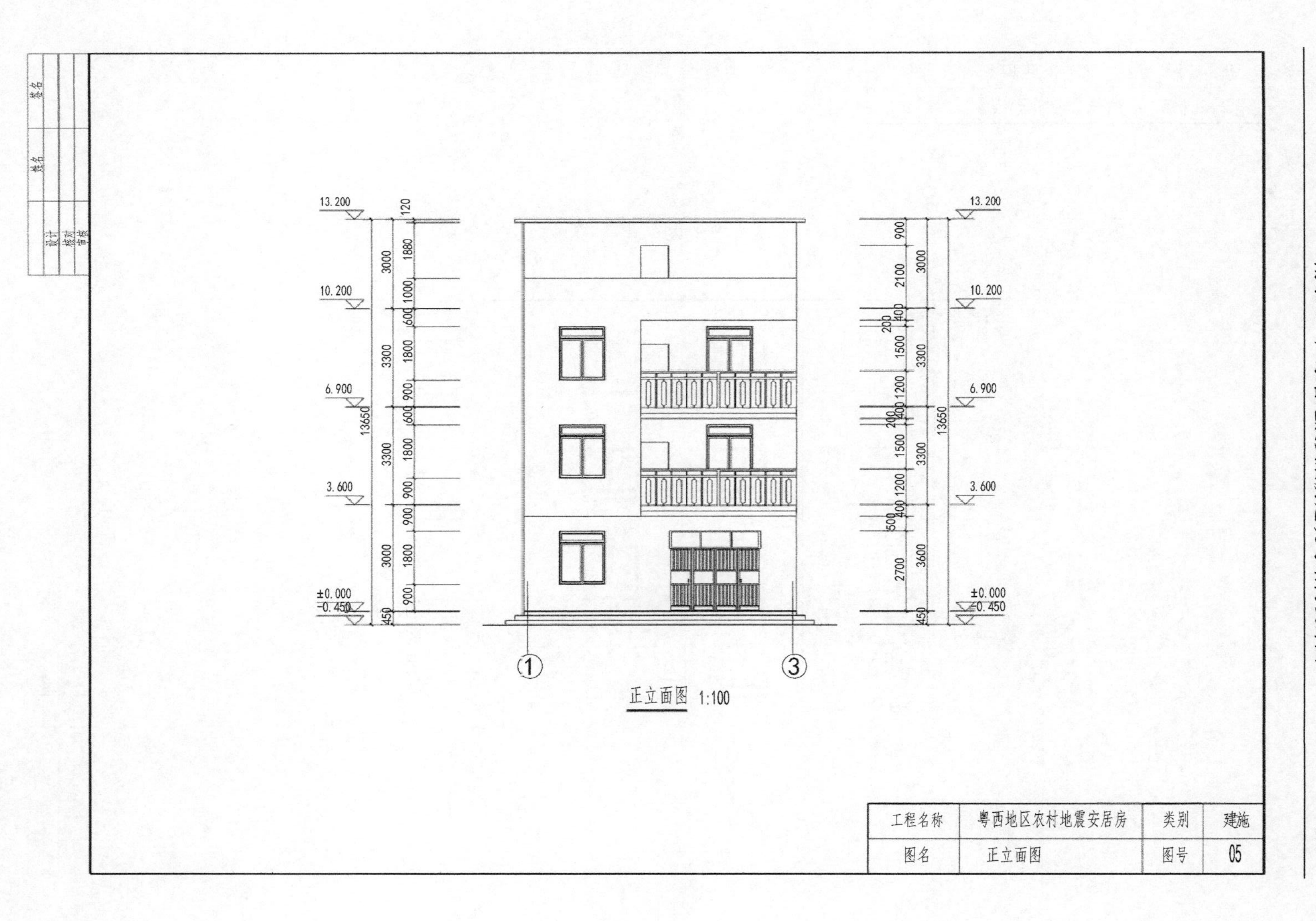
13.200
10.200
6.900
3.600
±0.000
-0.450
13650
正立面图 1:100
工程名称
粤西地区农村地震安居房
类别
建施
图名
正立面图
图号
05

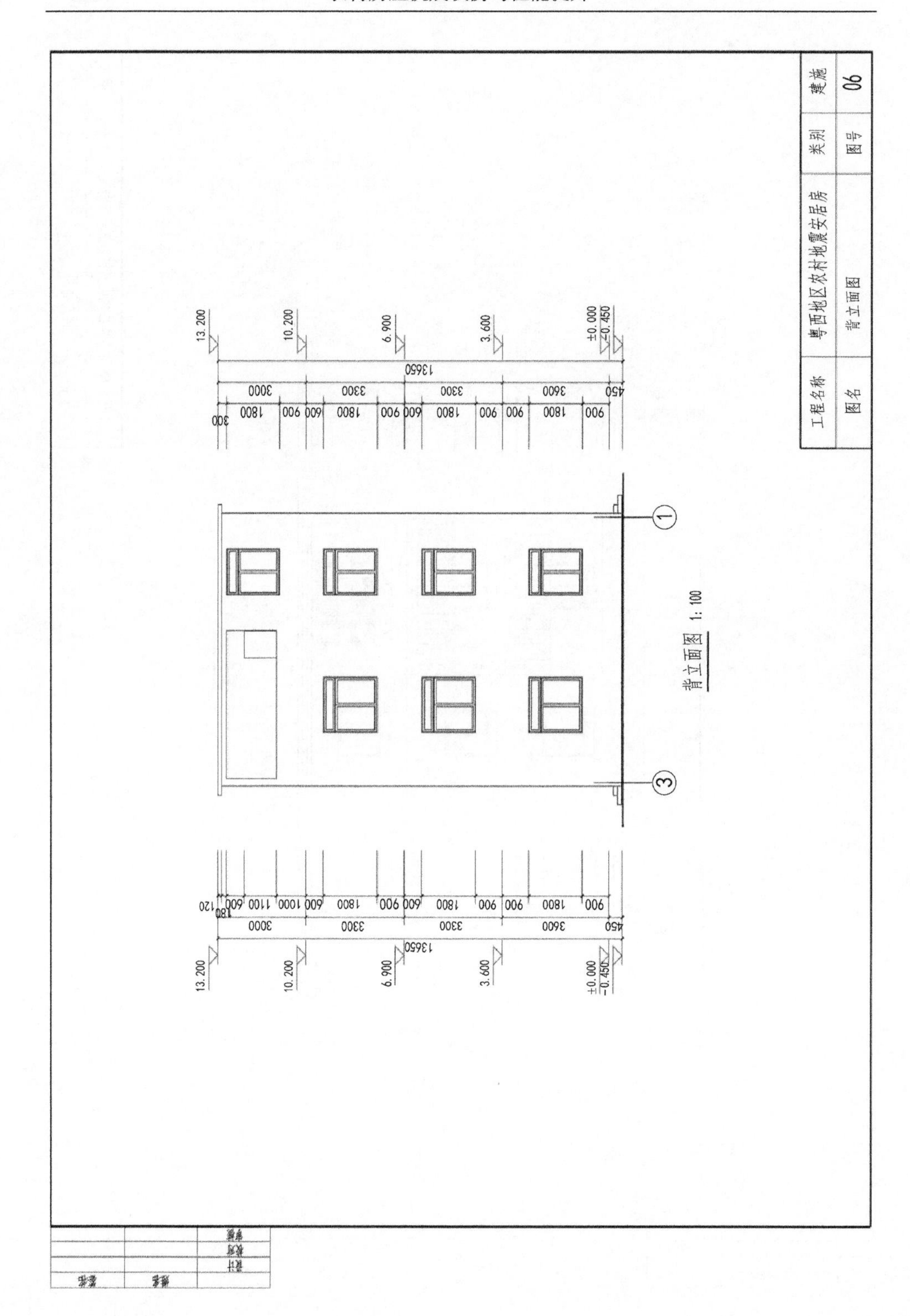
工程名称
粤西地区农村地震安居房
类别
建施
图名
背立面图
图号
06
背立面图 1:100
13.200
10.200
6.900
3.600
±0.000
-0.450
13650
3000
3300
3300
3600
450
设计
校对
审核

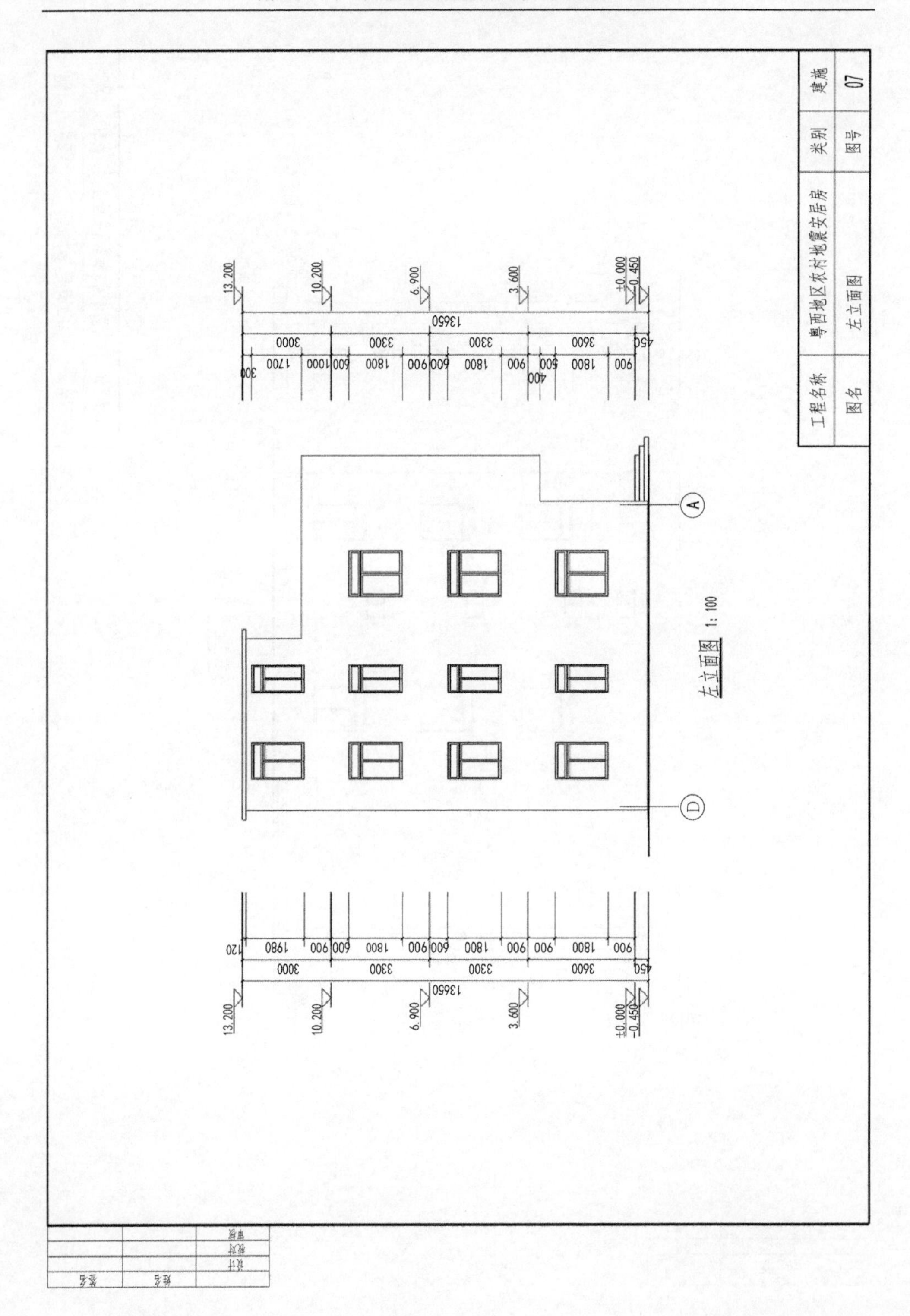
工程名称
粤西地区农村地震安居房
类别
建施
图名
左立面图
图号
07
左立面图 1:100
13.200
10.200
6.900
3.600
±0.000
-0.450
13650
A
D

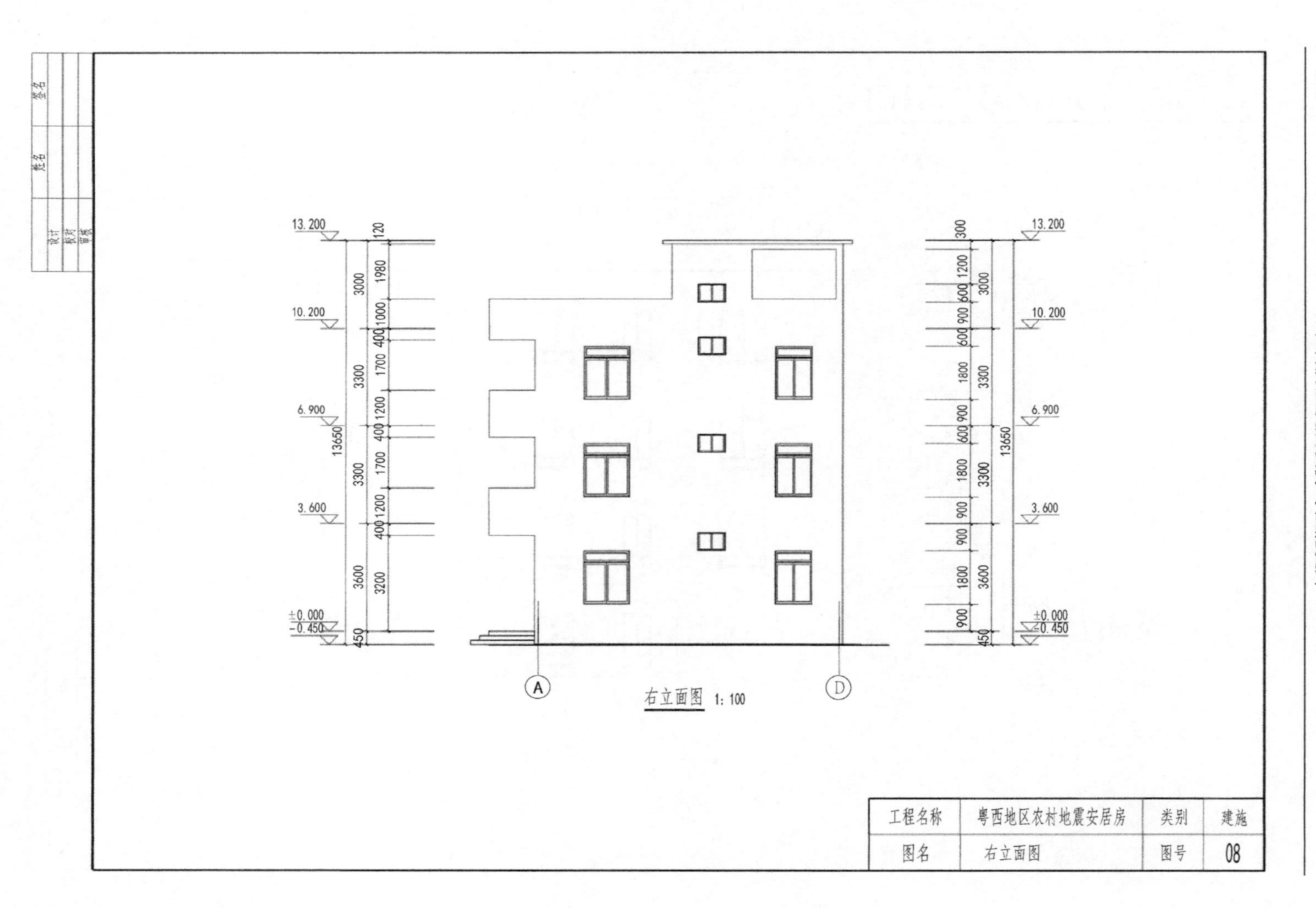

13.200
10.200
6.900
3.600
±0.000
-0.450
13650
3000
3300
3300
3600
450
A
D
右立面图 1:100
工程名称
粤西地区农村地震安居房
类别
建施
图名
右立面图
图号
08

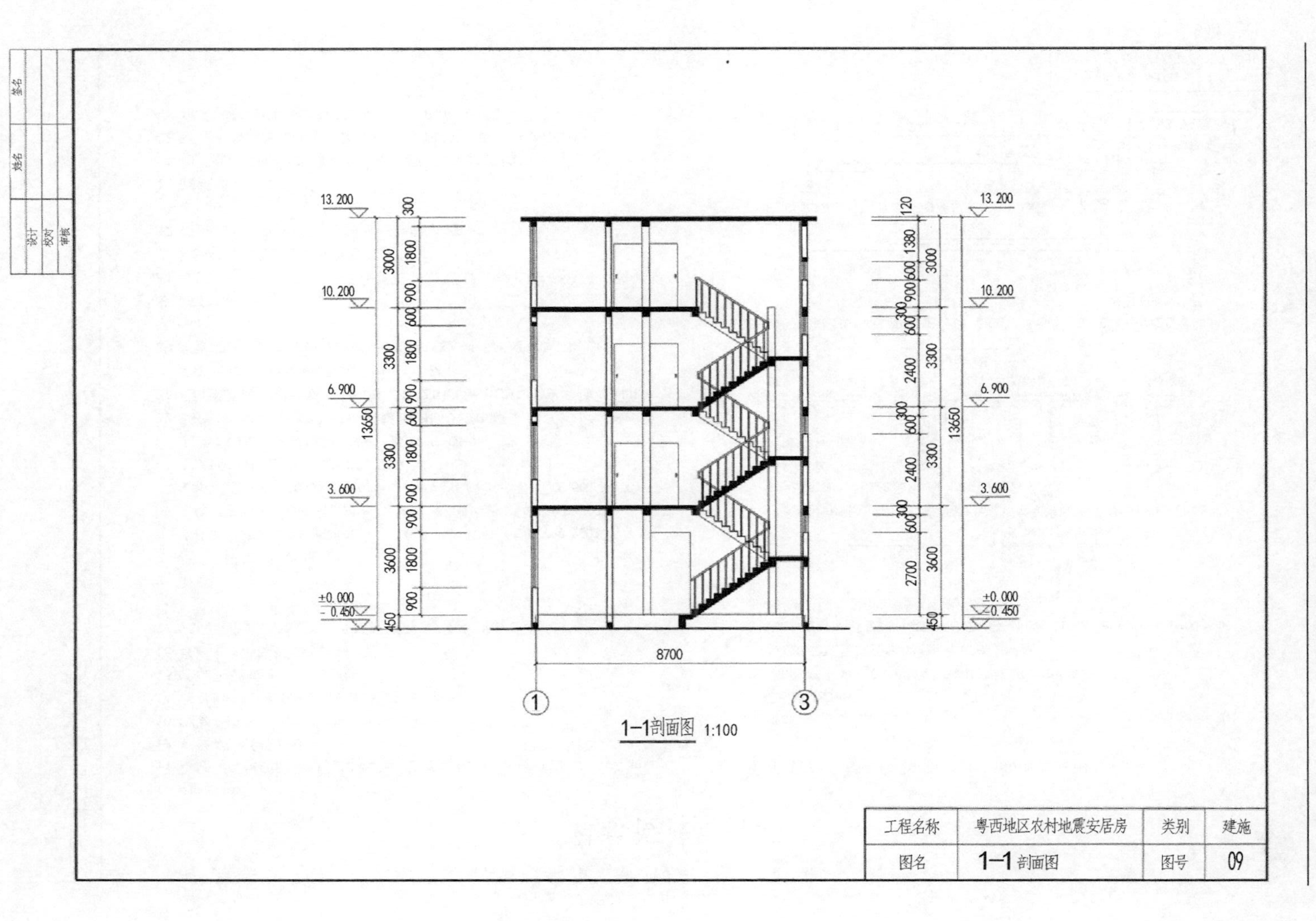

1—1剖面图 1:100

工程名称	粤西地区农村地震安居房	类别	建施
图名	1—1剖面图	图号	09

结构设计总说明

1. 总则及适用范围

1.1 本工程为 四 层 砖混结构，室内外高差 0.450 m，建筑物高度（室外地面至主要屋面板的板顶）为 13.650 m。

1.2 本工程结构设计使用年限为 50 年。

1.3 建筑结构安全等级为 二 级，建筑抗震设防类别为 丙 类，地基基础设计等级为 丙 级。

1.4 计量单位除注明者外均为：O、长度：mm；b、角度：度：c、标高：m。

1.5 结构施工图中除特别注明外，均以本总说明为准。

1.6 本总说明未详尽处，应遵照现行国家有关规范与规程规定施工。

1.7 本工程适用范围为广东省阳江、湛江、茂名等粤西地区抗震设防为 7 度（0.10g）的农村地区。

2. 设计依据

2.1 本工程结构设计所采用的规范、规程主要有：

《建筑结构荷载规范》　GB50009-2001　《混凝土结构设计规范》　GB50010-2002

《建筑抗震设计规范》　GB50011-2010　《建筑地基基础设计规范》　GB50007-2002

《砌体结构设计规范》　GB50003-2001　《建筑结构可靠度设计统一标准》　GB 50068-2001

《建筑工程抗震设防分类标准》　GB50223-2004

《设置钢筋混凝土构造柱多层砖房抗震技术规程》　JGJ/T 13-94

2.2 结构分析计算采用中国建筑科学研究院2008年新规范版（PKPMCAD系列工程软件）。

2.3 楼面、屋面活荷载标准值：(1)住宅、卫生间、厨房、楼梯为 2.0 kN/m²；(2)阳台、走廊、晒台为 2.5 kN/m²；(3)上人屋面为 2.0 kN/m²，不上人屋面为 0.5 kN/m²，

2.4 本工程 50 年一遇的基本风压为 0.70 kN/m²，地面粗糙度为 A 类，风荷载体型系数为 1.3。

3. 地基基础

3.1 本工程适用于夯实法处理后的碎石土、砂土、低饱和度的粉土育黏土、湿陷性黄土、素填土、杂填土等地基，换填垫层法处理后的淤泥、冲填土，淤泥质土等软土地基和天然地基。

3.2 本工程基础采用墙下钢筋混凝土条形基础，基础埋深为室内地坪下-1.750 m。

4. 钢筋混凝土结构

4.1 混凝土强度等级：基础垫层为C10，楼板，屋面板为C20，基础、梁、柱，楼梯等均为C25。

4.2 钢筋：ϕ 表示HPB235级钢筋（fy=210N/mm）；Φ表示HPB335级钢筋（fy=300N/mm）。

4.3 混凝土保护层厚度：板为15mm；梁和柱为30mm；基础为40mm。

4.4 钢筋锚固长度及搭接长度均按《混凝土结构设计规范》GB50010-2002规定采用。

5. 砖体结构

5.1 本工程墙厚为180mm。

5.2 砌体材料强度等级：（1）±0.000以下墙基采用MU10普通粘土砖，M10水泥砂浆砌筑；（2）±0.000以上墙体采用MU10普通粘土砖，M7.5混合砂浆砌筑。

5.3 后砌的非承重隔墙和填充墙应沿墙高每500mm配置2Φ6钢筋与承重墙或构造柱拉结，每边伸入墙内应不小于500mm，拉结筋锚入承重墙内≥500或锚入构造柱内≥200 如图1所示。

5.4 抗震设防烈度为7度时长度大于7.2m的大房间和8度时外墙转角及内外墙交接处，沿墙高每隔500在灰缝内配2Φ6钢筋拉结。每边伸入墙内1000，见图2（8度时顶层楼梯间拉结筋应通长设置）

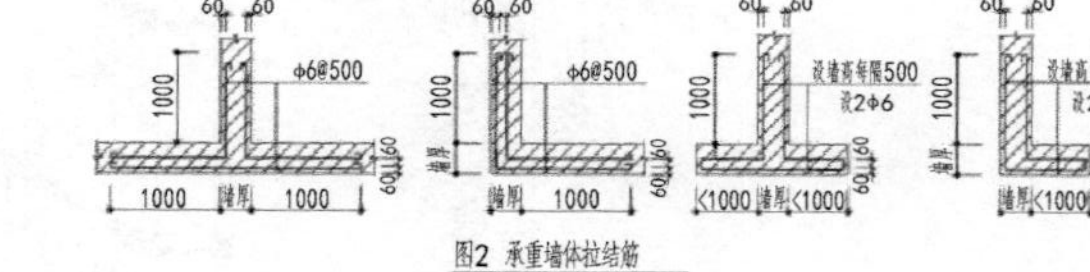

图1 非承重墙拉结筋

图2 承重墙体拉结筋

5.5 悬挑梁埋入砌体长度D2与挑出长度D1之比应大于1.5；当挑梁内侧上部无砌体时，D2与D1之比应大于2.5 见图3。

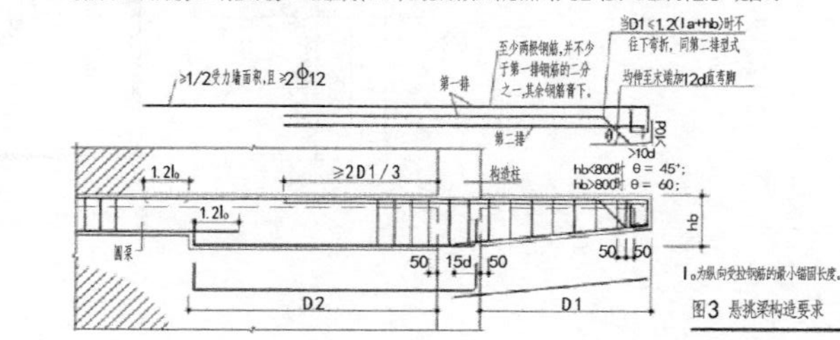

图3 悬挑梁构造要求

工程名称	粤西地区农村地震安居房	类别	结施
图纸名称	结构设计总说明（1）	图号	01

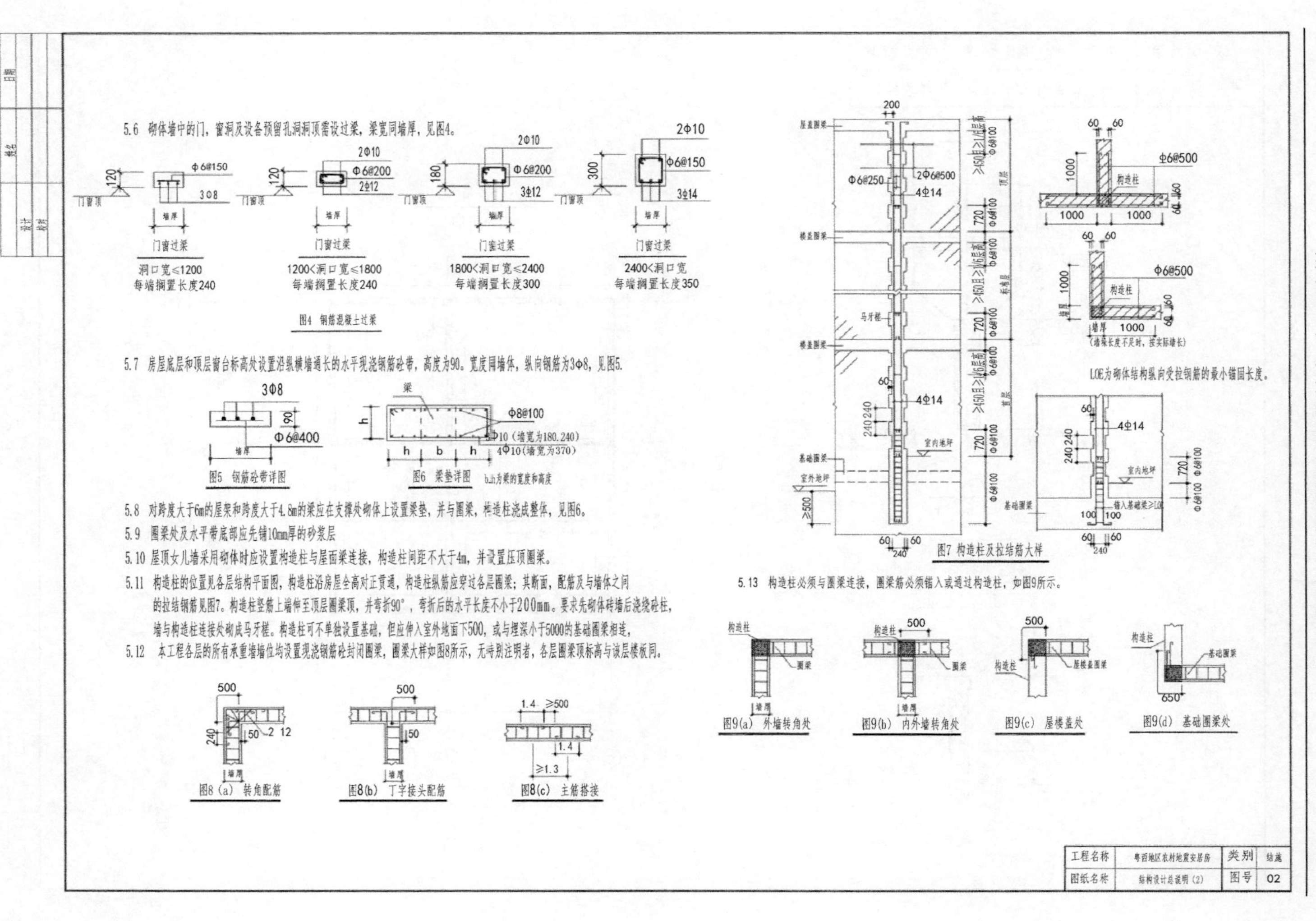
5.6 砌体墙中的门，窗洞及设备预留孔洞洞顶需设过梁，梁宽同墙厚，见图4。
Φ6@150
3Φ8
门窗过梁
洞口宽≤1200
每端搁置长度240
2Φ10
Φ6@200
2Φ12
门窗过梁
1200<洞口宽≤1800
每端搁置长度240
Φ6@200
3Φ12
门窗过梁
1800<洞口宽≤2400
每端搁置长度300
2Φ10
Φ6@150
3Φ14
门窗过梁
2400<洞口宽
每端搁置长度350
图4 钢筋混凝土过梁
5.7 房屋底层和顶层窗台标高处设置沿纵横墙通长的水平现浇钢筋砼带，高度为90。宽度同墙体，纵向钢筋为3Φ8，见图5.
3Φ8
Φ6@400
图5 钢筋砼带详图
Φ8@100
Φ10（墙宽为180.240）
4Φ10（墙宽为370）
图6 梁垫详图
b.h为梁的宽度和高度
5.8 对跨度大于6m的屋架和跨度大于4.8m的梁应在支撑处砌体上设置梁垫，并与圈梁，构造柱浇成整体，见图6。
5.9 圈梁处及水平带底部应先铺10mm厚的砂浆层
5.10 屋顶女儿墙采用砌体时应设置构造柱与屋面梁连接，构造柱间距不大于4m，并设置压顶圈梁。
5.11 构造柱的位置见各层结构平面图，构造柱沿房屋全高对正贯通，构造柱纵筋应穿过各层圈梁；其断面，配筋及与墙体之间的拉结钢筋见图7。构造柱竖筋上端伸至顶层圈梁顶，并弯折90°，弯折后的水平长度不小于200mm。要求先砌体砖墙后浇捣砼柱，墙与构造柱连接处砌成马牙槎。构造柱可不单独设置基础，但应伸入室外地面下500，或与埋深小于5000的基础圈梁相连，
5.12 本工程各层的所有承重墙墙位均设置现浇钢筋砼封闭圈梁，圈梁大样如图8所示，无特别注明者，各层圈梁顶标高与该层楼板同。
图8(a) 转角配筋
图8(b) 丁字接头配筋
图8(c) 主筋搭接
2Φ6@500
Φ6@250
4Φ14
马牙槎
室内地坪
室外地坪
Φ6@500
构造柱
(墙垛长度不足时，按实际墙长)
LOE为砌体结构纵向受拉钢筋的最小锚固长度。
图7 构造柱及拉结筋大样
5.13 构造柱必须与圈梁连接，圈梁筋必须锚入或通过构造柱，如图9所示。
图9(a) 外墙转角处
图9(b) 内外墙转角处
图9(c) 屋楼盖处
图9(d) 基础圈梁处
工程名称 粤西地区农村地震安居房
图纸名称 结构设计总说明（2）
类别 结施
图号 02

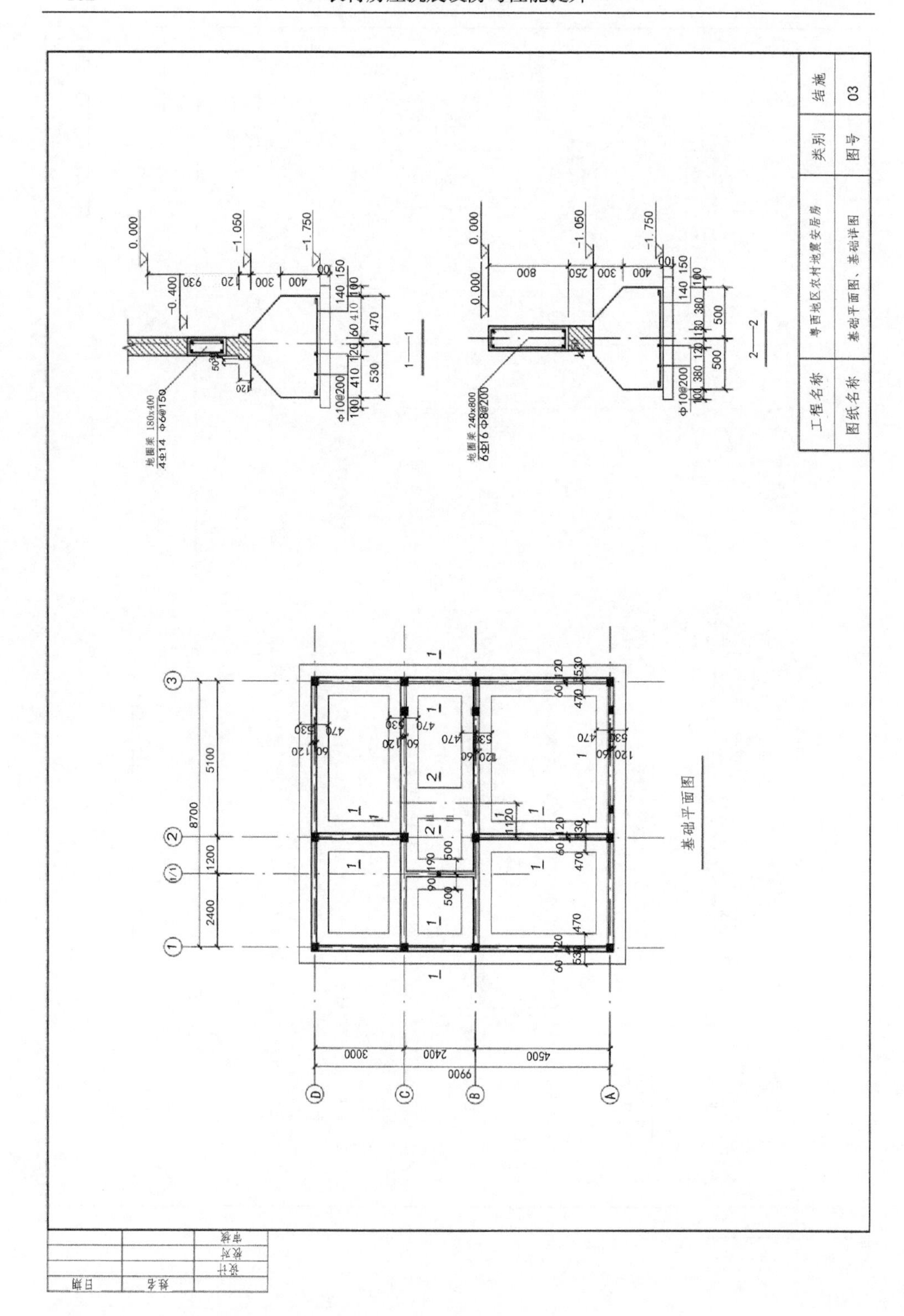

结施
03
类别
图号
粤西地区农村地震安居房
基础平面图、基础详图
工程名称
图纸名称
基础平面图
1—1
2—2

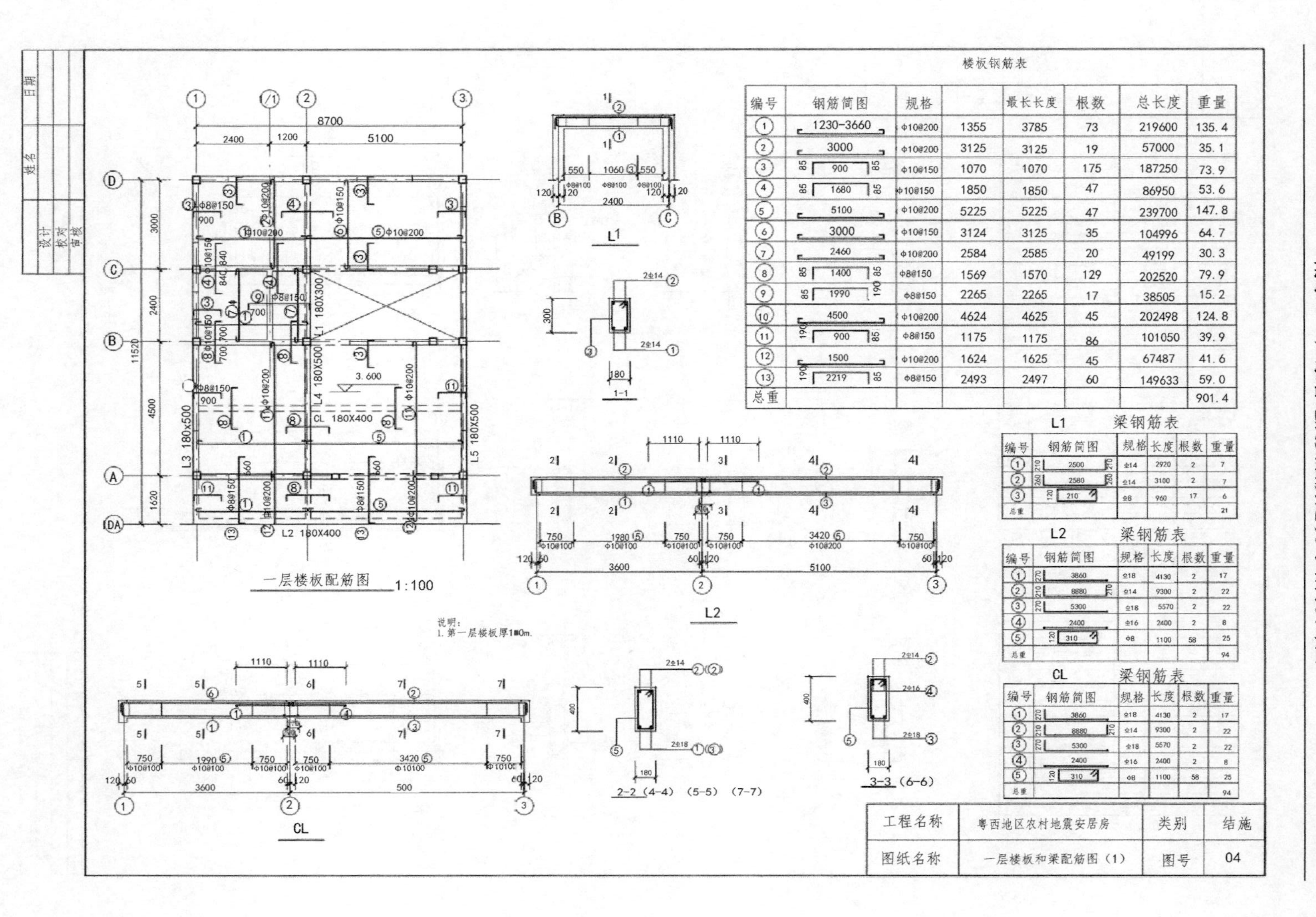

楼板钢筋表

编号	钢筋简图	规格		最长长度	根数	总长度	重量
①	1230~3660	Φ10@200	1355	3785	73	219600	135.4
②	3000	Φ10@200	3125	3125	19	57000	35.1
③	85 900 85	Φ10@150	1070	1070	175	187250	73.9
④	85 1680 85	Φ10@150	1850	1850	47	86950	53.6
⑤	5100	Φ10@200	5225	5225	47	239700	147.8
⑥	3000	Φ10@150	3124	3125	35	104996	64.7
⑦	2460	Φ10@200	2584	2585	20	49199	30.3
⑧	85 1400 85	Φ8@150	1569	1570	129	202520	79.9
⑨	85 1990 190	Φ8@150	2265	2265	17	38505	15.2
⑩	4500	Φ10@200	4624	4625	45	202498	124.8
⑪	190 900 85	Φ8@150	1175	1175	86	101050	39.9
⑫	1500	Φ10@200	1624	1625	45	67487	41.6
⑬	190 2219 85	Φ8@150	2493	2497	60	149633	59.0
总重							901.4

L1 梁钢筋表

编号	钢筋简图	规格	长度	根数	重量
①	210 2500 210	⌀14	2920	2	7
②	260 2580 260	⌀14	3100	2	7
③	120 210	Φ8	960	17	6
总重					21

L2 梁钢筋表

编号	钢筋简图	规格	长度	根数	重量
①	270 3860	⌀18	4130	2	17
②	210 8880 210	⌀14	9300	2	22
③	270 5300	⌀18	5570	2	22
④	2400	⌀16	2400	2	8
⑤	120 310	Φ8	1100	58	25
总重					94

CL 梁钢筋表

编号	钢筋简图	规格	长度	根数	重量
①	270 3860	⌀18	4130	2	17
②	210 8880 210	⌀14	9300	2	22
③	270 5300	⌀18	5570	2	22
④	2400	⌀16	2400	2	8
⑤	120 310	Φ8	1100	58	25
总重					94

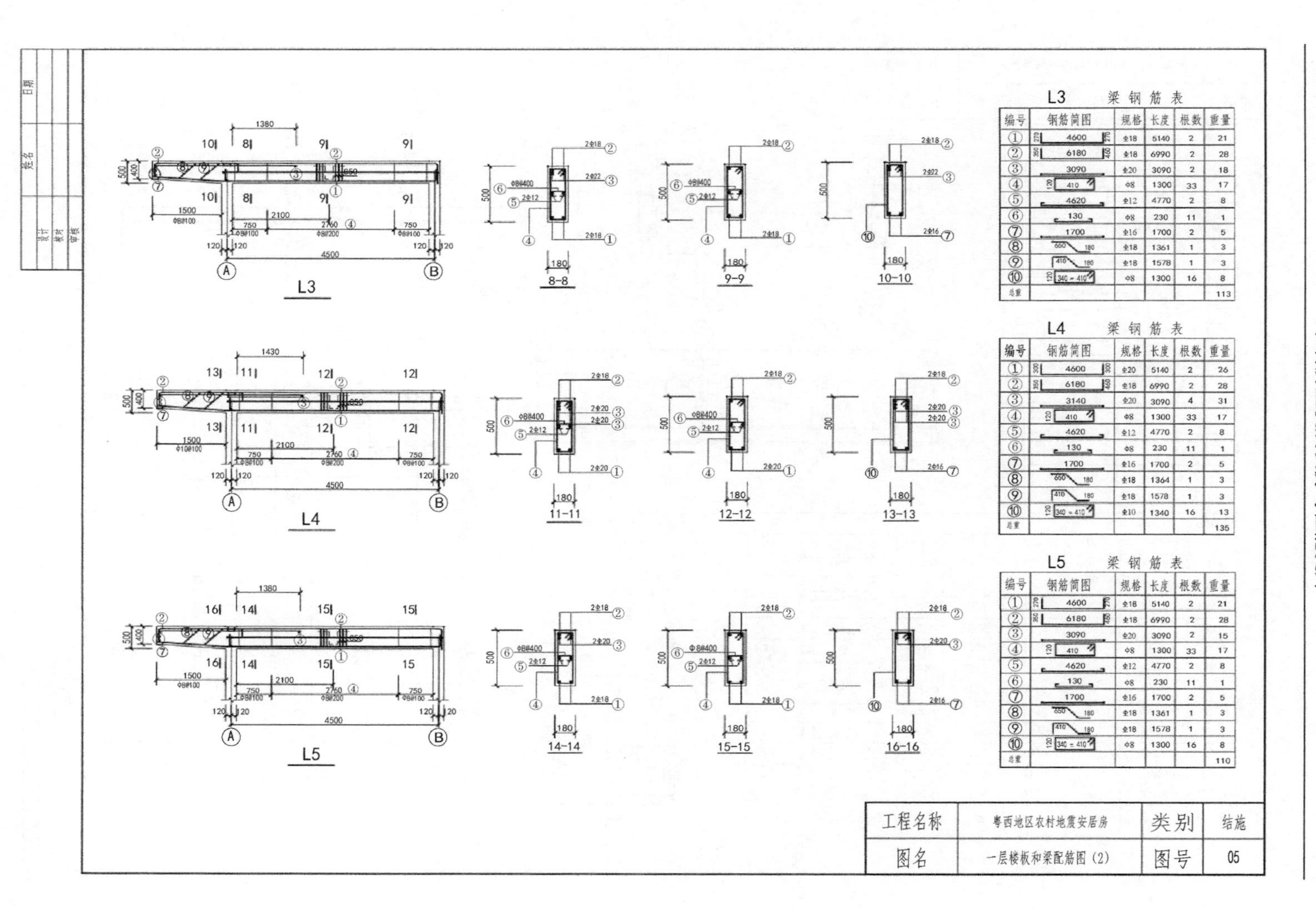

L3　梁钢筋表

编号	规格	长度	根数	重量
①	⌀18	5140	2	21
②	⌀18	6990	2	28
③	⌀20	3090	2	18
④	ϕ8	1300	33	17
⑤	⌀12	4770	2	8
⑥	ϕ8	230	11	1
⑦	⌀16	1700	2	5
⑧	⌀18	1361	1	3
⑨	⌀18	1578	1	3
⑩	ϕ8	1300	16	8
总重				113

L4　梁钢筋表

编号	规格	长度	根数	重量
①	⌀20	5140	2	26
②	⌀18	6990	2	28
③	⌀20	3090	4	31
④	ϕ8	1300	33	17
⑤	⌀12	4770	2	8
⑥	ϕ8	230	11	1
⑦	⌀16	1700	2	5
⑧	⌀18	1364	1	3
⑨	⌀18	1578	1	3
⑩	⌀10	1340	16	13
总重				135

L5　梁钢筋表

编号	规格	长度	根数	重量
①	⌀18	5140	2	21
②	⌀18	6990	2	28
③	⌀20	3090	2	15
④	ϕ8	1300	33	17
⑤	⌀12	4770	2	8
⑥	ϕ8	230	11	1
⑦	⌀16	1700	2	5
⑧	⌀18	1361	1	3
⑨	⌀18	1578	1	3
⑩	ϕ8	1300	16	8
总重				110

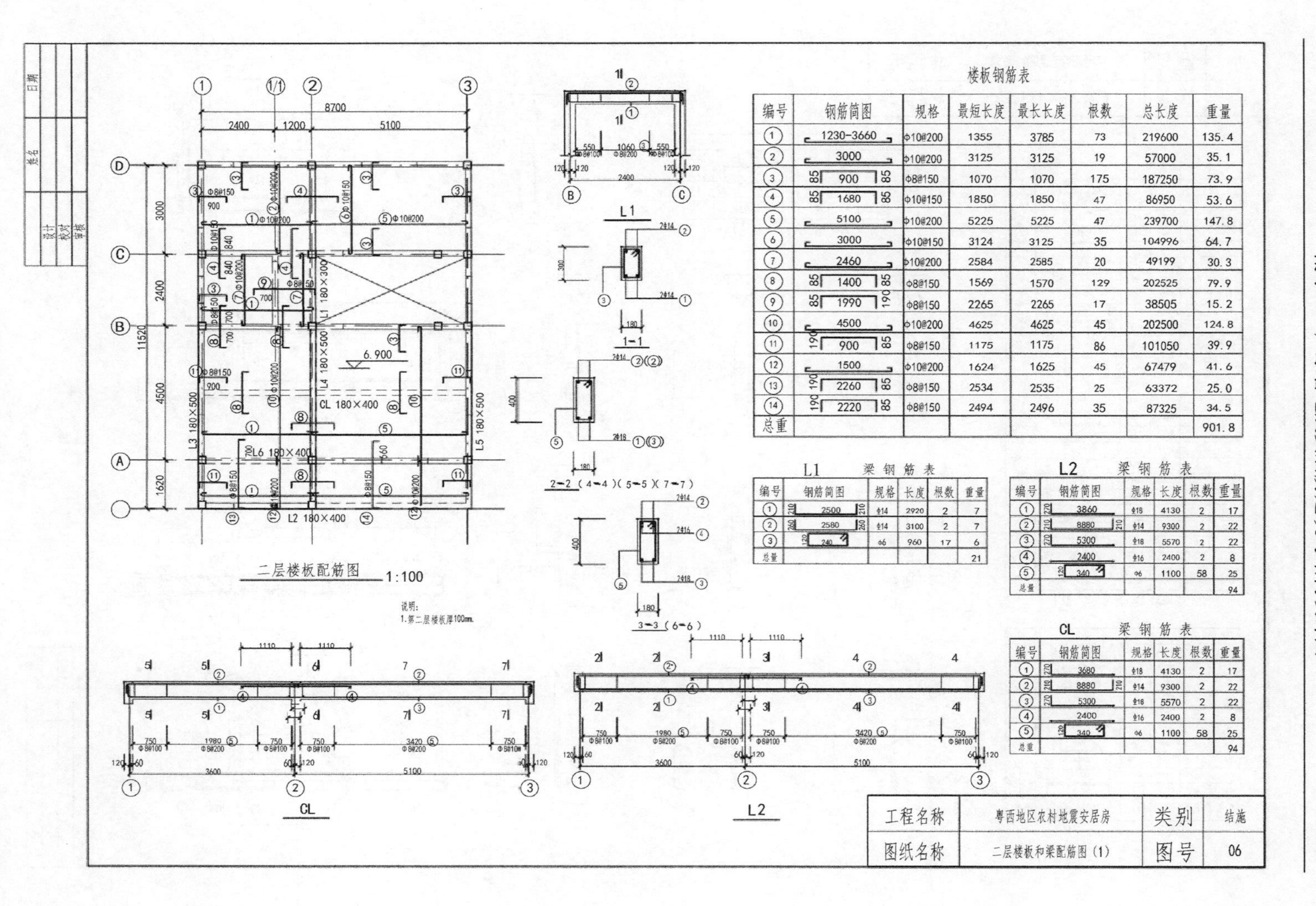

楼板钢筋表

编号	钢筋简图	规格	最短长度	最长长度	根数	总长度	重量
①	1230-3660	Φ10@200	1355	3785	73	219600	135.4
②	3000	Φ10@200	3125	3125	19	57000	35.1
③	85 900 85	Φ8@150	1070	1070	175	187250	73.9
④	85 1680 85	Φ10@150	1850	1850	47	86950	53.6
⑤	5100	Φ10@200	5225	5225	47	239700	147.8
⑥	3000	Φ10@150	3124	3125	35	104996	64.7
⑦	2460	Φ10@200	2584	2585	20	49199	30.3
⑧	85 1400 85	Φ8@150	1569	1570	129	202525	79.9
⑨	85 1990 190	Φ8@150	2265	2265	17	38505	15.2
⑩	4500	Φ10@200	4625	4625	45	202500	124.8
⑪	190 900 85	Φ8@150	1175	1175	86	101050	39.9
⑫	1500	Φ10@200	1624	1625	45	67479	41.6
⑬	190 2260 85	Φ8@150	2534	2535	25	63372	25.0
⑭	190 2220 85	Φ8@150	2494	2496	35	87325	34.5
总重							901.8

L1　梁钢筋表

编号	钢筋简图	规格	长度	根数	重量
①	210 2500 210	Φ14	2920	2	7
②	260 2580 260	Φ14	3100	2	7
③	120 240	Φ6	960	17	6
总量					21

L2　梁钢筋表

编号	钢筋简图	规格	长度	根数	重量
①	220 3860	Φ18	4130	2	17
②	210 8880 210	Φ14	9300	2	22
③	270 5300	Φ18	5570	2	22
④	2400	Φ16	2400	2	8
⑤	120 340	Φ6	1100	58	25
总量					94

CL　梁钢筋表

编号	钢筋简图	规格	长度	根数	重量
①	270 3680	Φ18	4130	2	17
②	210 8880 210	Φ14	9300	2	22
③	270 5300	Φ18	5570	2	22
④	2400	Φ16	2400	2	8
⑤	120 340	Φ6	1100	58	25
总量					94

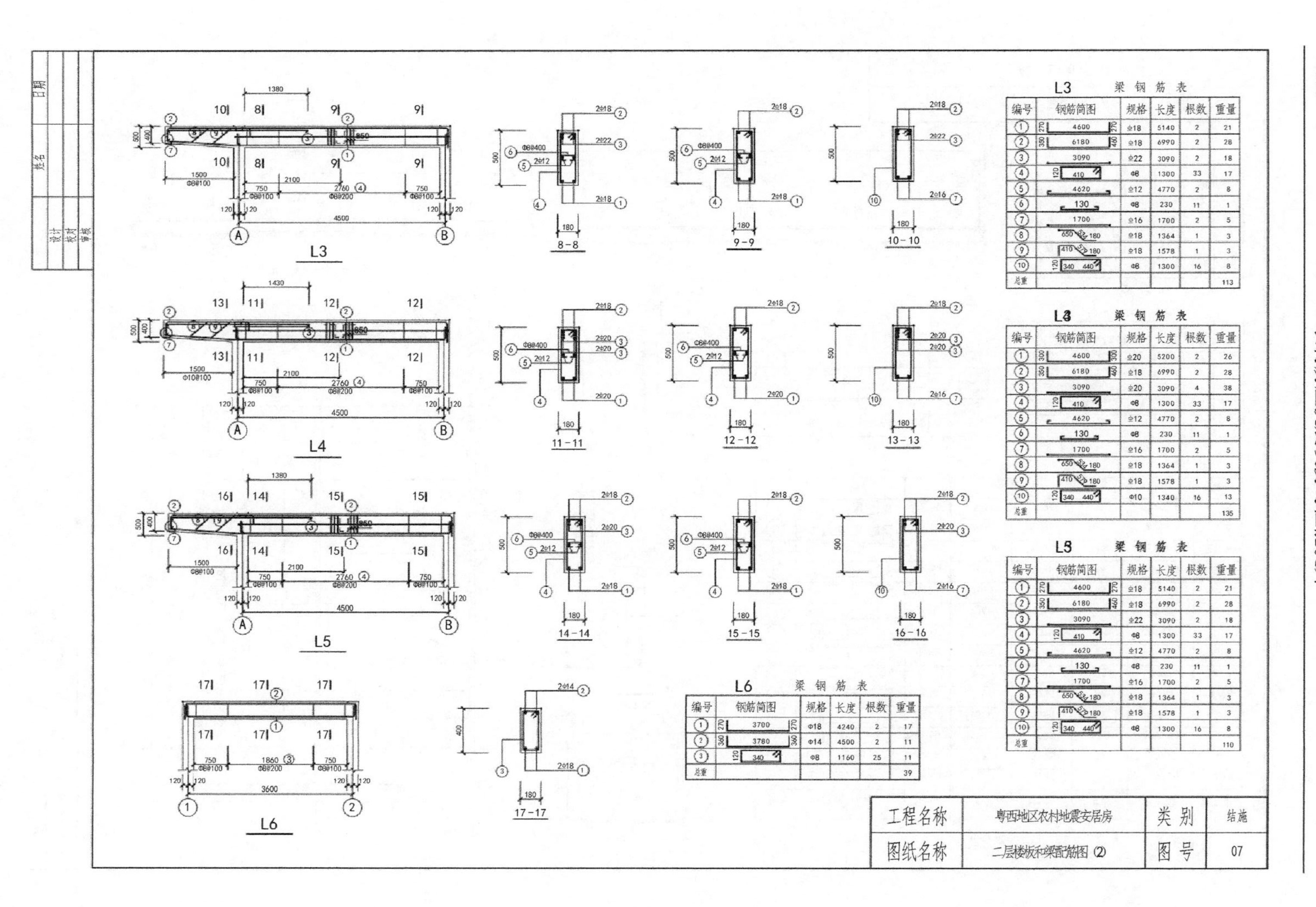

L3 梁钢筋表

编号	钢筋简图	规格	长度	根数	重量
①	270 4600 270	⌀18	5140	2	21
②	350 6180 460	⌀18	6990	2	28
③	3090	⌀22	3090	2	18
④	120 410	Φ8	1300	33	17
⑤	4620	⌀12	4770	2	8
⑥	130	Φ8	230	11	1
⑦	1700	⌀16	1700	2	5
⑧	650 180	⌀18	1364	1	3
⑨	410 180	⌀18	1578	1	3
⑩	120 340 440	Φ8	1300	16	8
总重					113

L3 梁钢筋表

编号	钢筋简图	规格	长度	根数	重量
①	300 4600 300	⌀20	5200	2	26
②	350 6180 460	⌀18	6990	2	28
③	3090	⌀20	3090	4	38
④	120 410	Φ8	1300	33	17
⑤	4620	⌀12	4770	2	8
⑥	130	Φ8	230	11	1
⑦	1700	⌀16	1700	2	5
⑧	650 180	⌀18	1364	1	3
⑨	410 180	⌀18	1578	1	3
⑩	120 340 440	Φ10	1340	16	13
总重					135

L5 梁钢筋表

编号	钢筋简图	规格	长度	根数	重量
①	270 4600 270	⌀18	5140	2	21
②	350 6180 460	⌀18	6990	2	28
③	3090	⌀22	3090	2	18
④	120 410	Φ8	1300	33	17
⑤	4620	⌀12	4770	2	8
⑥	130	Φ8	230	11	1
⑦	1700	⌀16	1700	2	5
⑧	650 180	⌀18	1364	1	3
⑨	410 180	⌀18	1578	1	3
⑩	120 340 440	Φ8	1300	16	8
总重					110

L6 梁钢筋表

编号	钢筋简图	规格	长度	根数	重量
①	270 3700 270	Φ18	4240	2	17
②	360 3780 360	Φ14	4500	2	11
③	120 340	Φ8	1160	25	11
总重					39

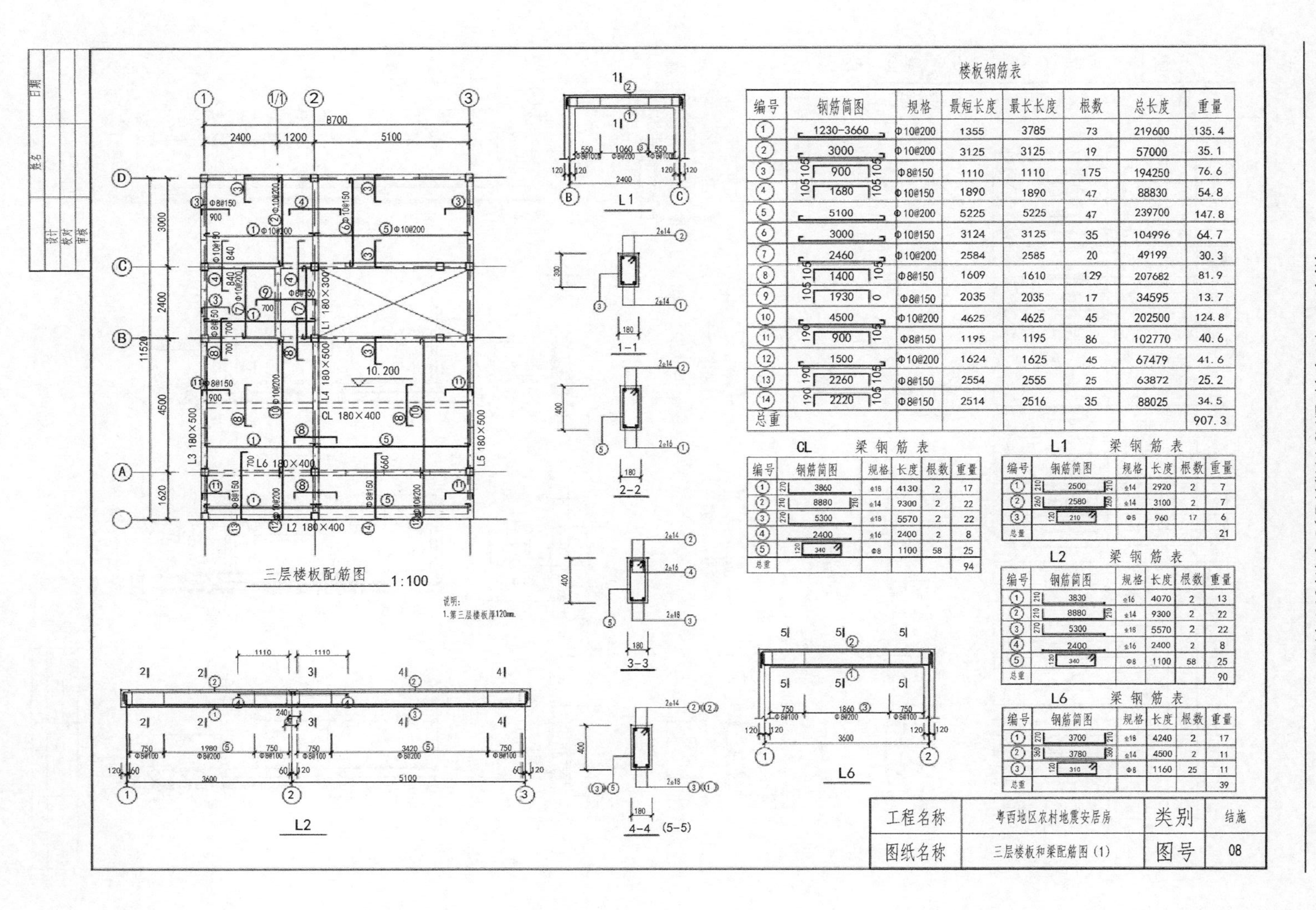

楼板钢筋表

编号	钢筋简图	规格	最短长度	最长长度	根数	总长度	重量
1	1230-3660	Φ10@200	1355	3785	73	219600	135.4
2	3000	Φ10@200	3125	3125	19	57000	35.1
3	105 105 900 105 105	Φ8@150	1110	1110	175	194250	76.6
4	1680	Φ10@150	1890	1890	47	88830	54.8
5	5100	Φ10@200	5225	5225	47	239700	147.8
6	3000	Φ10@150	3124	3125	35	104996	64.7
7	2460	Φ10@200	2584	2585	20	49199	30.3
8	105 105 1400 105	Φ8@150	1609	1610	129	207682	81.9
9	105 1930 0	Φ8@150	2035	2035	17	34595	13.7
10	4500	Φ10@200	4625	4625	45	202500	124.8
11	190 900 105	Φ8@150	1195	1195	86	102770	40.6
12	1500	Φ10@200	1624	1625	45	67479	41.6
13	190 2260 105	Φ8@150	2554	2555	25	63872	25.2
14	190 2220 105	Φ8@150	2514	2516	35	88025	34.5
总重							907.3

CL　梁钢筋表

编号	钢筋简图	规格	长度	根数	重量
1	270 3860	Φ18	4130	2	17
2	210 8880 210	Φ14	9300	2	22
3	270 5300	Φ18	5570	2	22
4	2400	Φ16	2400	2	8
5	120 340	Φ8	1100	58	25
总重					94

L1　梁钢筋表

编号	钢筋简图	规格	长度	根数	重量
1	210 2500 210	Φ14	2920	2	7
2	260 2580 260	Φ14	3100	2	7
3	120 210	Φ8	960	17	6
总重					21

L2　梁钢筋表

编号	钢筋简图	规格	长度	根数	重量
1	210 3830	Φ16	4070	2	13
2	210 8880 210	Φ14	9300	2	22
3	270 5300	Φ18	5570	2	22
4	2400	Φ16	2400	2	8
5	120 340	Φ8	1100	58	25
总重					90

L6　梁钢筋表

编号	钢筋简图	规格	长度	根数	重量
1	270 3700 270	Φ18	4240	2	17
2	360 3780 360	Φ14	4500	2	11
3	120 310	Φ8	1160	25	11
总重					39

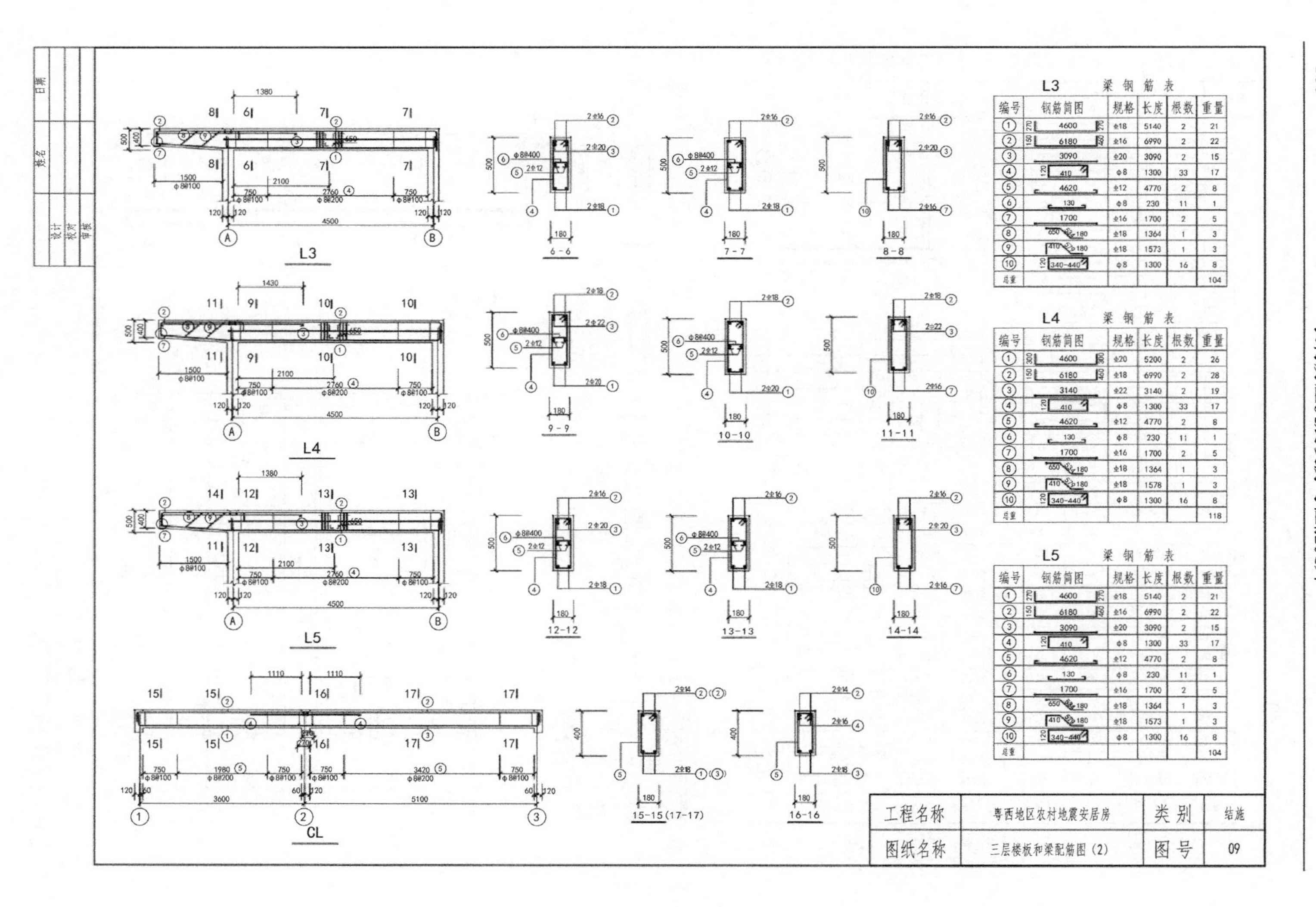

L3　梁钢筋表

编号	钢筋简图	规格	长度	根数	重量
①	270 4600 270	⌀18	5140	2	21
②	150 6180 460	⌀16	6990	2	22
③	3090	⌀20	3090	2	15
④	120 410	ϕ8	1300	33	17
⑤	4620	⌀12	4770	2	8
⑥	130	ϕ8	230	11	1
⑦	1700	⌀16	1700	2	5
⑧	650 534 180	⌀18	1364	1	3
⑨	410 579 180	⌀18	1573	1	3
⑩	120 340~440	ϕ8	1300	16	8
总重					104

L4　梁钢筋表

编号	钢筋简图	规格	长度	根数	重量
①	300 4600 300	⌀20	5200	2	26
②	150 6180 460	⌀18	6990	2	28
③	3140	⌀22	3140	2	19
④	120 410	ϕ8	1300	33	17
⑤	4620	⌀12	4770	2	8
⑥	130	ϕ8	230	11	1
⑦	1700	⌀16	1700	2	5
⑧	650 534 180	⌀18	1364	1	3
⑨	410 579 180	⌀18	1578	1	3
⑩	120 340~440	ϕ8	1300	16	8
总重					118

L5　梁钢筋表

编号	钢筋简图	规格	长度	根数	重量
①	270 4600 270	⌀18	5140	2	21
②	150 6180 460	⌀16	6990	2	22
③	3090	⌀20	3090	2	15
④	120 410	ϕ8	1300	33	17
⑤	4620	⌀12	4770	2	8
⑥	130	ϕ8	230	11	1
⑦	1700	⌀16	1700	2	5
⑧	650 534 180	⌀18	1364	1	3
⑨	410 579 180	⌀18	1573	1	3
⑩	120 340~440	ϕ8	1300	16	8
总重					104

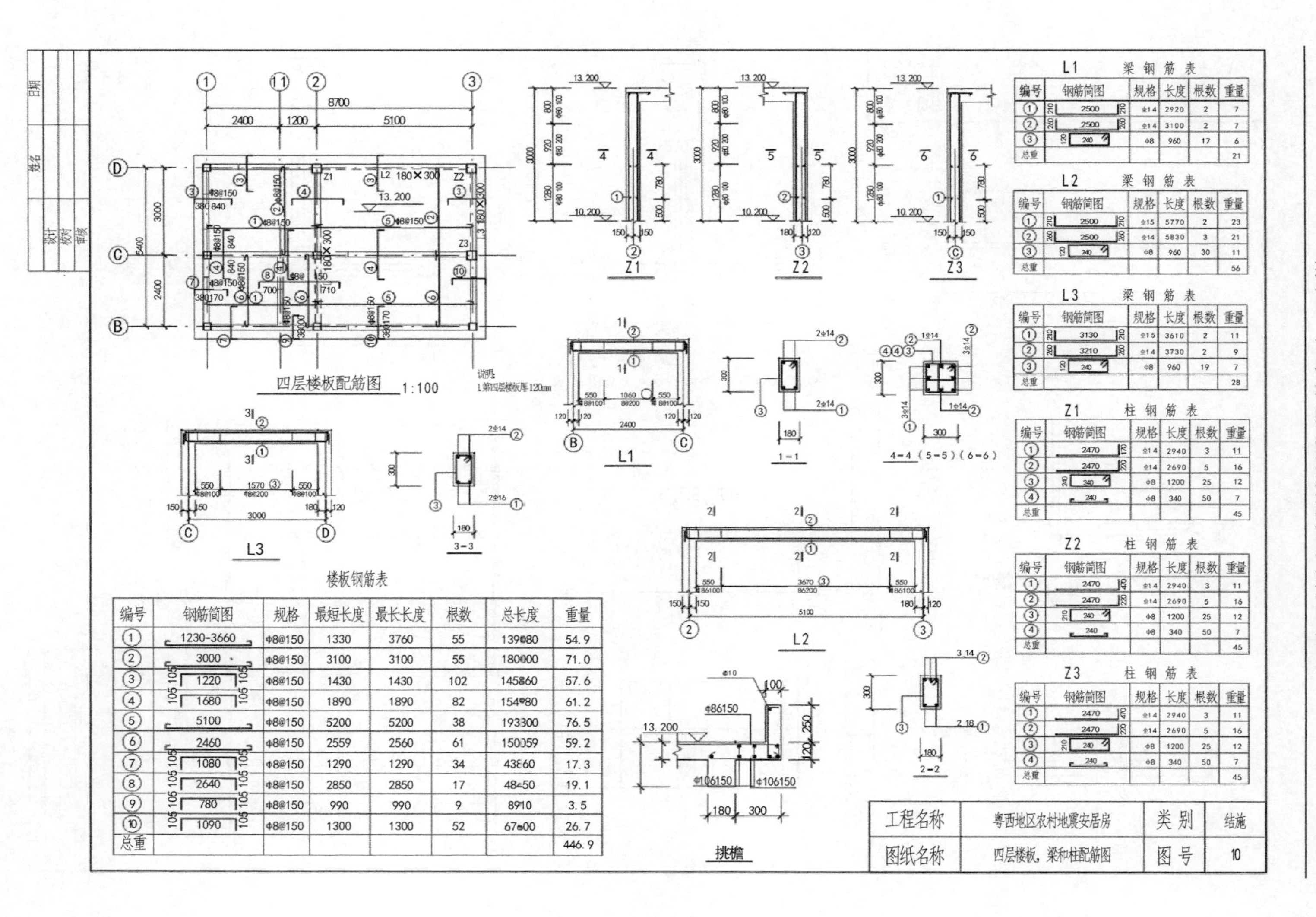

L1　梁钢筋表

编号	钢筋简图	规格	长度	根数	重量
①	210 2500 210	Φ14	2920	2	7
②	260 2500 260	Φ14	3100	2	7
③	120 240	Φ8	960	17	6
总重					21

L2　梁钢筋表

编号	钢筋简图	规格	长度	根数	重量
①	210 2500 210	Φ15	5770	2	23
②	260 2500 260	Φ14	5830	3	21
③	120 240	Φ8	960	30	11
总重					56

L3　梁钢筋表

编号	钢筋简图	规格	长度	根数	重量
①	210 3130 210	Φ15	3610	2	11
②	260 3210 260	Φ14	3730	2	9
③	120 240	Φ8	960	19	7
总重					28

Z1　柱钢筋表

编号	钢筋简图	规格	长度	根数	重量
①	2470 170	Φ14	2940	3	11
②	2470 220	Φ14	2690	5	16
③	240 240	Φ8	1200	25	12
④	240	Φ8	340	50	7
总重					45

Z2　柱钢筋表

编号	钢筋简图	规格	长度	根数	重量
①	2470 470	Φ14	2940	3	11
②	2470 220	Φ14	2690	5	16
③	210 240	Φ8	1200	25	12
④	240	Φ8	340	50	7
总重					45

Z3　柱钢筋表

编号	钢筋简图	规格	长度	根数	重量
①	2470 470	Φ14	2940	3	11
②	2470 220	Φ14	2690	5	16
③	210 240	Φ8	1200	25	12
④	240	Φ8	340	50	7
总重					45

楼板钢筋表

编号	钢筋简图	规格	最短长度	最长长度	根数	总长度	重量
①	1230-3660	Φ8@150	1330	3760	55	139[illegible]80	54.9
②	3000	Φ8@150	3100	3100	55	180[illegible]00	71.0
③	105 1220 105	Φ8@150	1430	1430	102	145[illegible]60	57.6
④	105 1680 105	Φ8@150	1890	1890	82	154[illegible]80	61.2
⑤	5100	Φ8@150	5200	5200	38	193300	76.5
⑥	2460	Φ8@150	2559	2560	61	150[illegible]59	59.2
⑦	105 1080 105	Φ8@150	1290	1290	34	43[illegible]60	17.3
⑧	105 2640 105	Φ8@150	2850	2850	17	48[illegible]50	19.1
⑨	105 780 105	Φ8@150	990	990	9	8910	3.5
⑩	105 1090 105	Φ8@150	1300	1300	52	67[illegible]00	26.7
总重							446.9

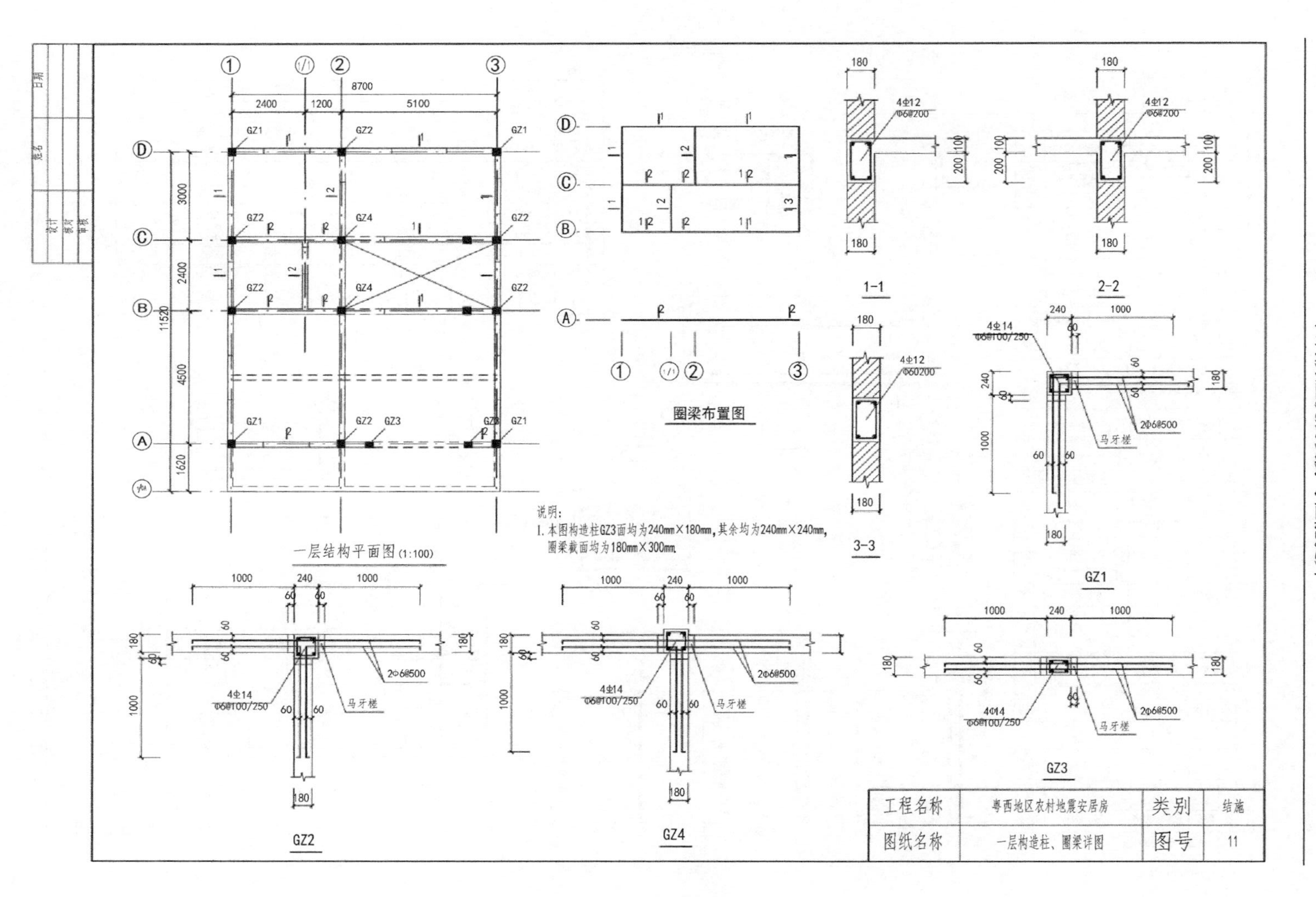
一层结构平面图 (1:100)
圈梁布置图
说明：
1.本图构造柱GZ3面均为240mm×180mm，其余均为240mm×240mm，
圈梁截面均为180mm×300mm
1-1
2-2
3-3
GZ1
GZ2
GZ3
GZ4
4Φ12
Φ6@200
4Φ14
Φ6@100/250
2Φ6@500
马牙槎
工程名称
粤西地区农村地震安居房
类别
结施
图纸名称
一层构造柱、圈梁详图
图号
11
设计
校对
审核
签名
日期

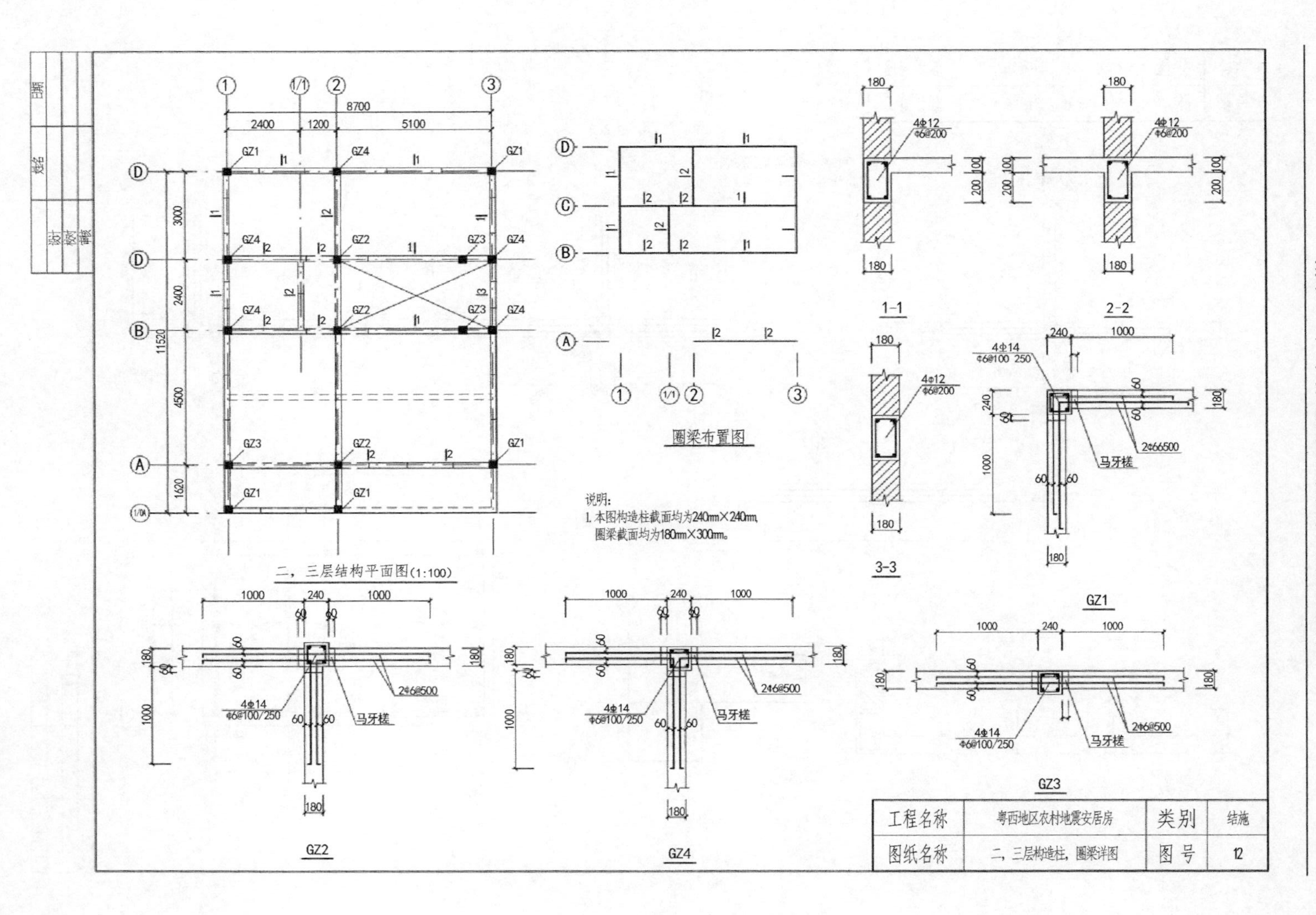
二，三层结构平面图（1:100）
圈梁布置图
说明：
1.本图构造柱截面均为240mm×240mm，
圈梁截面均为180mm×300mm。
1-1
2-2
3-3
GZ1
GZ2
GZ3
GZ4
4Φ12
Φ6@200
4Φ14
Φ6@100/250
2Φ6@500
马牙槎
工程名称
粤西地区农村地震安居房
类别
结施
图纸名称
二，三层构造柱，圈梁详图
图号
12

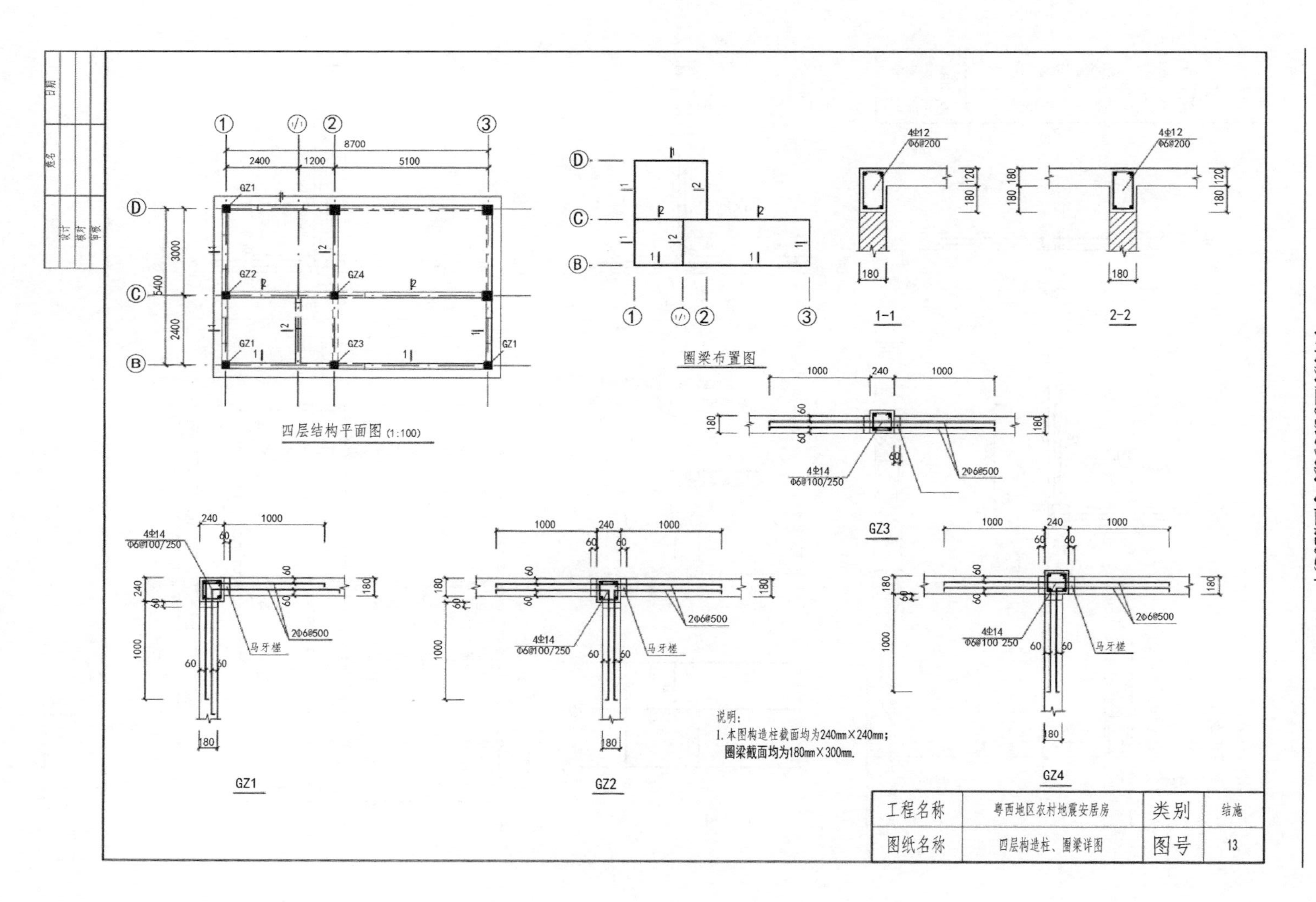
四层结构平面图 (1:100)
圈梁布置图
1-1
2-2
4Φ12
Φ6@200
GZ1
GZ2
GZ3
GZ4
4Φ14
Φ6@100/250
2Φ6@500
马牙槎
说明：
1. 本图构造柱截面均为240mm×240mm；
圈梁截面均为180mm×300mm.
工程名称
粤西地区农村地震安居房
类别
结施
图纸名称
四层构造柱、圈梁详图
图号
13

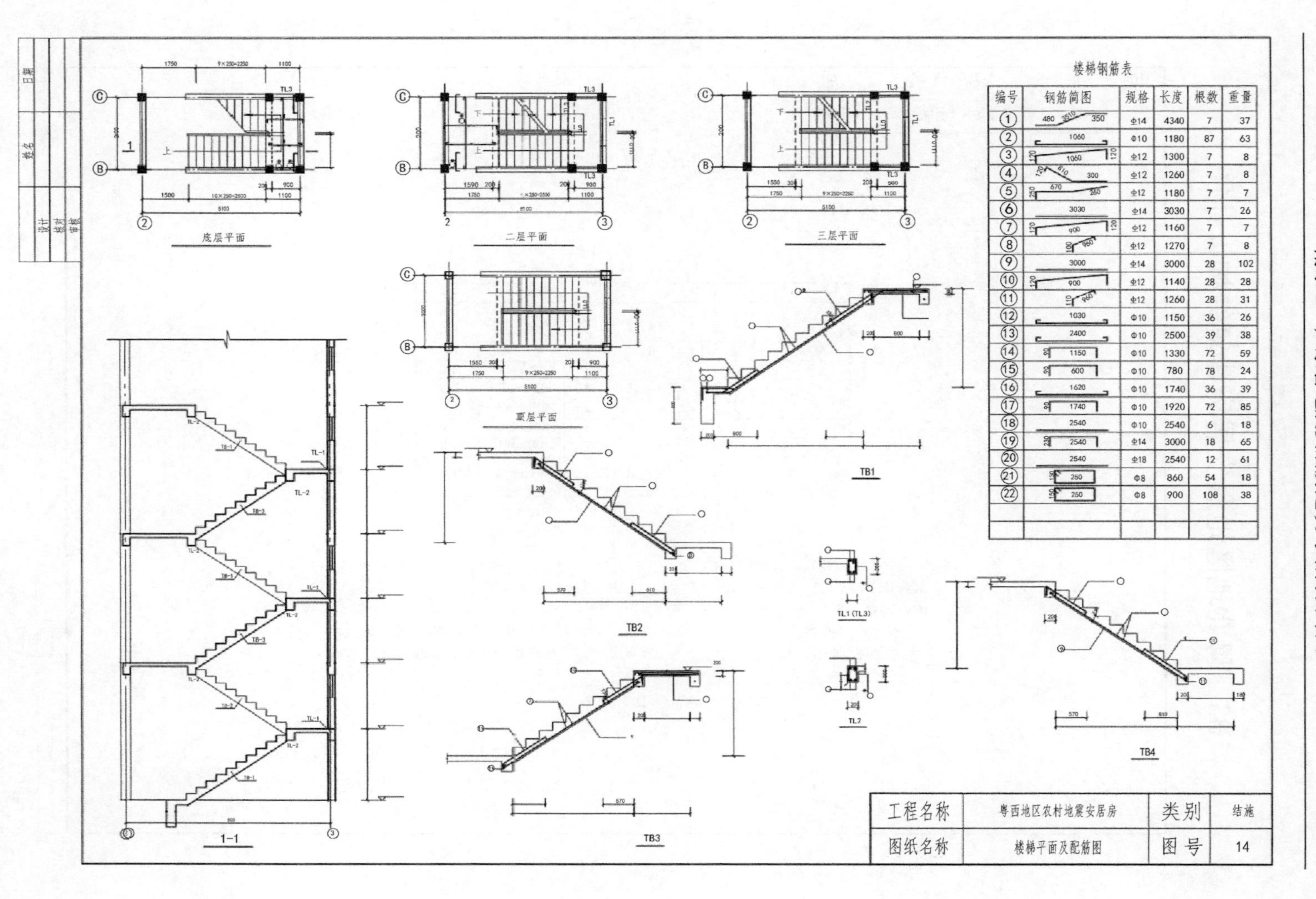

楼梯钢筋表

编号	钢筋简图	规格	长度	根数	重量
①	480 3510 350	Φ14	4340	7	37
②	1060	Φ10	1180	87	63
③	120 1060 120	Φ12	1300	7	8
④	120 810 300	Φ12	1260	7	8
⑤	250 670 260	Φ12	1180	7	7
⑥	3030	Φ14	3030	7	26
⑦	120 900 120	Φ12	1160	7	7
⑧	100 960	Φ12	1270	7	8
⑨	3000	Φ14	3000	28	102
⑩	120 900	Φ12	1140	28	28
⑪	110 960	Φ12	1260	28	31
⑫	1030	Φ10	1150	36	26
⑬	2400	Φ10	2500	39	38
⑭	90 1150	Φ10	1330	72	59
⑮	90 600	Φ10	780	78	24
⑯	1620	Φ10	1740	36	39
⑰	90 1740	Φ10	1920	72	85
⑱	2540	Φ10	2540	6	18
⑲	230 2540	Φ14	3000	18	65
⑳	2540	Φ18	2540	12	61
㉑	150 250	Φ8	860	54	18
㉒	150 250	Φ8	900	108	38

B3　粤北地区地震安居房建筑结构设计图

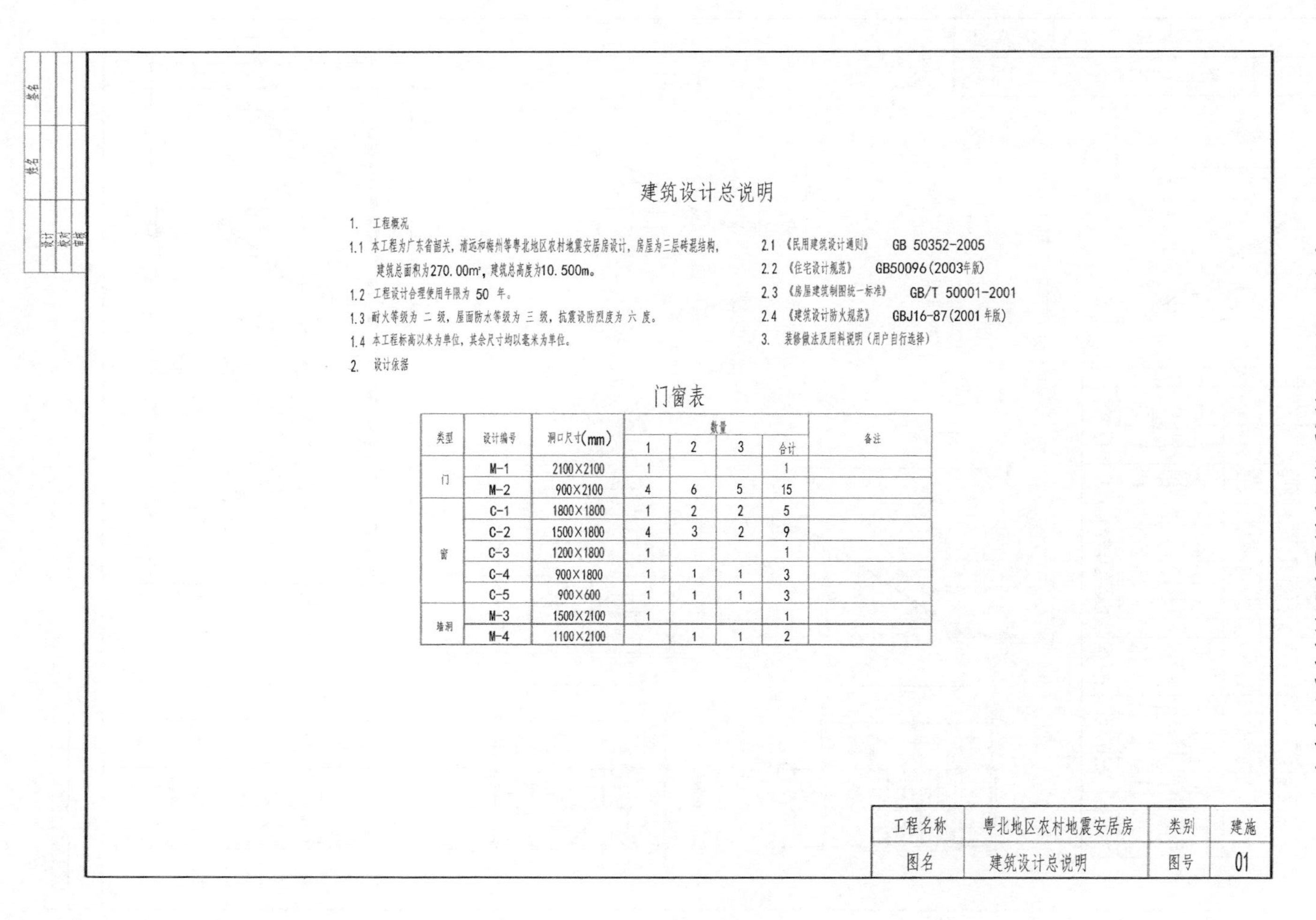

建筑设计总说明

1. 工程概况

1.1 本工程为广东省韶关，清远和梅州等粤北地区农村地震安居房设计，房屋为三层砖混结构，建筑总面积为270.00m²，建筑总高度为10.500m。

1.2 工程设计合理使用年限为 50 年。

1.3 耐火等级为 二 级，屋面防水等级为 三 级，抗震设防烈度为 六 度。

1.4 本工程标高以米为单位，其余尺寸均以毫米为单位。

2. 设计依据

2.1 《民用建筑设计通则》　GB 50352-2005

2.2 《住宅设计规范》　GB50096(2003年版)

2.3 《房屋建筑制图统一标准》　GB/T 50001-2001

2.4 《建筑设计防火规范》　GBJ16-87(2001年版)

3. 装修做法及用料说明（用户自行选择）

门窗表

类型	设计编号	洞口尺寸(mm)	数量				备注
			1	2	3	合计	
门	M-1	2100×2100	1			1	
	M-2	900×2100	4	6	5	15	
窗	C-1	1800×1800	1	2	2	5	
	C-2	1500×1800	4	3	2	9	
	C-3	1200×1800	1			1	
	C-4	900×1800	1	1	1	3	
	C-5	900×600	1	1	1	3	
墙洞	M-3	1500×2100	1			1	
	M-4	1100×2100		1	1	2	

工程名称	粤北地区农村地震安居房	类别	建施
图名	建筑设计总说明	图号	01

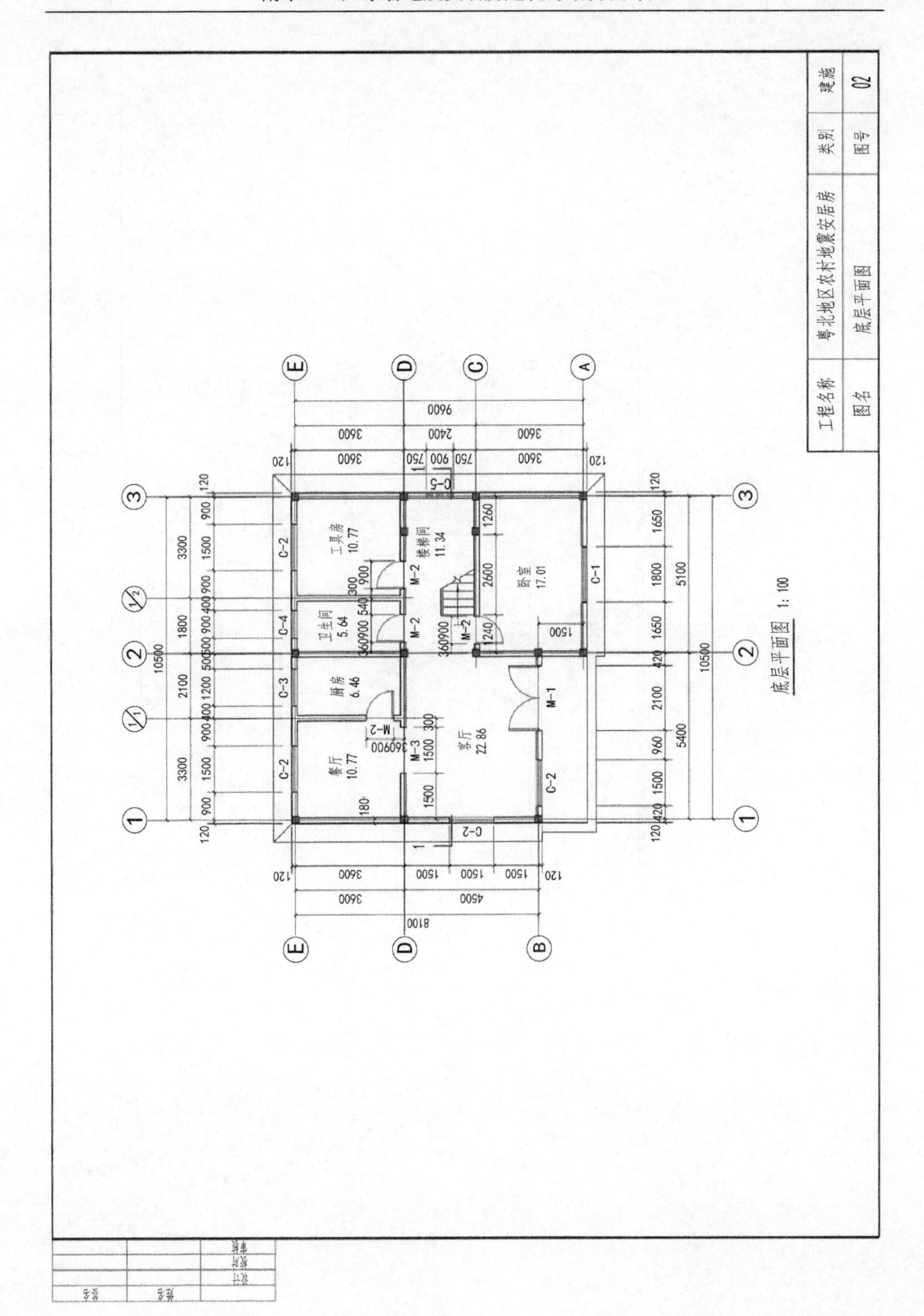
工程名称
粤北地区农村地震安居房
类别
建施
图名
底层平面图
图号
02
工具房
10.77
楼梯间
11.34
卧室
17.01
卫生间
5.64
厨房
6.46
餐厅
10.77
客厅
22.86
底层平面图 1:100

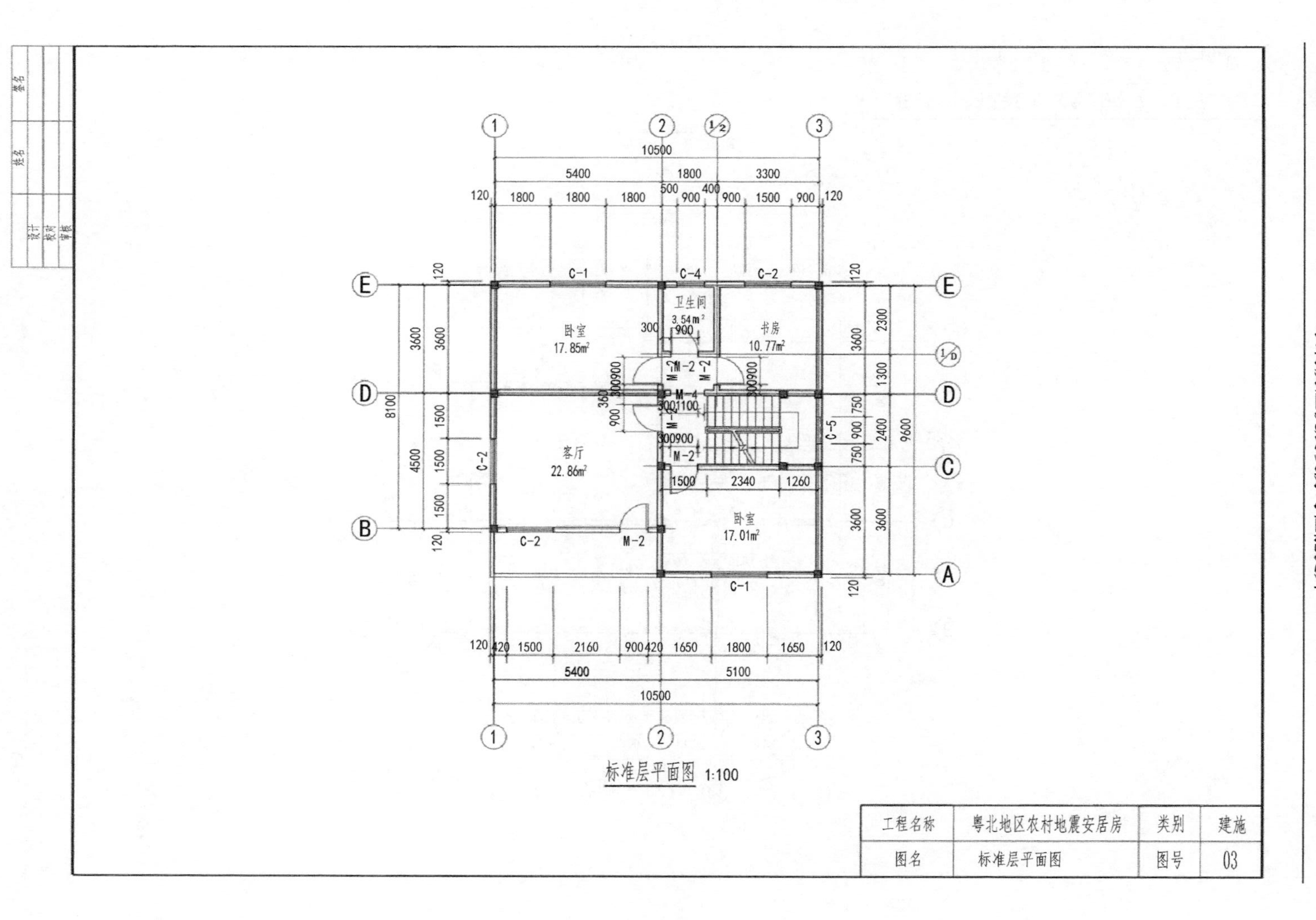
卧室
17.85m²
卫生间
3.54m²
书房
10.77m²
客厅
22.86m²
卧室
17.01m²
C-1
C-2
C-4
C-5
M-2
M-4
10500
5400
1800
3300
5100
8100
9600
4500
3600
2400
1300
2300
标准层平面图 1:100
工程名称
粤北地区农村地震安居房
类别
建施
图名
标准层平面图
图号
03

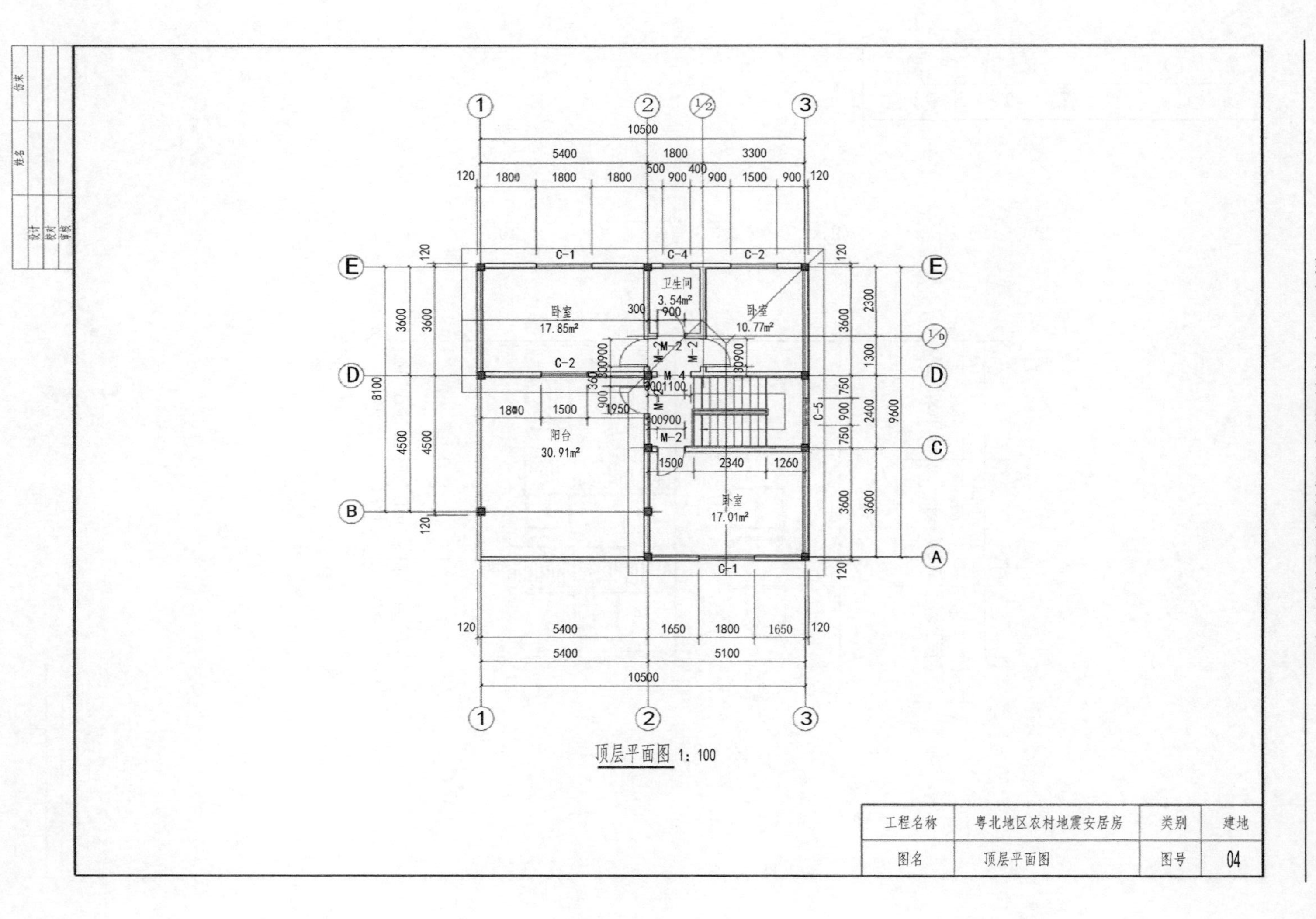
卫生间
3.54m²
卧室
17.85m²
卧室
10.77m²
阳台
30.91m²
卧室
17.01m²
C-1
C-2
C-4
C-5
M-2
M-4
顶层平面图 1: 100
工程名称
粤北地区农村地震安居房
类别
建地
图名
顶层平面图
图号
04

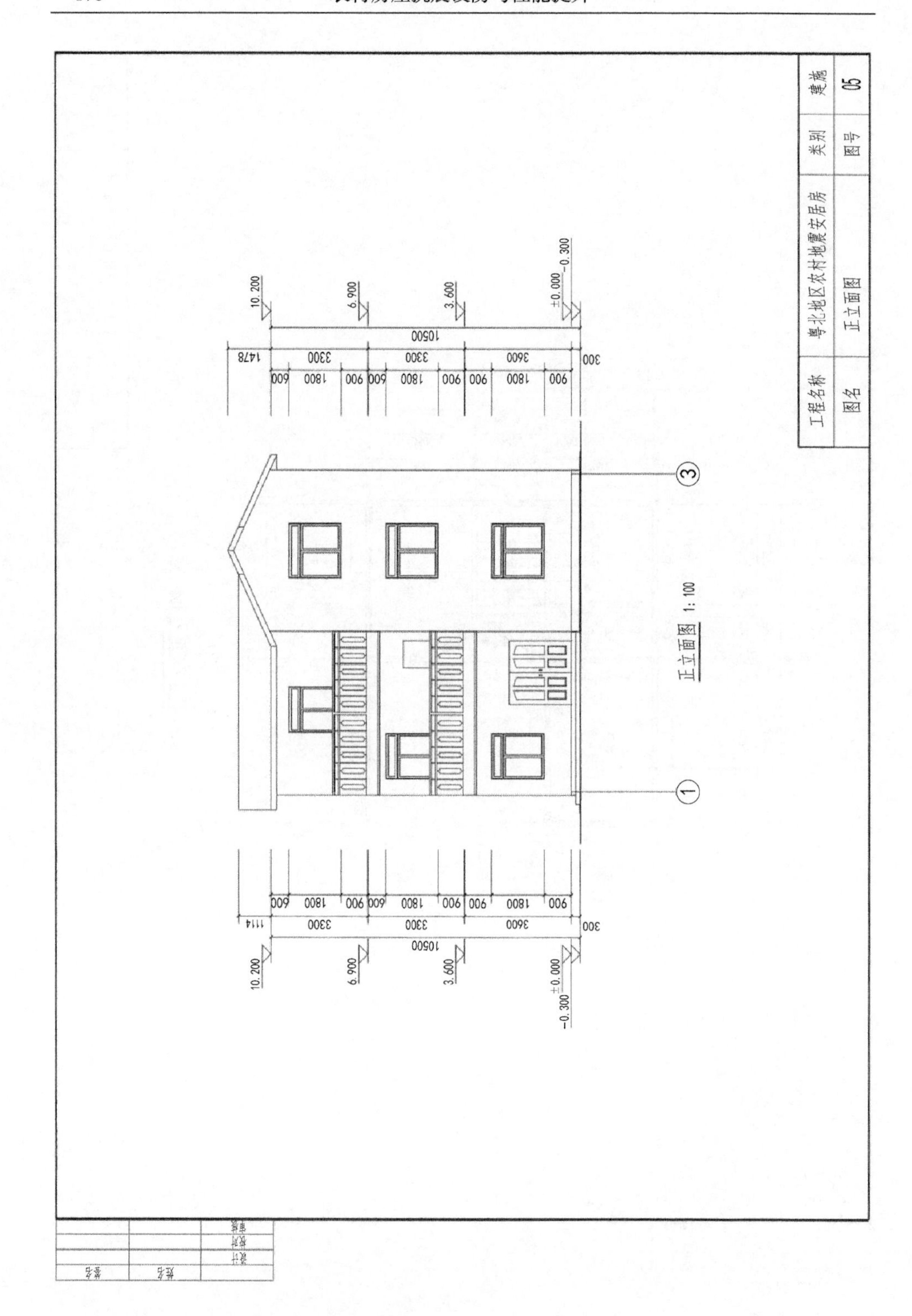
工程名称
粤北地区农村地震安居房
类别
建施
图名
正立面图
图号
05
正立面图 1:100
10.200
6.900
3.600
±0.000
-0.300
10500
3300
3600
300
1478
1114
600
1800
900
①
③

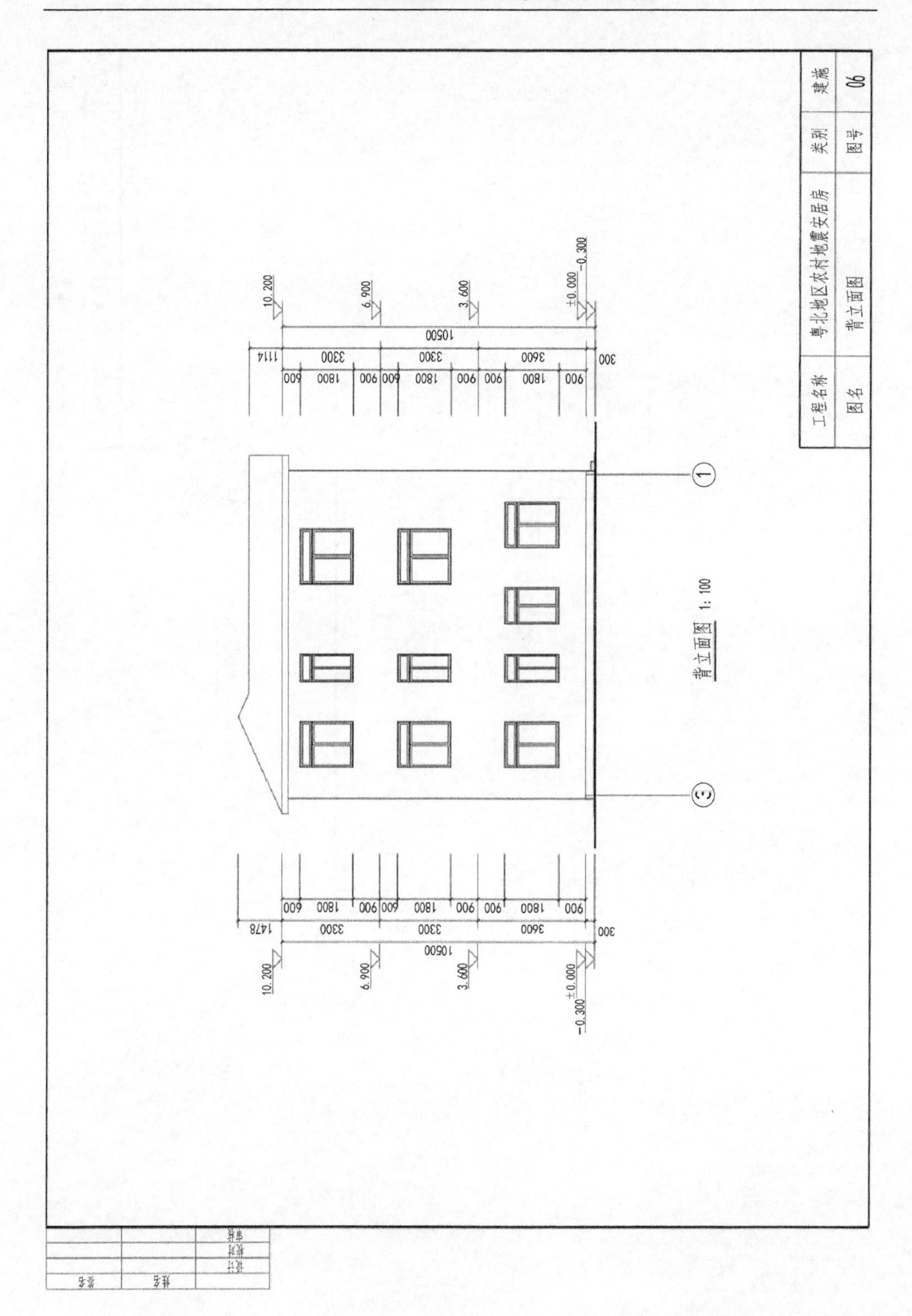
工程名称
粤北地区农村地震安居房
类别
建施
图名
背立面图
图号
06
背立面图 1:100
10.200
6.900
3.600
±0.000
−0.300
10500
3300
3600
1800
900
600
300
1114
1478
设计
校对
审核
签名
日期

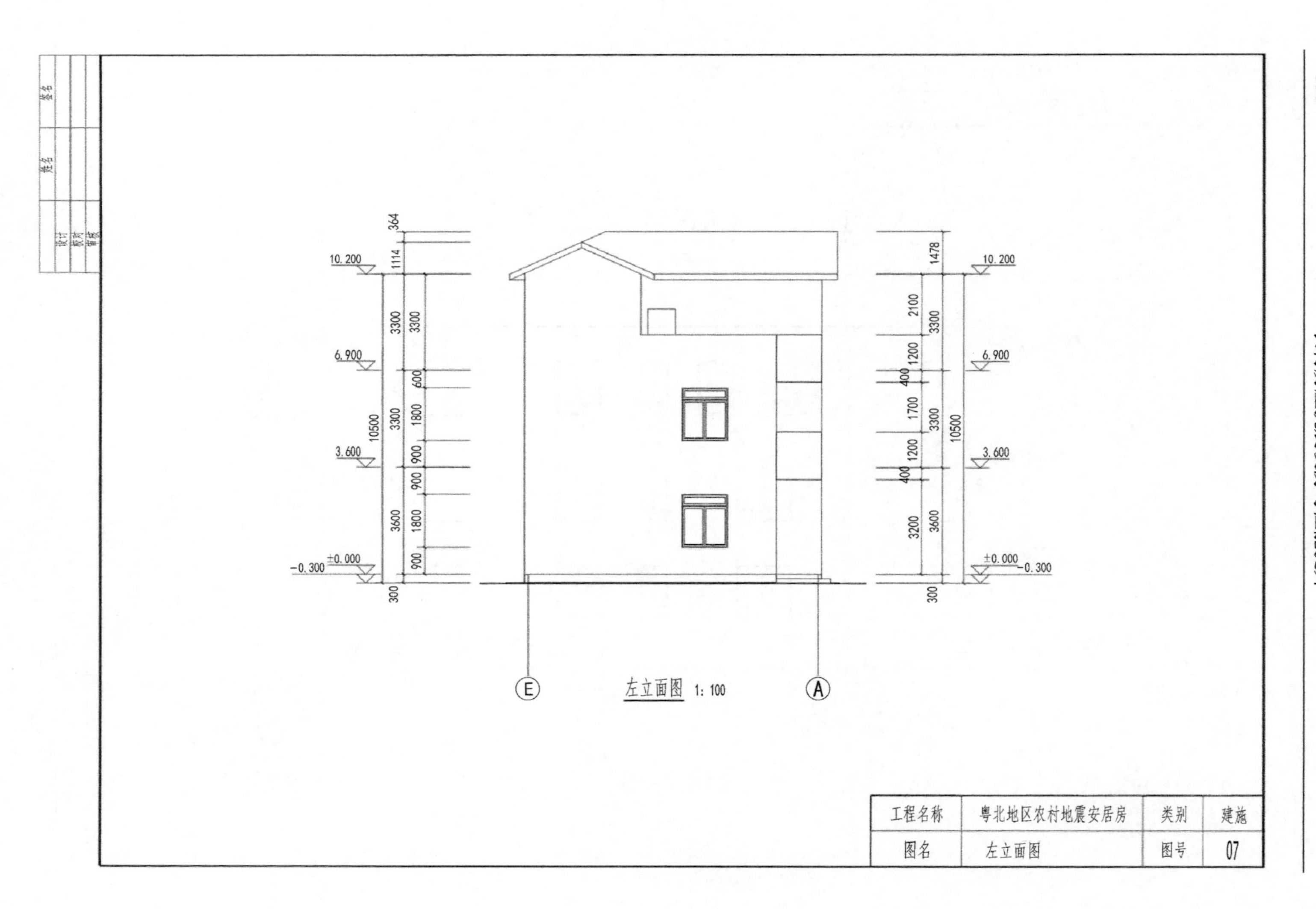
10.200
6.900
3.600
±0.000
-0.300
364
1114
3300
3300
3300
600
1800
10500
3300
900
900
3600
1800
900
300
1478
2100
3300
1200
400
1700
3300
10500
1200
400
3200
3600
300
E
左立面图 1:100
A
工程名称
粤北地区农村地震安居房
类别
建施
图名
左立面图
图号
07

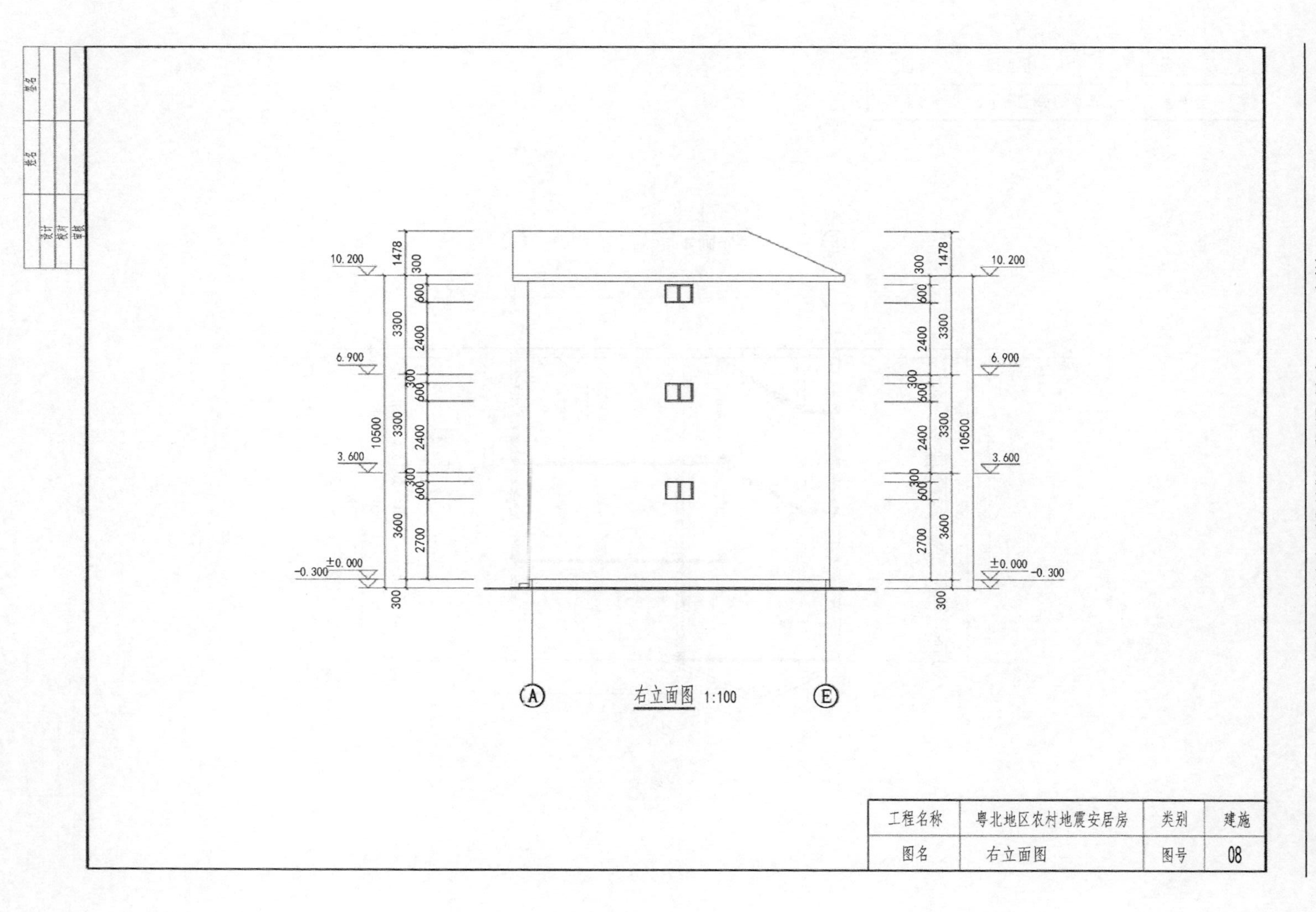
10.200
6.900
3.600
±0.000
-0.300
1478
300
600
3300
2400
10500
3600
2700
右立面图 1:100
工程名称
粤北地区农村地震安居房
类别
建施
图名
右立面图
图号
08

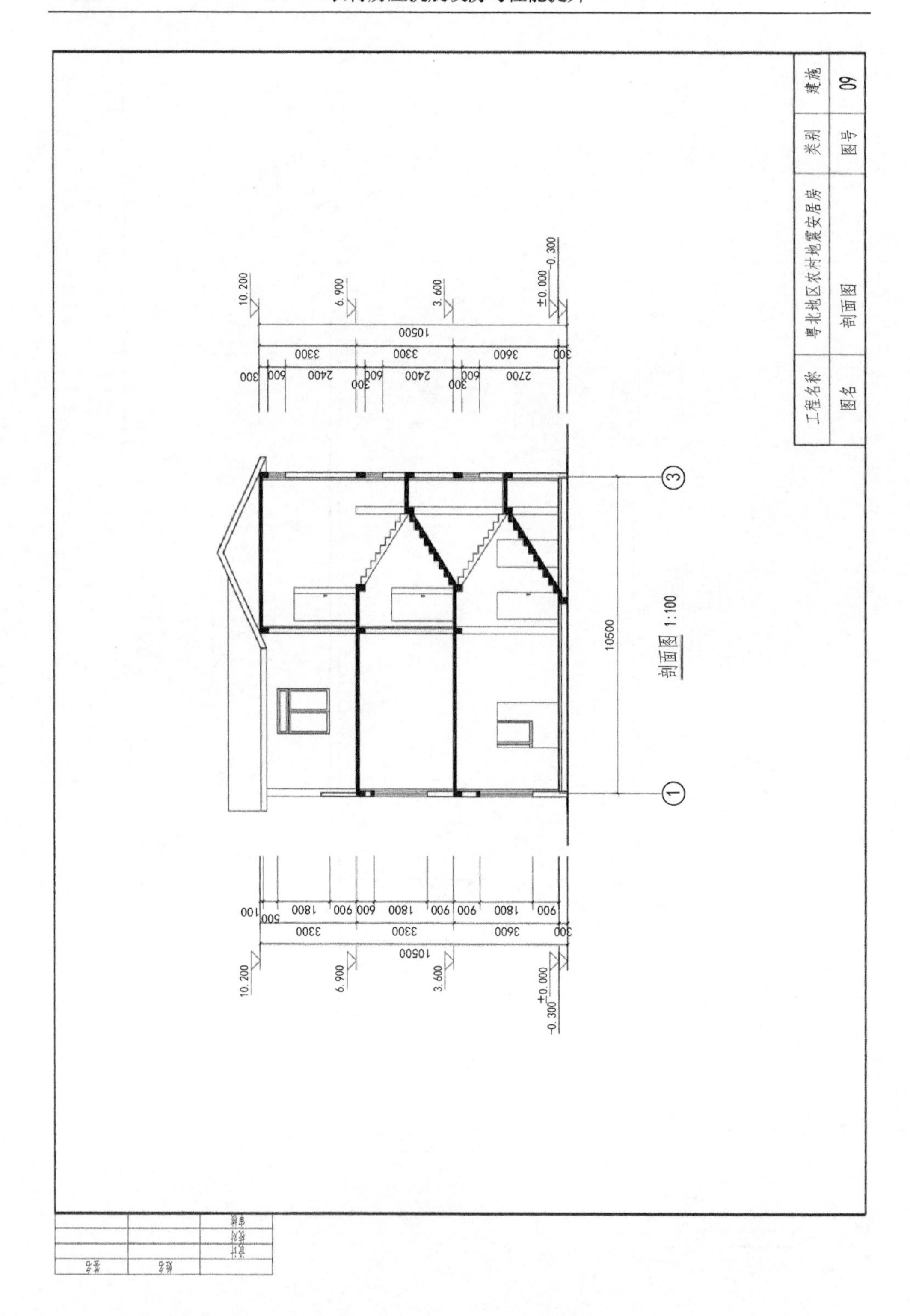

工程名称
粤北地区农村地震安居房
类别
建施
图名
剖面图
图号
09
剖面图 1:100
10.200
6.900
3.600
±0.000
-0.300
10500
3300
3300
3600
300
①
③

结构设计总说明

1. 总则及适用范围

1.1 本工程为 三 层 砖混结构，室内外高差0.300m,建筑物高度(室外地面至主要屋面板的板顶)为 10.200 m。

1.2 本工程结构设计使用年限为 50年。

1.3 建筑结构安全等级为二级,建筑抗震设防类别为 丙 类,地基基础设计等级为 丙 级。

1.4 计量单位除注明者外均为：a.长度:mm;b.角度:度;c.标高:m。

1.5 结构施工图中除特别注明外，均以本总说明为准。

1.6 本总说明未详尽处,应遵照现行国家有关规范与规程规定施工。

1.7 本工程适用范围为广东省韶关、清远、梅州等粤北地区抗震设防为 6 度(0.05g)的农村地区。

2. 设计依据

2.1 本工程结构设计所采用的规范。规程主要有:

《建筑结构荷载规范》　GB50009-2001　　《混凝土结构设计规范》　GB50010-2002

《建筑抗震设计规范》　GB50011-2010　　《建筑地基基础设计规范》　GB50007-2002

《砌体结构设计规范》　GB50003-2001　　《建筑结构可靠度设计统一标准》　GB 50068-2001

《建筑工程抗震设防分类标准》　GB50223- 2004

《设置钢筋混凝土构造柱多层砖房抗震技术规程》JGJ/T 13-94

2.2 结构分析计算采用中国建筑科学研究院2008年新规范版《PKPMCAD系列工程软件》。

2.3 楼面、屋面活荷载标准值:(1)住宅、卫生间、厨房、楼梯为 2.0kN/m²;(2)阳台、走廊、晒台为2.5kN/m²;

(3)上人屋面为2.0 kN/m²,不上人屋面为0.5kN/m²。

2.4 本工程 50 年一遇的基本风压为 0.50 kN/m²,地面粗糙度为A类,风荷载体型系数为1.3。

3. 地基基础

3.1 本工程适用于夯实法处理后的碎石土、砂土、低饱和度的粉土与黏土、湿陷性黄土、素填土、杂填土等地基，换填垫层法处理后的淤泥、冲填土，淤泥质土等软土地基和天然地基.

3.2 本工程基础采用墙下钢筋混凝土条形基础，基础埋深为室内地坪下-1.500m。

4. 钢筋混凝土构件

4.1 混凝土强度等级:基础垫层为C10,楼板、屋面板为C20,基础、梁、柱、楼梯等均为C25。

4.2 钢筋:Φ表示HPB235级钢筋(fy=210N/mm)；Φ表示 HRB335级钢筋(fy= 300N/mm)。

4.3 混凝土保护层厚度:板为15mm;梁和柱为30mm;基础为40mm。

4.4 钢筋锚固长度及搭接长度均按《混凝土结构设计规范》GB50010- 2002规定采用。

5. 砌体结构

5.1 本工程墙厚为180mm.

5.2 砌体材料强度等级:(1)±0.000以下墙基采用MU10普通黏土砖,M10水泥砂浆砌筑;

(2)+0.000以上墙体采用MU10普通黏土砖,M7.5混合砂浆砌筑。

5.3 后砌的非承重隔墙和填充墙应沿墙高每500mm配置2Φ6钢筋与承重墙或构造柱拉结,每边伸入墙内应不小于500mm,拉结筋锚入承重墙内≥500或锚入构造柱内≥200，如图1所示。

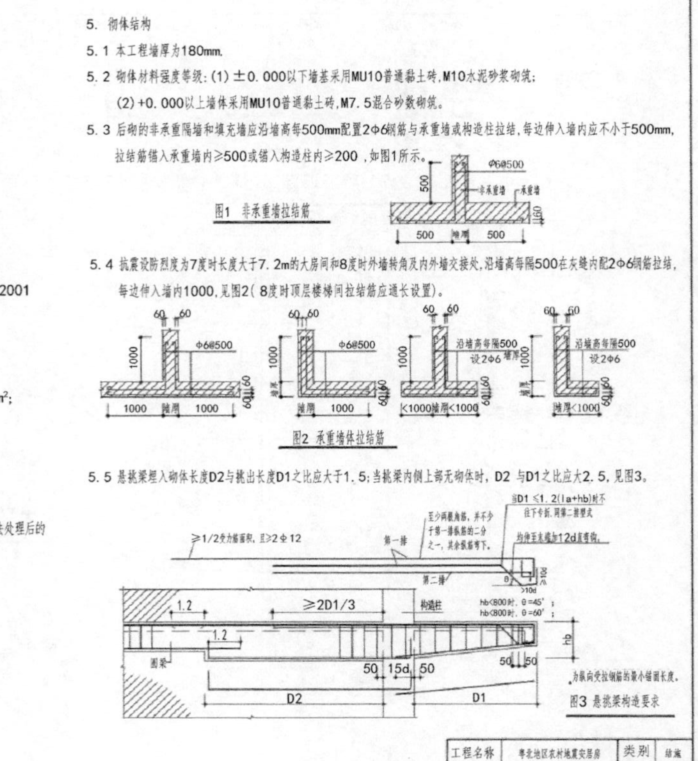

图1 非承重墙拉结筋

5.4 抗震设防烈度为7度时长度大于7.2m的大房间和8度时外墙转角及内外墙交接处,沿墙高每隔500在灰缝内配2Φ6钢筋拉结,每边伸入墙内1000,见图2(8度时顶层楼梯间拉结筋应通长设置)。

图2 承重墙体拉结筋

5.5 悬挑梁埋入砌体长度D2与挑出长度D1之比应大于1.5;当挑梁内侧上部无砌体时，D2 与D1之比应大2.5,见图3。

图3 悬挑梁构造要求

工程名称	粤北地区农村地震安居房	类别	结施
图纸名称	结构设计总说明 (1)	图号	01

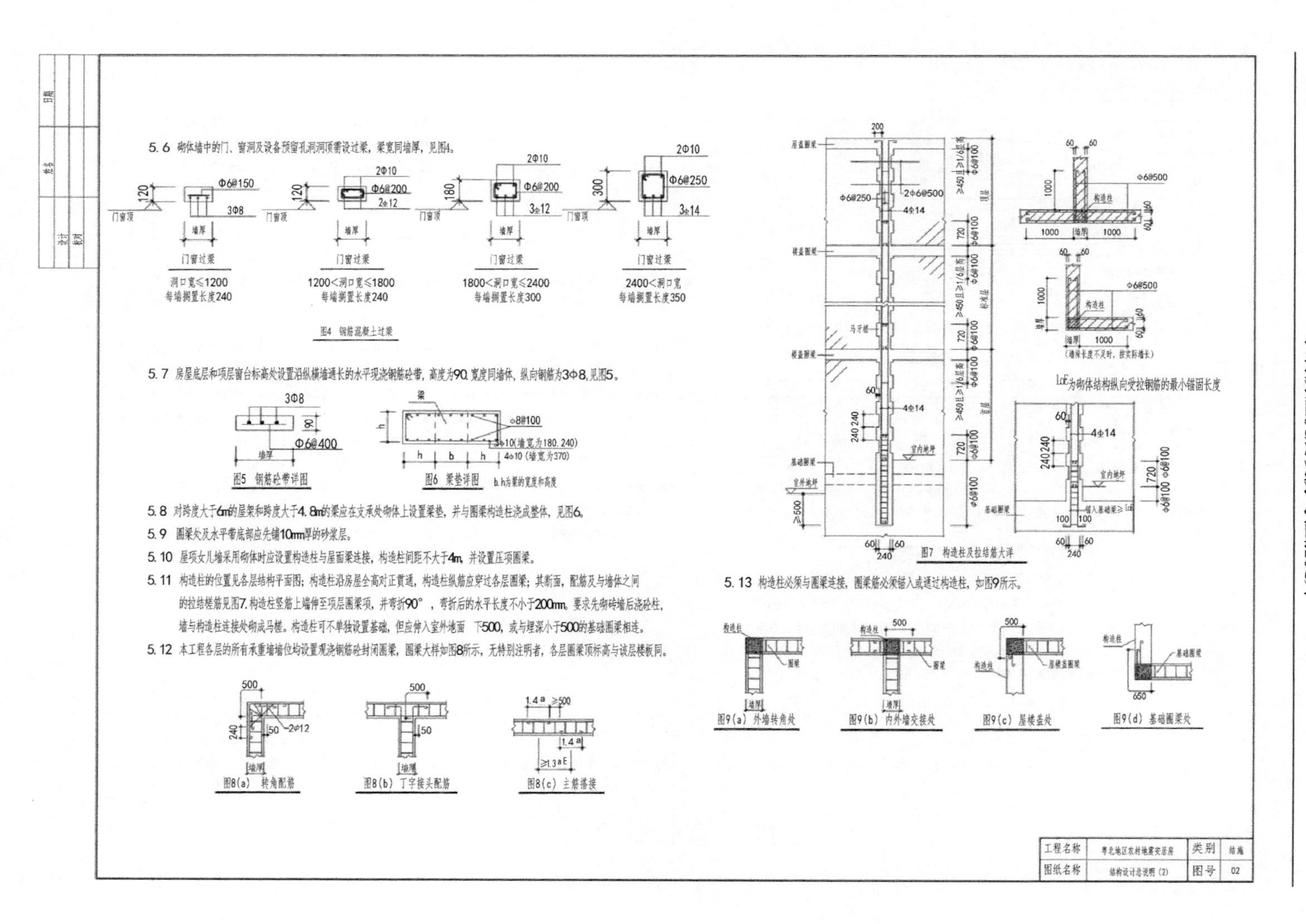
5.6 砌体墙中的门、窗洞及设备预留孔洞洞顶需设过梁，梁宽同墙厚，见图4。
门窗过梁
洞口宽≤1200
每墙搁置长度240
1200<洞口宽≤1800
每墙搁置长度240
1800<洞口宽≤2400
每墙搁置长度300
2400<洞口宽
每墙搁置长度350
图4 钢筋混凝土过梁
5.7 房屋底层和顶层窗台标高处设置沿纵横墙通长的水平现浇钢筋砼带，高度为90,宽度同墙体，纵向钢筋为3Φ8,见图5。
图5 钢筋砼带详图
图6 梁垫详图
b.h为梁的宽度和高度
5.8 对跨度大于6m的屋架和跨度大于4.8m的梁应在支承处砌体上设置梁垫，并与圈梁构造柱浇成整体，见图6。
5.9 圈梁处及水平带底部应先铺10mm厚的砂浆层。
5.10 屋顶女儿墙采用砌体时应设置构造柱与屋面梁连接，构造柱间距不大于4m，并设置压顶圈梁。
5.11 构造柱的位置见各层结构平面图；构造柱沿房屋全高对正贯通，构造柱纵筋应穿过各层圈梁；其断面，配筋及与墙体之间的拉结楼筋见图7.构造柱竖筋上端伸至顶层圈梁顶，并弯折90°，弯折后的水平长度不小于200mm。要求先砌砖墙后浇砼柱，墙与构造柱连接处砌成马槎。构造柱可不单独设置基础，但应伸入室外地面 下500，或与埋深小于500的基础圈梁相连。
5.12 本工程各层的所有承重墙墙位均设置现浇钢筋砼封闭圈梁，圈梁大样如图8所示，无特别注明者，各层圈梁顶标高与该层楼板同。
图8(a) 转角配筋
图8(b) 丁字接头配筋
图8(c) 主筋搭接
图7 构造柱及拉结筋大样
LaE为砌体结构纵向受拉钢筋的最小锚固长度
5.13 构造柱必须与圈梁连接，圈梁筋必须锚入或通过构造柱，如图9所示。
图9(a) 外墙转角处
图9(b) 内外墙交接处
图9(c) 屋楼盖处
图9(d) 基础圈梁处
工程名称 粤北地区农村地震安居房
类别 结施
图纸名称 结构设计总说明（2）
图号 02

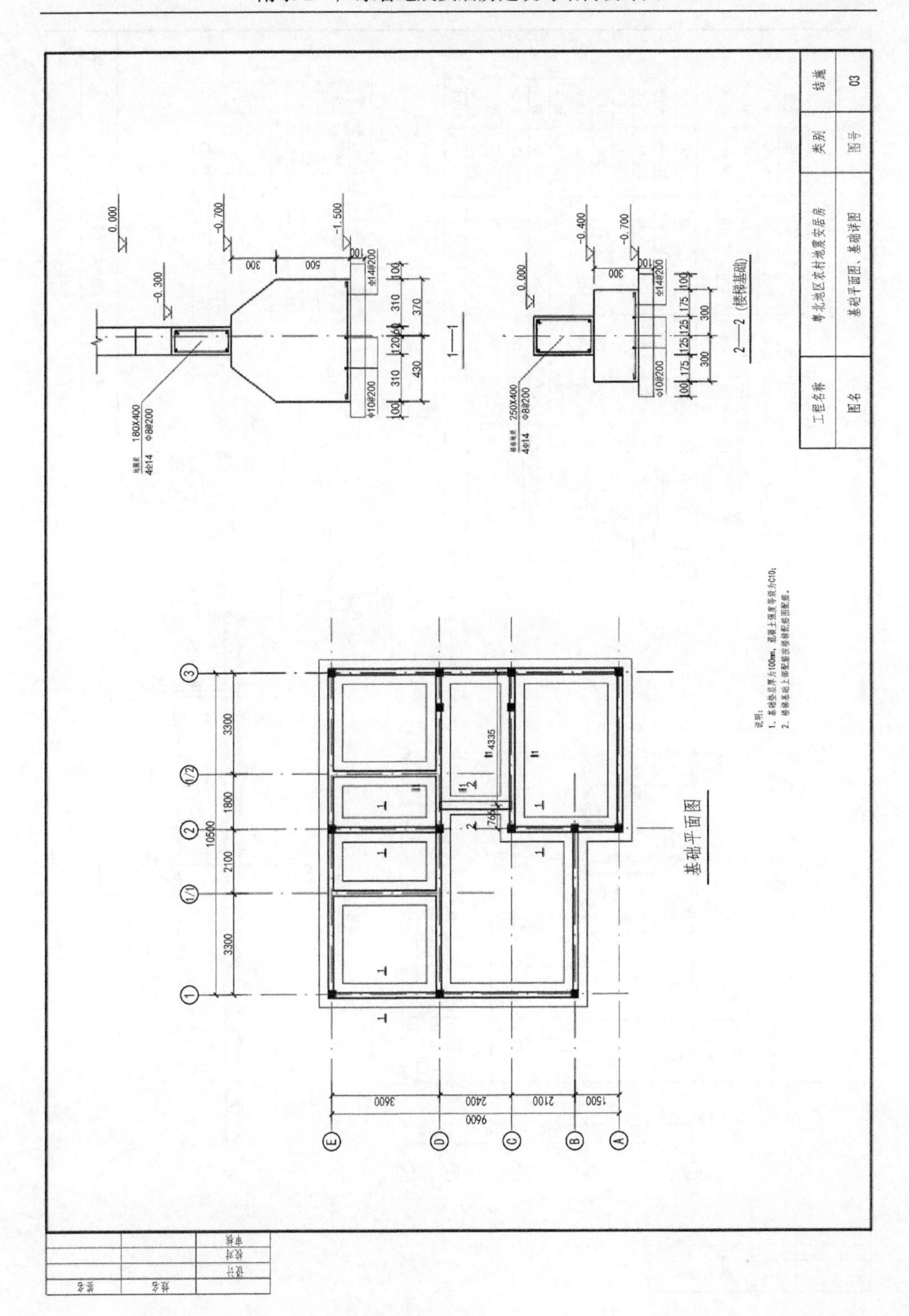

基础平面图
1—1
2—2（楼梯基础）
工程名称
粤北地区农村地震安居房
图名
基础平面图、基础详图
类别
结施
图号
03

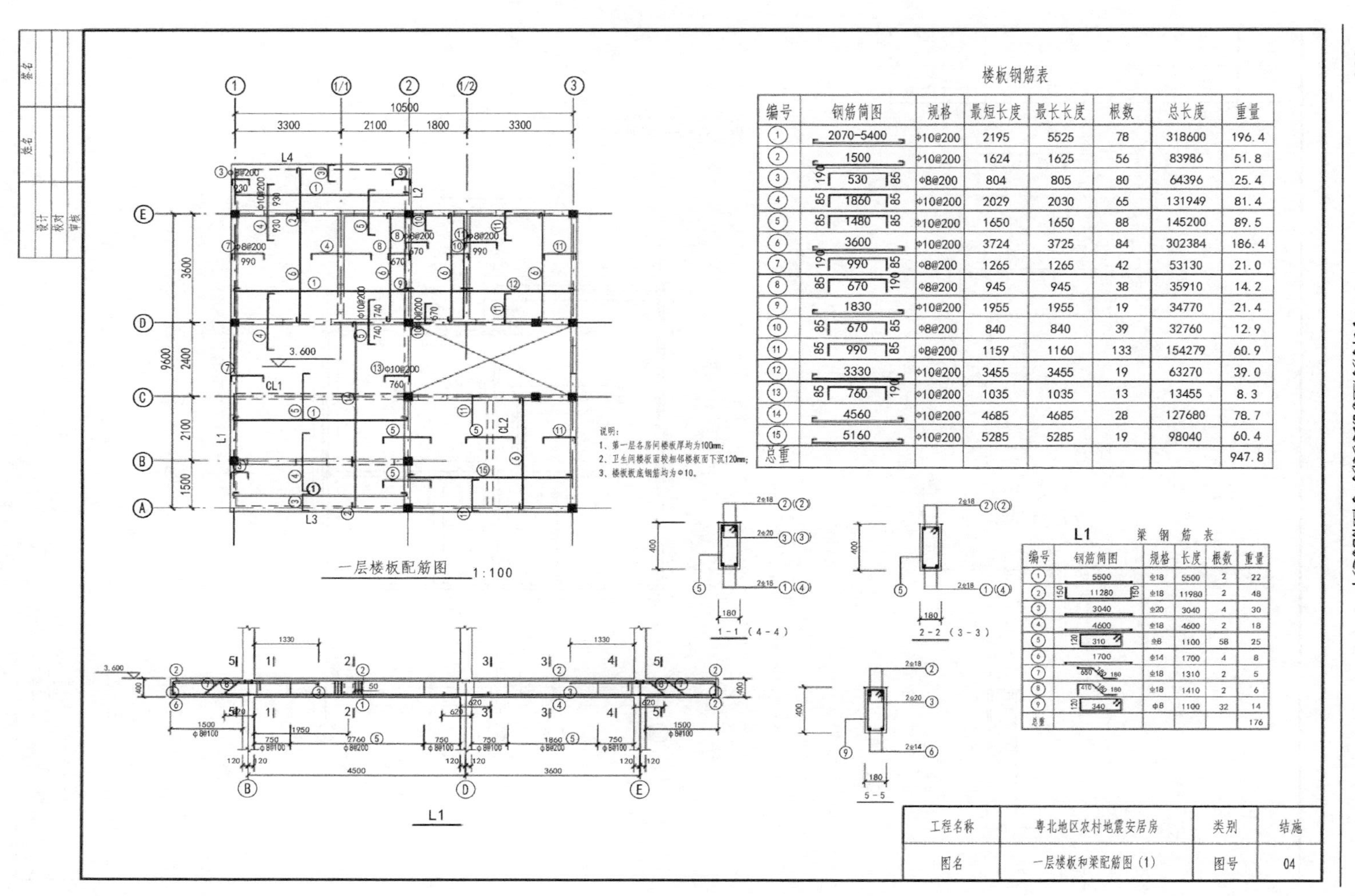

楼板钢筋表

编号	钢筋简图	规格	最短长度	最长长度	根数	总长度	重量
1	2070–5400	Φ10@200	2195	5525	78	318600	196.4
2	1500	Φ10@200	1624	1625	56	83986	51.8
3	190 530 85	Φ8@200	804	805	80	64396	25.4
4	85 1860 85	Φ10@200	2029	2030	65	131949	81.4
5	85 1480 85	Φ10@200	1650	1650	88	145200	89.5
6	3600	Φ10@200	3724	3725	84	302384	186.4
7	190 990 85	Φ8@200	1265	1265	42	53130	21.0
8	85 670 190	Φ8@200	945	945	38	35910	14.2
9	1830	Φ10@200	1955	1955	19	34770	21.4
10	85 670 85	Φ8@200	840	840	39	32760	12.9
11	85 990 85	Φ8@200	1159	1160	133	154279	60.9
12	3330	Φ10@200	3455	3455	19	63270	39.0
13	85 760 190	Φ10@200	1035	1035	13	13455	8.3
14	4560	Φ10@200	4685	4685	28	127680	78.7
15	5160	Φ10@200	5285	5285	19	98040	60.4
总重							947.8

说明：
1、第一层各房间楼板厚均为100mm；
2、卫生间楼板面较相邻楼板面下沉120mm；
3、楼板板底钢筋均为Φ10。

L1　梁钢筋表

编号	钢筋简图	规格	长度	根数	重量
1	5500	Φ18	5500	2	22
2	150 11280 150	Φ18	11980	2	48
3	3040	Φ20	3040	4	30
4	4600	Φ18	4600	2	18
5	120 310	Φ8	1100	58	25
6	1700	Φ14	1700	4	8
7	550 180	Φ18	1310	2	5
8	410 180	Φ18	1410	2	6
9	120 340	Φ8	1100	32	14
总重					176

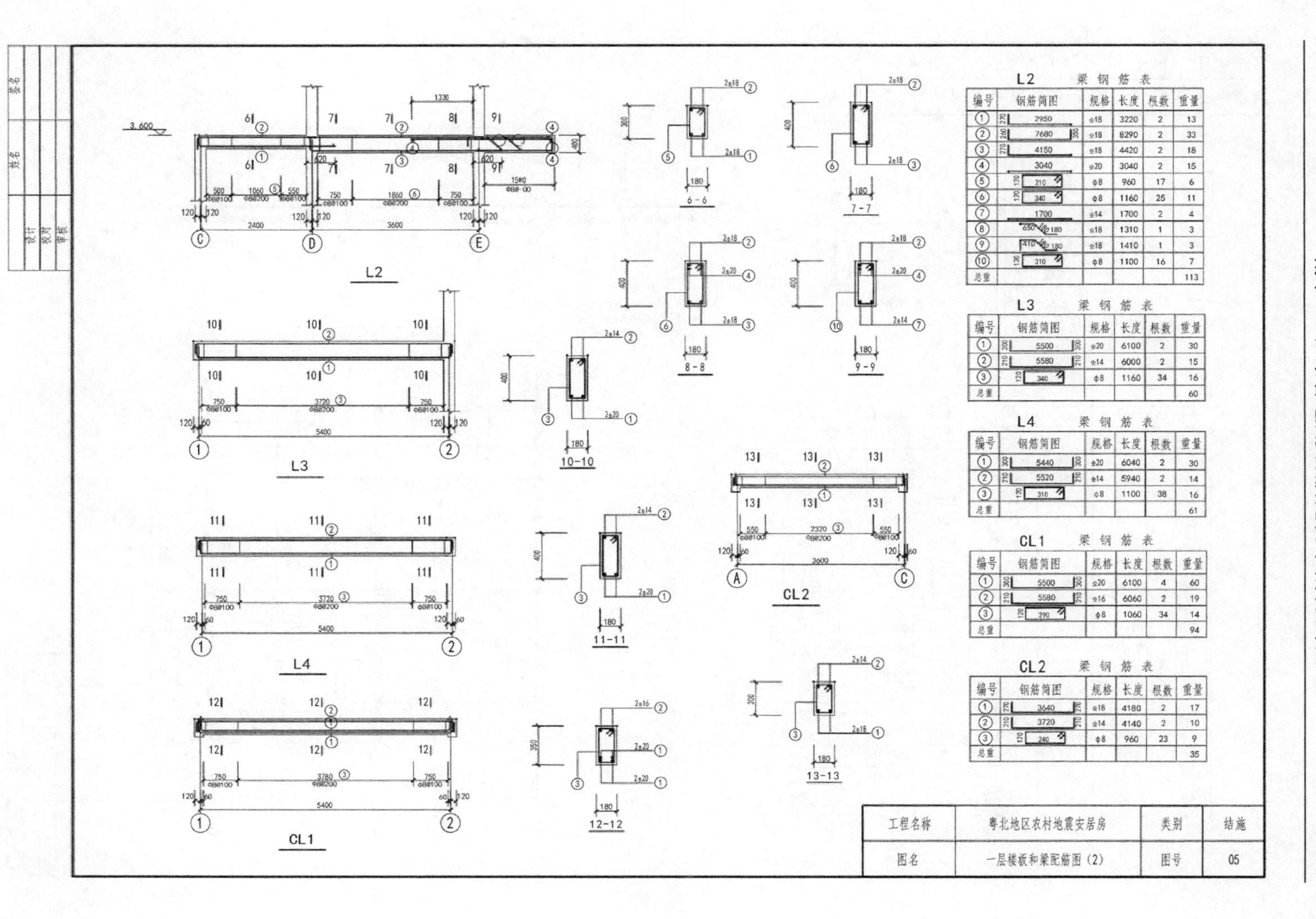

L2　梁钢筋表

编号	钢筋简图	规格	长度	根数	重量
①	270 2950	Φ18	3220	2	13
②	260 7680 350	Φ18	8290	2	33
③	270 4150	Φ18	4420	2	18
④	3040	Φ20	3040	2	15
⑤	120 210	φ8	960	17	6
⑥	120 340	φ8	1160	25	11
⑦	1700	Φ14	1700	2	4
⑧	650 180	Φ18	1310	1	3
⑨	410 180	Φ18	1410	1	3
⑩	120 310	φ8	1100	16	7
总重					113

L3　梁钢筋表

编号	钢筋简图	规格	长度	根数	重量
①	300 5500 300	Φ20	6100	2	30
②	210 5580 210	Φ14	6000	2	15
③	120 340	φ8	1160	34	16
总重					60

L4　梁钢筋表

编号	钢筋简图	规格	长度	根数	重量
①	300 5440 300	Φ20	6040	2	30
②	210 5520 210	Φ14	5940	2	14
③	120 310	φ8	1100	38	16
总重					61

CL1　梁钢筋表

编号	钢筋简图	规格	长度	根数	重量
①	300 5500 300	Φ20	6100	4	60
②	210 5580 210	Φ16	6060	2	19
③	120 290	φ8	1060	34	14
总重					94

CL2　梁钢筋表

编号	钢筋简图	规格	长度	根数	重量
①	270 3640 270	Φ18	4180	2	17
②	210 3720 210	Φ14	4140	2	10
③	120 240	φ8	960	23	9
总重					35

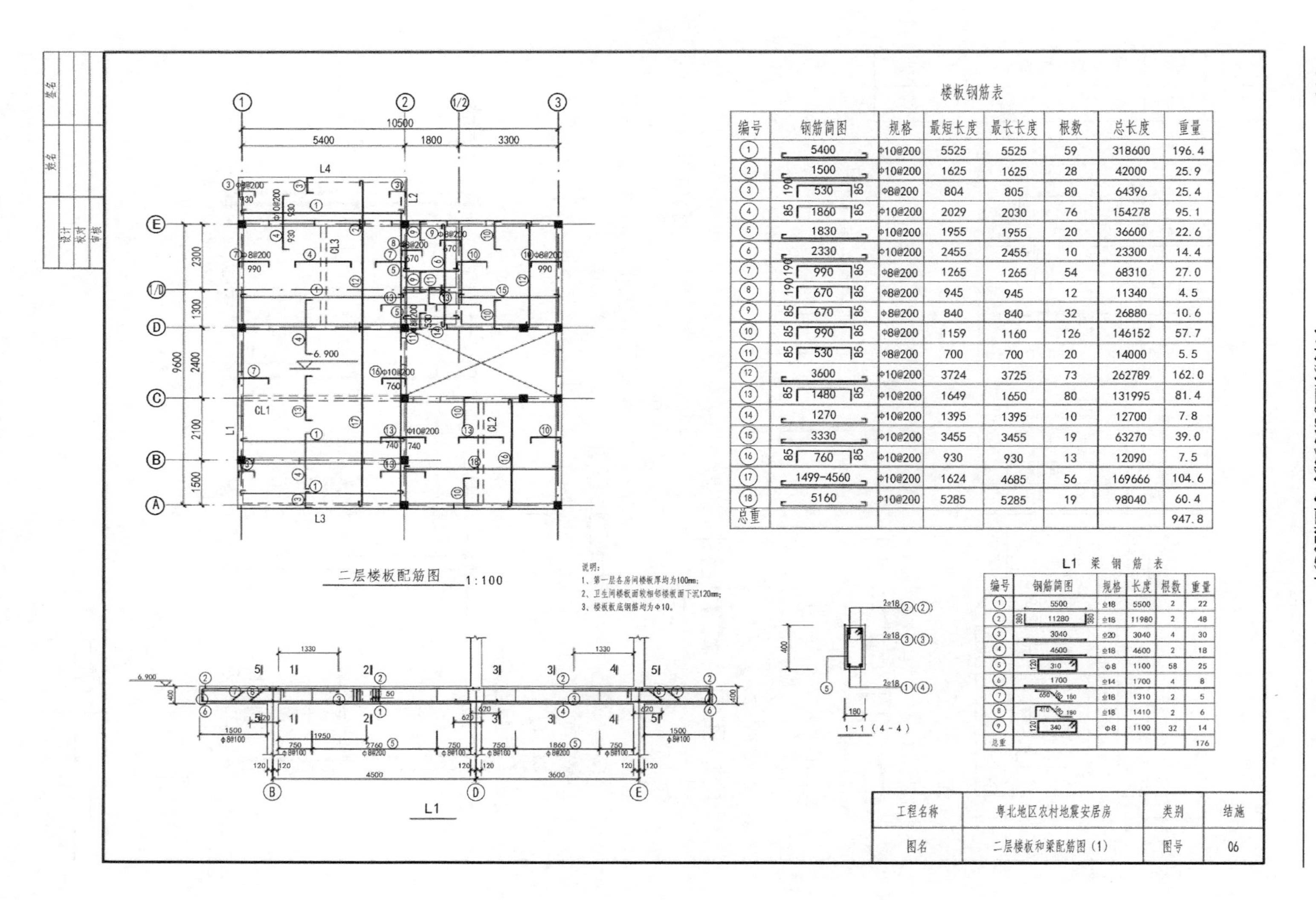

二层楼板配筋图 1:100
L1
1-1（4-4）
说明：
1、第一层各房间楼板厚均为100mm；
2、卫生间楼板面较相邻楼板面下沉120mm；
3、楼板板底钢筋均为φ10。
工程名称 粤北地区农村地震安居房
类别 结施
图名 二层楼板和梁配筋图（1）
图号 06

楼板钢筋表

编号	钢筋简图	规格	最短长度	最长长度	根数	总长度	重量
①	5400	φ10@200	5525	5525	59	318600	196.4
②	1500	φ10@200	1625	1625	28	42000	25.9
③	190 530 85	φ8@200	804	805	80	64396	25.4
④	85 1860 85	φ10@200	2029	2030	76	154278	95.1
⑤	1830	φ10@200	1955	1955	20	36600	22.6
⑥	2330	φ10@200	2455	2455	10	23300	14.4
⑦	190 990 85	φ8@200	1265	1265	54	68310	27.0
⑧	190 670 85	φ8@200	945	945	12	11340	4.5
⑨	85 670 85	φ8@200	840	840	32	26880	10.6
⑩	85 990 85	φ8@200	1159	1160	126	146152	57.7
⑪	85 530 85	φ8@200	700	700	20	14000	5.5
⑫	3600	φ10@200	3724	3725	73	262789	162.0
⑬	85 1480 85	φ10@200	1649	1650	80	131995	81.4
⑭	1270	φ10@200	1395	1395	10	12700	7.8
⑮	3330	φ10@200	3455	3455	19	63270	39.0
⑯	85 760 85	φ10@200	930	930	13	12090	7.5
⑰	1499-4560	φ10@200	1624	4685	56	169666	104.6
⑱	5160	φ10@200	5285	5285	19	98040	60.4
总重							947.8

L1　梁钢筋表

编号	钢筋简图	规格	长度	根数	重量
①	5500	⌀18	5500	2	22
②	380 11280 380	⌀18	11980	2	48
③	3040	⌀20	3040	4	30
④	4600	⌀18	4600	2	18
⑤	120 310	φ8	1100	58	25
⑥	1700	⌀14	1700	4	8
⑦	650 180 180	⌀18	1310	2	5
⑧	410 180 180	⌀18	1410	2	6
⑨	120 340	φ8	1100	32	14
总重					176

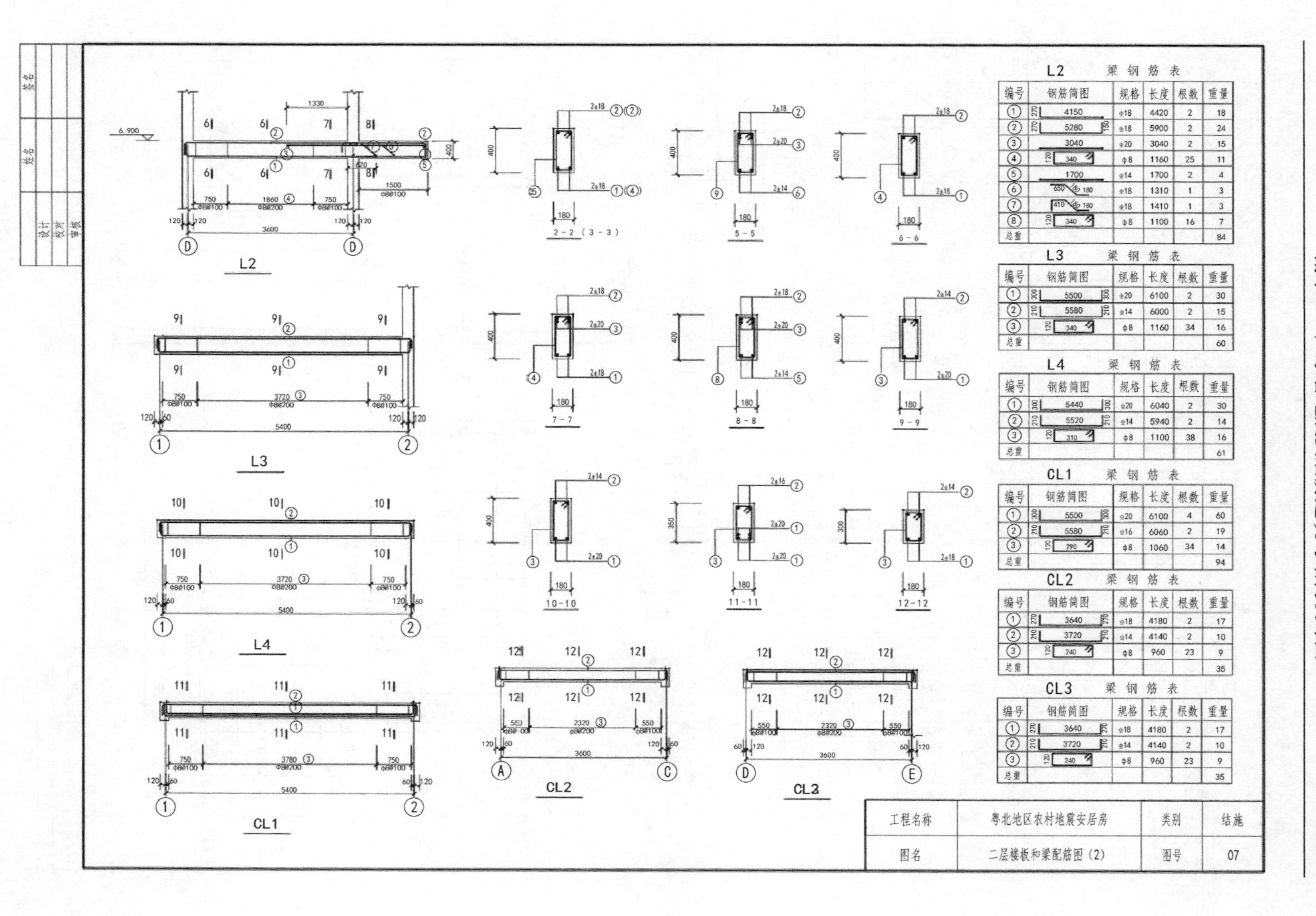

L2　梁钢筋表

编号	钢筋简图	规格	长度	根数	重量
①	4150	Φ18	4420	2	18
②	5280	Φ18	5900	2	24
③	3040	Φ20	3040	2	15
④	340	φ8	1160	25	11
⑤	1700	Φ14	1700	2	4
⑥	650 180	Φ18	1310	1	3
⑦	410 180	Φ18	1410	1	3
⑧	340	φ8	1100	16	7
总重					84

L3　梁钢筋表

编号	钢筋简图	规格	长度	根数	重量
①	5500	Φ20	6100	2	30
②	5580	Φ14	6000	2	15
③	340	φ8	1160	34	16
总重					60

L4　梁钢筋表

编号	钢筋简图	规格	长度	根数	重量
①	5440	Φ20	6040	2	30
②	5520	Φ14	5940	2	14
③	310	φ8	1100	38	16
总重					61

CL1　梁钢筋表

编号	钢筋简图	规格	长度	根数	重量
①	5500	Φ20	6100	4	60
②	5580	Φ16	6060	2	19
③	290	φ8	1060	34	14
总重					94

CL2　梁钢筋表

编号	钢筋简图	规格	长度	根数	重量
①	3640	Φ18	4180	2	17
②	3720	Φ14	4140	2	10
③	240	φ8	960	23	9
总重					35

CL3　梁钢筋表

编号	钢筋简图	规格	长度	根数	重量
①	3640	Φ18	4180	2	17
②	3720	Φ14	4140	2	10
③	240	φ8	960	23	9
总重					35

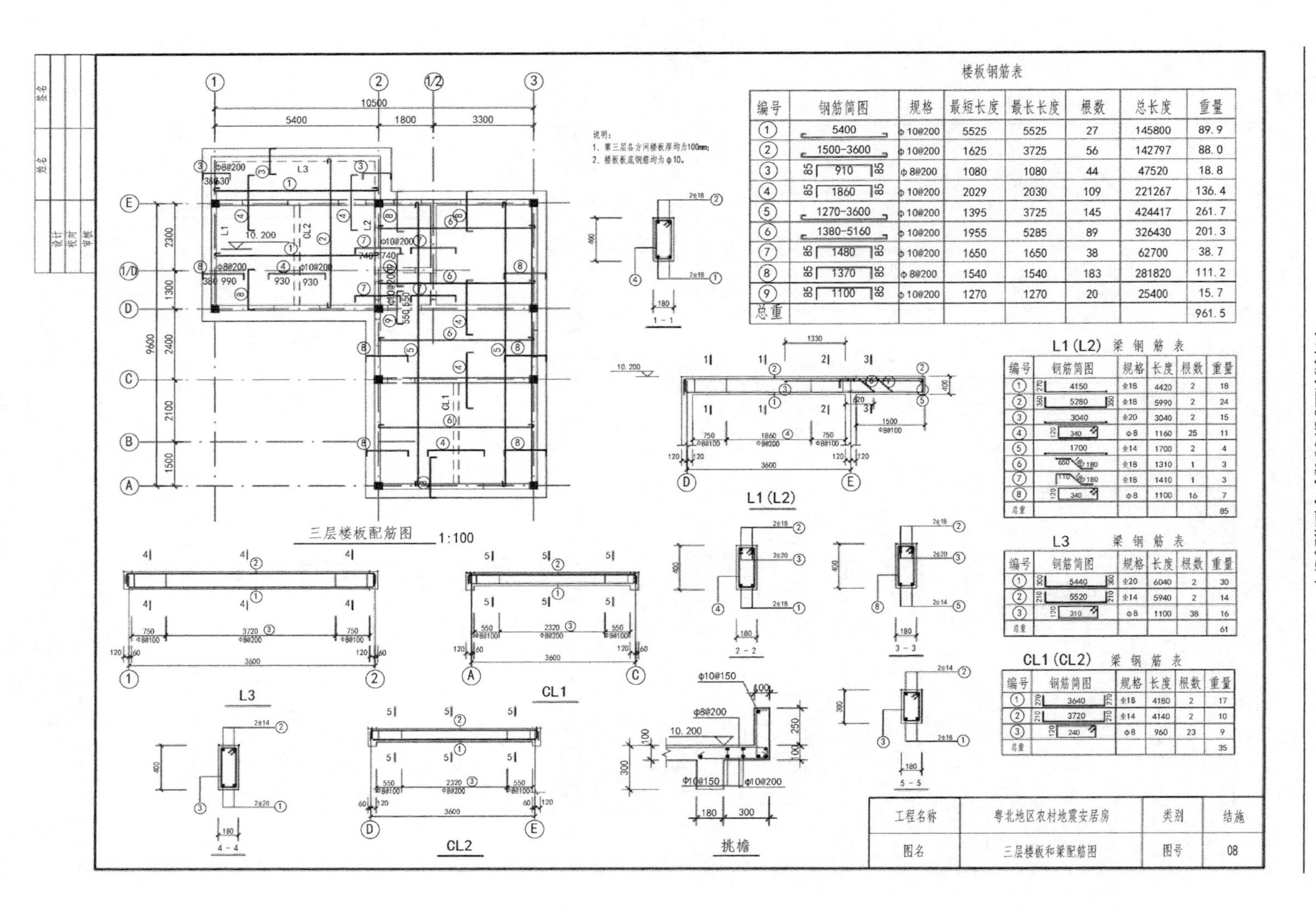
三层楼板配筋图 1:100
说明：
1、第三层各房间楼板厚均为100mm；
2、楼板板底钢筋均为φ10。
楼板钢筋表
编号 | 钢筋简图 | 规格 | 最短长度 | 最长长度 | 根数 | 总长度 | 重量
① | 5400 | φ10@200 | 5525 | 5525 | 27 | 145800 | 89.9
② | 1500-3600 | φ10@200 | 1625 | 3725 | 56 | 142797 | 88.0
③ | 910 | φ8@200 | 1080 | 1080 | 44 | 47520 | 18.8
④ | 1860 | φ10@200 | 2029 | 2030 | 109 | 221267 | 136.4
⑤ | 1270-3600 | φ10@200 | 1395 | 3725 | 145 | 424417 | 261.7
⑥ | 1380-5160 | φ10@200 | 1955 | 5285 | 89 | 326430 | 201.3
⑦ | 1480 | φ10@200 | 1650 | 1650 | 38 | 62700 | 38.7
⑧ | 1370 | φ8@200 | 1540 | 1540 | 183 | 281820 | 111.2
⑨ | 1100 | φ10@200 | 1270 | 1270 | 20 | 25400 | 15.7
总重 961.5
L1 (L2) 梁钢筋表
编号 | 规格 | 长度 | 根数 | 重量
① | φ18 | 4420 | 2 | 18
② | φ18 | 5990 | 2 | 24
③ | φ20 | 3040 | 2 | 15
④ | φ8 | 1160 | 25 | 11
⑤ | φ14 | 1700 | 2 | 4
⑥ | φ18 | 1310 | 1 | 3
⑦ | φ18 | 1410 | 1 | 3
⑧ | φ8 | 1100 | 16 | 7
总重 85
L3 梁钢筋表
① | φ20 | 6040 | 2 | 30
② | φ14 | 5940 | 2 | 14
③ | φ8 | 1100 | 38 | 16
总重 61
CL1 (CL2) 梁钢筋表
① | φ18 | 4180 | 2 | 17
② | φ14 | 4140 | 2 | 10
③ | φ8 | 960 | 23 | 9
总重 35
L1 (L2)
L3
CL1
CL2
挑檐
1-1
2-2
3-3
4-4
5-5
工程名称 粤北地区农村地震安居房
类别 结施
图名 三层楼板和梁配筋图
图号 08

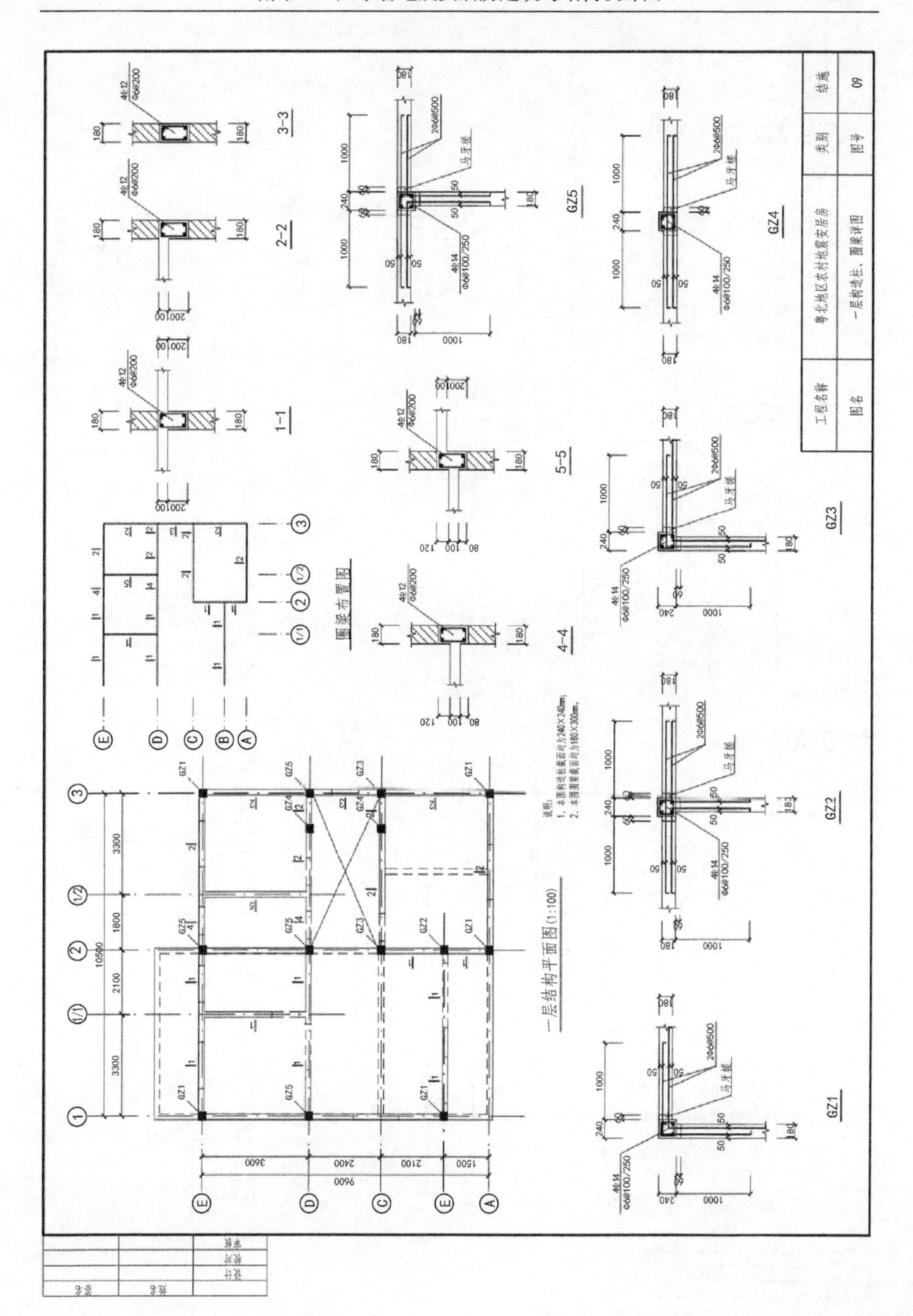
一层结构平面图(1:100)
圈梁布置图
说明:
1. 本图构造柱截面均为240×240mm;
2. 本图圈梁截面均为180×300mm。
1-1
2-2
3-3
4-4
5-5
GZ1
GZ2
GZ3
GZ4
GZ5
马牙槎
4Φ14
Φ6@100/250
2Φ6@500
4Φ12
Φ6@200
工程名称
粤北地区农村地震安居房
图名
一层构造柱、圈梁详图
类别
结施
图号
09

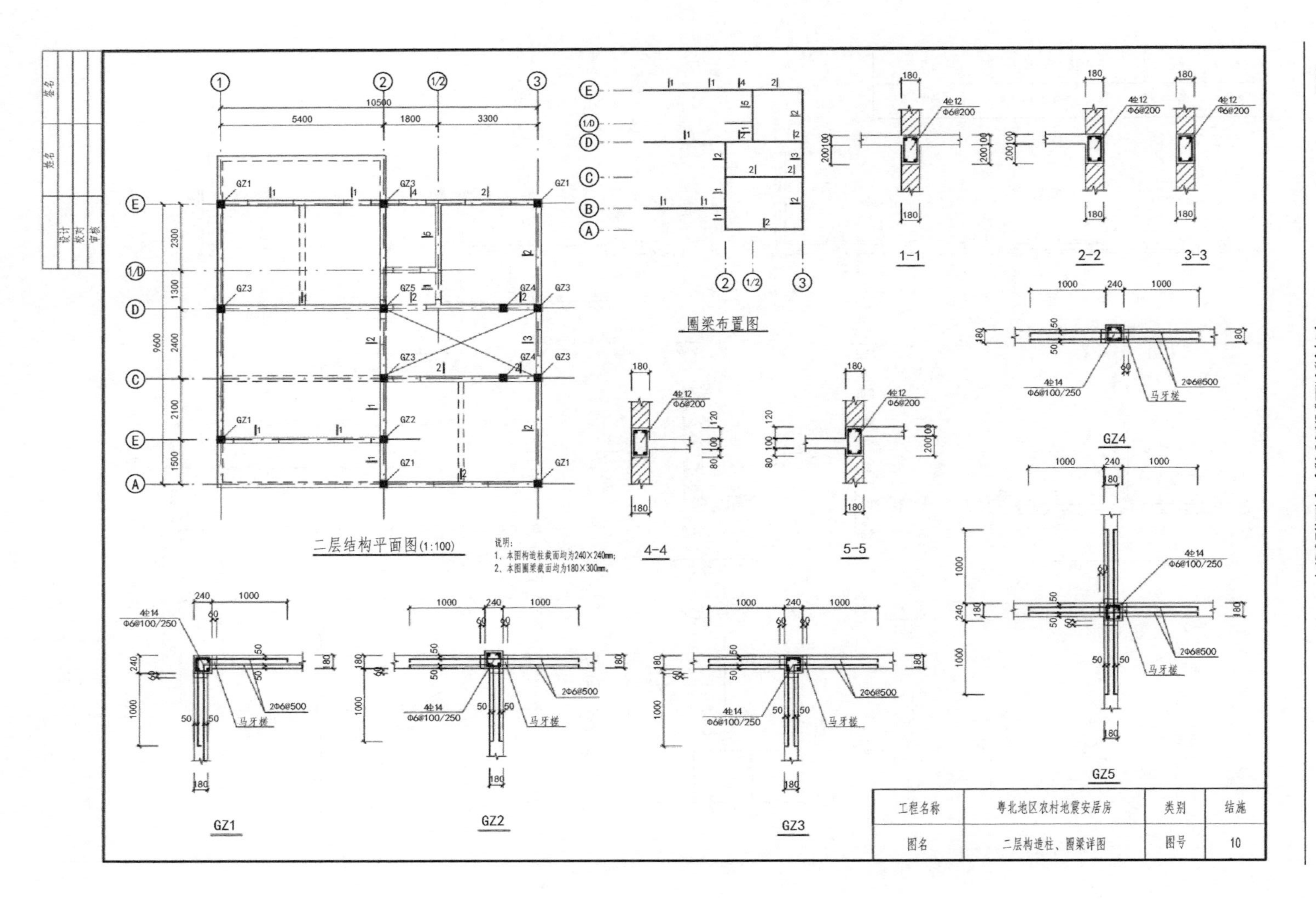

二层结构平面图(1:100)
说明：
1、本图构造柱截面均为240×240mm；
2、本图圈梁截面均为180×300mm。
圈梁布置图
1-1
2-2
3-3
4-4
5-5
GZ1
GZ2
GZ3
GZ4
GZ5
马牙槎
工程名称
粤北地区农村地震安居房
类别
结施
图名
二层构造柱、圈梁详图
图号
10

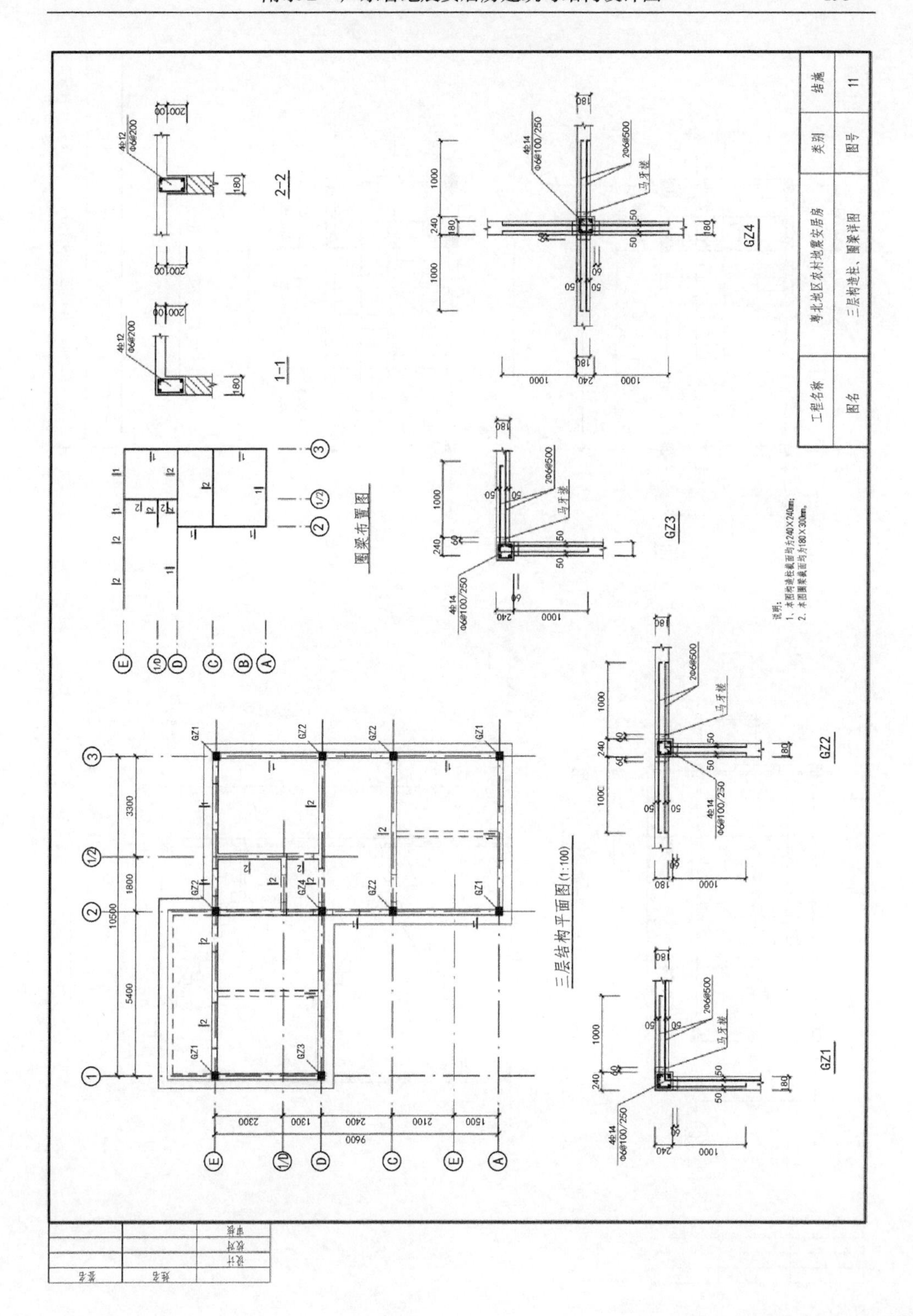
三层结构平面图(1:100)
圈梁布置图
1-1
2-2
GZ1
GZ2
GZ3
GZ4
工程名称
粤北地区农村地震安居房
图名
三层构造柱、圈梁详图
类别
结施
图号
11

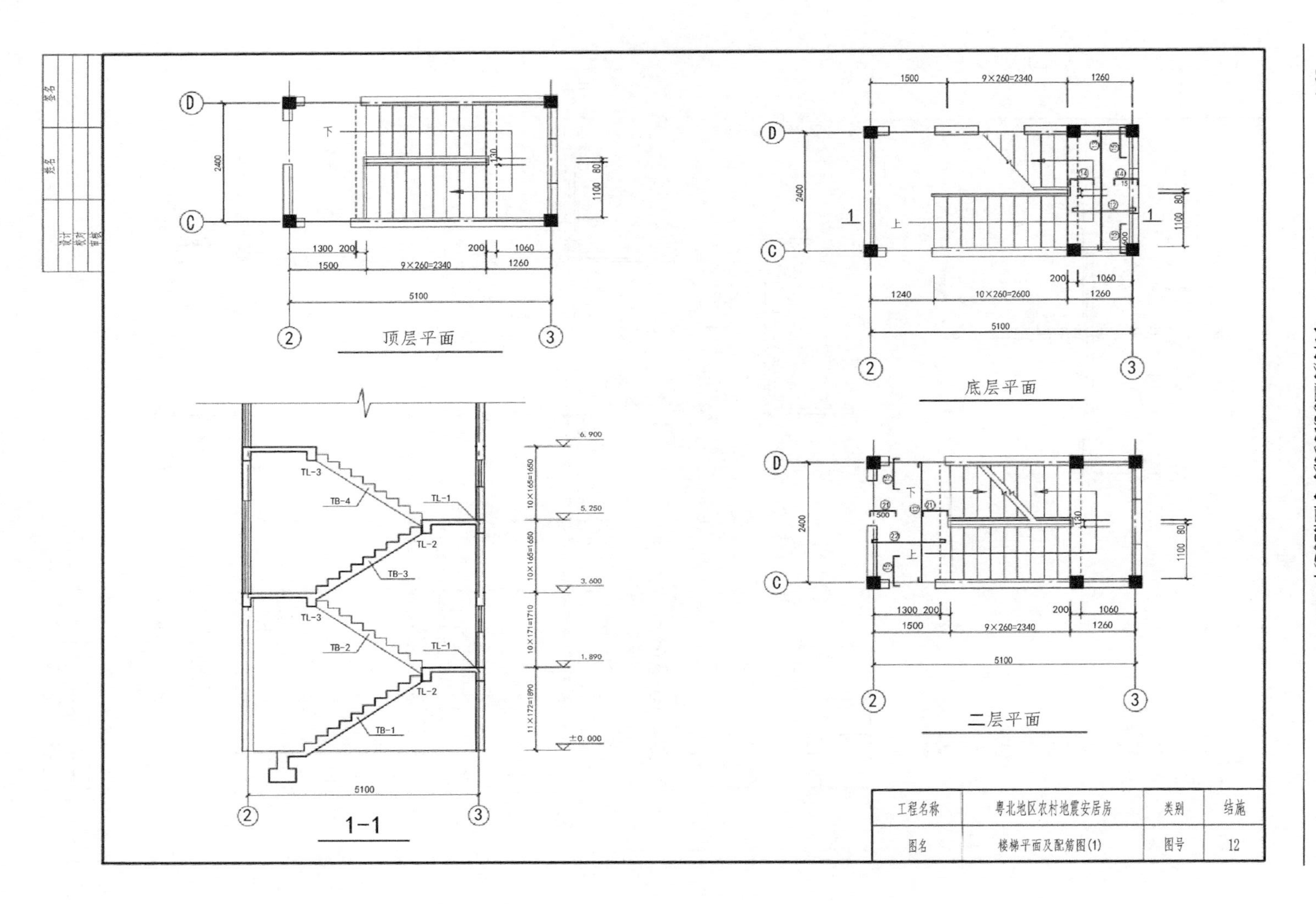
顶层平面
底层平面
二层平面
1-1
TL-1
TL-2
TL-3
TB-1
TB-2
TB-3
TB-4
5100
2400
9×260=2340
10×260=2600
±0.000
1.890
3.600
5.250
6.900
11×172=1890
10×171=1710
10×165=1650
工程名称
粤北地区农村地震安居房
类别
结施
图名
楼梯平面及配筋图(1)
图号
12

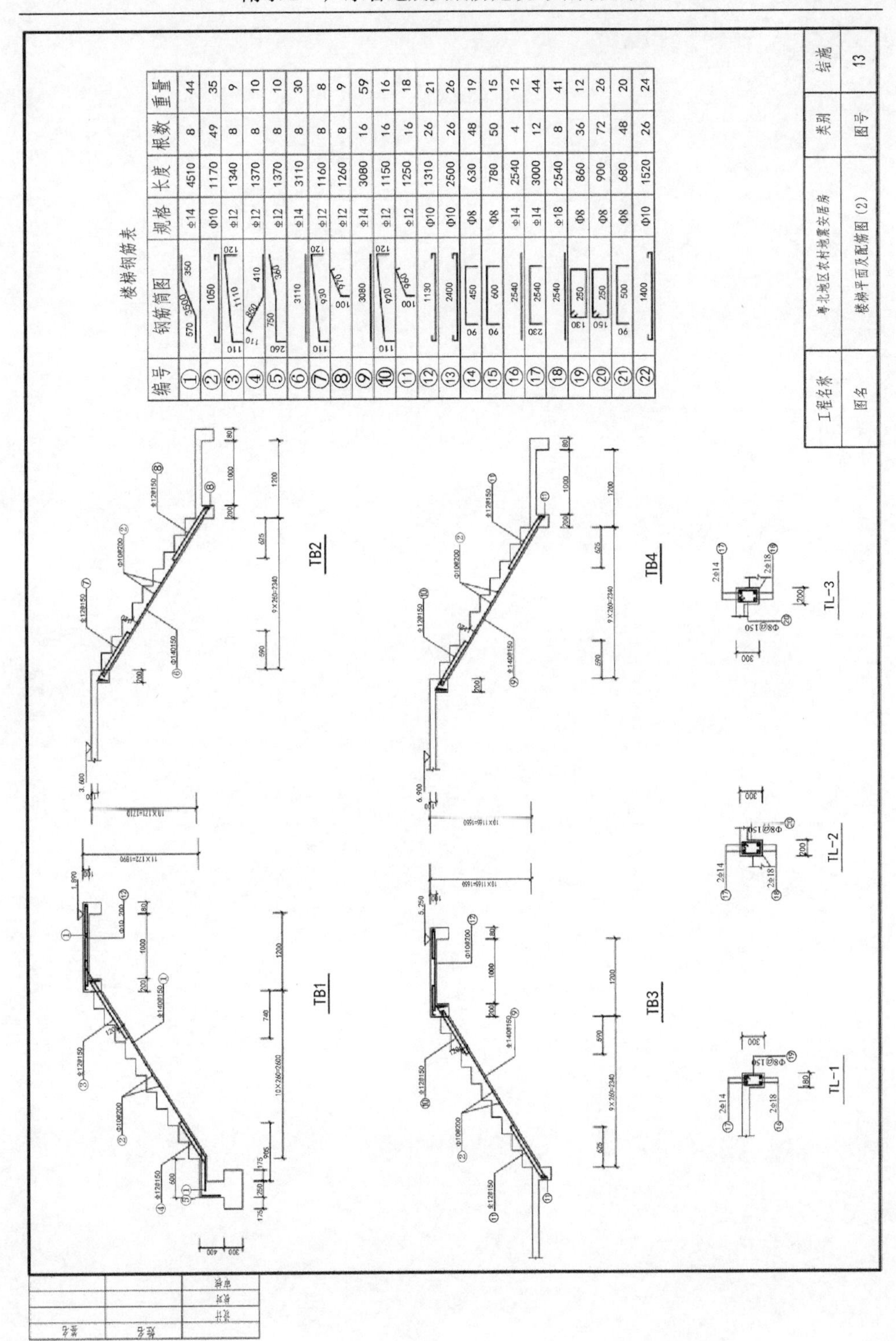

楼梯钢筋表

编号	钢筋简图	规格	长度	根数	重量
①	570 3500 350	Φ14	4510	8	44
②	1050	Φ10	1170	49	35
③	110 1110 120	Φ12	1340	8	9
④	110 850 410	Φ12	1370	8	10
⑤	260 750 360	Φ12	1370	8	10
⑥	3110	Φ14	3110	8	30
⑦	110 930 120	Φ12	1160	8	8
⑧	100 970	Φ12	1260	8	9
⑨	3080	Φ14	3080	16	59
⑩	110 920 120	Φ12	1150	16	16
⑪	100 960	Φ12	1250	16	18
⑫	1130	Φ10	1310	26	21
⑬	2400	Φ10	2500	26	26
⑭	90 450	Φ8	630	48	19
⑮	90 600	Φ8	780	50	15
⑯	2540	Φ14	2540	4	12
⑰	230 2540	Φ14	3000	12	44
⑱	2540	Φ18	2540	8	41
⑲	130 250	Φ8	860	36	12
⑳	150 250	Φ8	900	72	26
㉑	90 500	Φ8	680	48	20
㉒	1400	Φ10	1520	26	24